Sun Young Publishing Co.

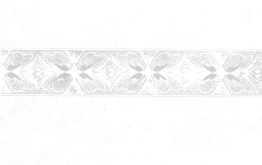

Sun Young Publishing Co.

다시 태어나도 이 길을

성균관대학교 대학원장실에서 (1968년)

중앙중학 4학년 때(1918년) 서울의 남산 기슭에 올라 학우들과 함께 포즈를 취한 一石.
그 당시 一石은 항상 짚신을 신고 다녀 주위의 이목을 끌었다.(왼쪽에서 두번째가 저자)

중앙중학 졸업 앨범에 실린
一石의 모습 (1918년 3월)

경성제국대학 시절의 一石

제3회 학술원상(1957년)을 수상하고 염상섭(왼쪽) ·
이상범(가운데)과 함께한 一石(오른쪽)

미 국무성 초청으로 교환교수가 되어 미국
땅을 밟은 一石이 뉴욕 한인교회 앞에서 외
투와 중절모를 들고 한 컷의 모델이 되었다.
(1954년 5월 23일)

한글학회 회원들과 회합을 마친 뒤 새절로 오르는 계단에서 기념촬영을 했다.
아래에서 두번째 줄 한가운데가 一石이다.(1959년 7월 19일)

동숭동 자택 정원에서 손자
들과 다정하게 손을 잡은
一石 내외(1960년)

운현궁에서 회갑연(1956
년 6월 9일)을 치른 一石내
외. 노천명(맨 오른쪽), 조
경희(뒷줄 왼쪽에서 첫번
째), 정충량(뒷줄 왼쪽에서
두번째), 전숙희(뒷줄 왼쪽
에서 세번째) 등의 모습이
보인다.

동아일보 사장 시절의 一石
(가운데). 박종화(오른
쪽)·조병화 (왼쪽에서 두
번째)와 함께 매우 즐거운
웃음을 터뜨리고 있다.
(1960년)

국어학회 공동연구회에 참석,
후학들과 나란히 앉아
발표자의 말에 귀를 기울이고
있는 一石(1980년)

一石이 회혼례를 맞이한 날
일가친척들이
모두 한자리에 모였다.
(1968년)

손자들과 망중한을
즐기고 있는 一石
(1959년 2월).
이 사진은 그해
월간 《여원》 4월호에
게재되었다.

서울대학교에서 명예문학박사
학위를 받던 날 답사를 하고 있는 一石
(1961년 9월 30일)

손자 동호·경호(학사모를
쓴 사람)가 서울대학교를 졸
업하던 날의 一石 내외.
(뒷줄 오른쪽은 며느리,
왼쪽은 아들 교웅)

사랑스런 가족들과 함께
(1973년 2월 26일)

이화여중 교정에서
제자들과 함께한 一石.
(오른쪽은 전숙희)
(1963년 2월 20일)

동아일보 사장실을 방문한
김화진(왼쪽)과 담소를
나누다가 잠시 카메라
쪽으로 눈길을 돌린 一石

김형규 박사(가운데)가
학술원상을 수상하던 날의
一石(왼쪽).
오른쪽은 이숭녕이다.

덕성여대에서 열린 국어학회 연구발표회를 마치고 (1969년 5월 23일)
一石은 앞줄 가운데에 앉아 있다.

학술원상 수상기념 파티에서 양주동(오른쪽에서 세번째)
이병도(오른쪽에서 두번째)와 함께한 一石(왼쪽에서 두번째). (1970년 7월 17일)

단국대학교 부설
동양학연구소가 개최한
학술회의를 마친 뒤 음료수를
들고 있는 一石(전면 가운데)
맨 오른쪽은 장충식.

유진오(왼쪽)와 함께 흐뭇한
표정을 짓고 있는 一石
(1974년 5월 12일)

一石이 팔순을 맞이하여
후학들은 기념논문집을
그에게 올렸다.
사진은 조경희(가운데) ·
정한모(왼쪽)와 함께한
一石(오른쪽). (1957년 6월)

이인(앞줄 오른쪽에서 두번째) · 백낙준(앞줄 왼쪽에서 두번째)씨와 함께한 —石(앞줄 맨 오른쪽)
(1975년 11월 24일)

「젊은 지성의 대향연」에서 강연을 마친 뒤 —石은 몰려든 청소년 팬들에게
사인을 해주고 있다. (1976년 11월 25일)

한가한 오후 증손녀와 함께 자택 정원에서
(1980년)

부친의 묘소 앞에서 며느리(오른쪽), 증손녀와
함께 기념촬영을 한 一石 (1983년)

1976년 첫날 세배 온 이화여전 제자들과 활짝 웃고 있는 一石 내외.
오른쪽부터 一石, 부인 이정옥, 제자 조경희, 김옥길, 정충량, 전숙희, 김정옥

중앙중학의 3총사로 불린 서항석(왼쪽),
정문기(오른쪽)와 함께 (1981년 11월 11일)

학계의 원로들이 모였다.
이희승(앞줄 왼쪽), 윤일선(앞줄 오른쪽),
이병도(뒷줄 왼쪽), 김두종(뒷줄 오른쪽)
(1983년 6월 9일)

한국어문교육연구회 상임위원회를 끝내고. 맨 앞줄 왼쪽에서 두번째가 一石이다.
(1988년 4월 13일)

一石의 추모비(1992년 9월 9일)

一石의 묘비(1992년 9월 9일)

명륜동 소재「一石기념관」한편에 재현해 놓은 一石의 서재 모습.

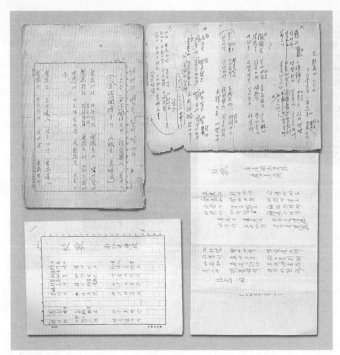

一石의 친필 시작(詩作) 노트

一石이 집필한 교과서, 학술서적,
그리고 수필집과 시집들

一石 이희승 자서전

다시 태어나도 이 길을

 도서출판 선영사

이 세상에 태어난 인생이란 싫든 좋든 파란 중첩한 인생 행로를 걸어가지 않을 수 없는 운명을 타고 난 것이다. 나도 그와 같은 인생의 한 사람으로서 오늘날까지 내가 지향하는 길을 걸어왔다. 그러나 내적·외적인 여러 가지 제약과 원인으로 말미암아 흡족하지는 못하지만, 내 나름대로 오늘날까지 그 길을 걸어오지 않을 수 없었던 것이다.

이러한 과거를 돌아볼 때 회한(悔恨)이 되는 일도 많고, 가다가는 다소 위안이 되는 일도 없지 않다. 사람은 이 위안이 되는 점을 우선 다행으로 여기지 않을 수 없을 것이다.

이와 같은 나의 지나간 일은 나 자신에게 국한되고 말 것이지만, 사람이란 묘한 존재여서 이러한 자신의 이야기를 남에게 들려 주고 싶은 이상한 본능도 가졌나보다.

이 책의 내용은 《한국일보》 '나의 이력서' 란 칼럼에 1975년 11월 8일부터 1976년 1월 26일까지 49회에 걸쳐 연재하였던 것을 원 바탕으로 하고, 그 밖에 약간의 보충과 오기(誤記)가 뚜렷한 개소(個所)를 정정(訂正)하여 극히 간단한 나의 자서전을 삼은 셈이다. 그러나 이것은 나의 인생 행로 중 가장 기억에 남았던 것을 초록(抄錄)한 것에 지나지 않는다. 따라서 이 책을 출판한 한국능력개발사의 요청에 의해서 부끄러운 대로 햇빛을 보게 된 것이다.

이 책이 이와 같이 햇빛을 보게 되기까지에는 한국능력개발사 사장 김화영(金華永) 씨와 그 출판 실무를 담당한 민병덕(閔丙德) 씨의 물심 양면에 걸친 수고가 많았다. 이에 대해 감사하는 마음 매우 크다.

1977년 10월 일

저자 적음

지난 1999년 11월 27일은 선친의 10주기가 되는 날이었습니다. 이미 10년이 지났지만 저는 가끔 선친께서 어디로 여행을 떠나 계신 것 같은 착각을 일으킬 때가 있습니다.

1942년 10월 1일에 두 형사(그 중 한 사람은 이화여전 담당 형사이고, 다른 한 사람은 함흥에서 온 형사)가 들이닥쳐서 책상을 뒤져 한 보따리를 싸가지고는 선친더러 서(署)까지 가자고 해서 연행되어 가시던 모습과 3년 뒤인 1945년 4월 함흥형무소 면회장에서 짧막한 수의를 입고 초췌한 모습으로 서 계시던 광경은 저의 뇌리에서 영원히 지워지지 않을 것입니다.

선친께서는 어렵고 굴곡 많았던 시대를 외곬으로 열심히 살아 오신 분으로 당신의 삶의 기록이 다음 세대들에게 도움이 되리라는 생각에서 이 책을 쓰셨습니다.

이 책은 수년 전에 절판되어 시중에서 구하기가 어려웠던 차에 마침 도서출판 선영사의 김영길 사장께서 다시 출간하겠다는 제의를 하셔서 저희 유족으로서는 대단히 고맙게 생각하며 동의를 하였습니다.

아무쪼록 이 책이 여러 독자님의 인생길에 도움이 되었으면 하는 바람입니다.

2001년 11월 5일
이교웅

| 차례 |

| 차례 |

| 차례 |

제1부

다시 태어나도 이 길을

다시 태어나도 이 길을

　내 나이 이미 여든이 넘었다. 단순히 시간의 뜻으로 보면 80년이라는 세월은 그리 오랜 것도 아니다. 그러나 구한국 시대에 태어나 온갖 역사의 비바람 속을 헤쳐 오늘에 이른 우리 또래의 사람들에게는 지나간 80년은 자못 힘겹고 오랜 세월이었다고 할 수 있다.

　외람된 얘기 같지만 대한제국, 일제 36년, 미군정, 자유당 정권, 민주당 정권, 군사혁명과 공화당 정권을 차례로 겪어야만 했던 세월이다. 또 역사상 미증유의 양차 세계 대전을 직접·간접으로 영향받는 세상에서 살아 왔다. 그뿐 아니라 6·25사변 같은 참혹한 집안 싸움도 견디어 내야 했다. 이렇게 끊임없이 어지러운 사회 속에서 살아야 했던 갖가지 경험이야말로 평화 시절 수백 년간의 경험과 맞먹을 만하지 않겠는가.

　이미 많은 사람들이 그 같은 경험을 기록으로 남겼지만, 같은 세월 속에서 내가 개인으로 겪었던 일들을 술회함으로써 뒷날 동도(同道)를 걸을 사람들에게 참고가 될 자료를 남긴다는 뜻으로 이 글을 쓰게 되었다.

나는 한평생을 외곬으로 국어학(國語學)의 길을 걸어 왔다.

만년에 한 2년 동안 신문사에 몸담았던 외도를 제외하면 아직까지 그 길에서 벗어났던 일이 없다.

국어학의 학문적인 체계도 서 있지 않았던 불모의 시대에 발을 들여놓은 지 50년, 반백 년 동안에 무슨 일을 했는지는 스스로 떠들 일이 아닌 줄 알고 있지만, 내 나름대로 억지 결산을 해본다면 나는 우리나라 국어학의 마일 스톤[이정표(里程標)]에 머물고 말지 않았나 생각한다. 국어학의 개설(槪說) 정도를 겨우 이룩한 셈이라고나 할까.

마일 스톤은 뒤에 오는 사람들을 위해 방향과 거리를 알려 주는 역할뿐, 자신은 한 걸음도 나아가지 못하는 돌멩이다. 50년을 바친 결과로는 너무 미미한 것이라 부끄러움이 앞선다. 좀더 정진했더라면 국어학의 어느 한 분야에 상당히 깊숙하게 도달할 수 있었을 터인데 하는 후회도 든다.

자신 있게 말하지만 나는 한번도 이 길을 택한 것을 후회한 일이 없다. 입신양명(立身揚名)하지 못했음을 아쉬워하지도 않는다. 내가 좋아 택한 길이었음에 나름대로 힘써 온 것뿐이다. 살다 보니 사선(死線)을 넘은 것이 너댓 차례 된다. 지금의 여명(餘命)은 덤으로 얻었다는 생각이 들어 무엇 하나 섭섭하고 안타까운 것이라곤 없다.

다시 태어난다면—만일 현재의 내 기질과 성격 그대로 다시 태어난다면 나는 또 이 길을 택할 수밖에 없을 것이다. 아직 우리 국어학은 더 많은 사람의 더 많은 품을 요구하고 있기 때문이다.

나는 갑오경장[고종 31년] 다음해인 1896년 6월 9일 지금의 경기도 시흥군 의왕면 포일리(浦一里) 양지편 마을에서 출생했다.

이 기회에 나의 출생지에 대해 상세히 해둘 것이 있다. 포일리 양지편 마을은 내가 출생할 당시에는 광주군(廣州郡) 의곡면(儀谷面)이었고, 그 후 수원군(水原郡)으로 편입되었다가 수원이 읍이 되면서 화성군(華城郡)에 속하게 되었으며, 최근에 와서 다시 시흥군으로 행정구역이 바뀌었다. 그러니 광주 태생이랄 수도 없는 일이어서 시흥산(始興産)이라 불러 두는 것이 가장 합리적인 일이겠으나, 그것도 마음이 썩 내키지 않으면 개풍(開豊) 태생이라 말하곤 한다.

경기도 개풍군[원래 풍덕군(豊德郡)]은 고려조 이후 나의 조상들이 대대로 살아 온 선향(先鄉)이다.

나의 조부(祖父) 때 가세(家勢)가 기울어 광주군으로 이사했던 것이고, 그곳에서 내가 태어난 것이다.

나의 아버지[이종식(李宗植)]는 가난했던 전의이씨(全義李氏) 가문에서도 고지식하기로 이름난 분이었다. 나는 그런 집안의 5형제 중 장남이었다.

아버지는 처음 사도세자(思悼世子)의 사당인 경모궁(景慕宮)[지금의 서울대 의대 자리] 참봉으로 벼슬길에 올랐는데, 후에는 중추원의관(中樞院議官)으로 정삼품 통정대부(通政大夫)의 자리까지 올랐다.

그러나 그 분은 일본 유학생으로 선발됐을 때 상투를 자르기 싫어 유학을 포기했을 만큼 완고하고 보수적인 인물이었다. 갑오경장을 전후해서 개화의 바람이 거세게 불어닥쳤던 그 무렵, 조정에서는 젊고 유능한 관리들을 일본에 보내어 개화 문물을 배워 오게 할 목적으로 유학생을 뽑았다. 아버지는 그 대상으로 선발됐으나 머리를 깎아야 한다는 조건을 끝내 받아들이지 못하고 만 것이다.

내가 지금 기억할 수 있는 가장 오래 된 일은 광주 양지편 마을에서 살던 네 살 때[1900년] 어머니를 따라 서울로 갔던 일이다. 그때 아버지는 벼슬이 높아감에 따라 소실(小室)을 두고 서울에 살면서 고향의 조강지처를 돌보지 않아 참다 못한 어머니가 나를 업고 상경한 것이었다.

어머니가 남산 기슭 진고개[지금의 충무로 3가 일대]에 집을 마련하고 눌러앉게 되자 처신이 난처해진 아버지는 어머니에게 하향(下鄉)할 것을 강력히 종용했다. 그리하여 어머니는 상경한 지 4년 만에 다시 나를 데리고 낙향을 하고 말았다. 그러나 광주로 되돌아간 것이 아니라 여러 대의 선향(先鄉)인 개풍으로였다.

아직 서울 셋방에 살 무렵인 다섯 살 때 나는 어머니에게서 천자문(千字文)을 배우기 시작했다. 어머니는 학식이 높은 분은 아니었으나 한글로 토가 달린 천자문 정도는 가르칠 만한 분이었다. 제법 총기가 있었던 나는 1년 만에 천자를 떼고 여섯 살 때는 아버지에게서 《동몽선습(童蒙先習)》을 배웠다.

촌놈의 글 읽기 시작

어머니를 따라 내려간 선향은 상조강(上祖江)이라는 마을이었다. 우리 집안이 13대에 걸쳐 대대로 살아 온 마을인데, 당시에는 경기도 풍덕군 남면(南面)에 속해 있었으나 뒤에 개풍군 임한면(臨漢面)으로 이름이 바뀌었다.

그곳은 임한면이라는 지명이 가리키듯 임진강과 한강이 만나는 지역이었다. 그 중에서도 조강(祖江) 나루를 끼고 있는 상조강 마을은 강화도가 마주 보이는 포구였다. 바로 《이상국집(李相國集)[이규보(李奎報)의 문집]》에 나오는 '조강부(祖江賦)'로 유명한 곳인데 서울에서 양천(陽川)·김포(金浦)·통진(通津)을 거쳐 110리를 간 곳에 있었다.

어머니와 함께 이곳에 정착한 나는 곧 서당에 다니기 시작했다. 서울에서 《동몽선습》을 뗴었기 때문에 《자치통감(資治通鑑)》부터 읽었다. 지금 같으면 초등학교에 들어갈 나이였다.

무릎을 꿇고 앉아 몸을 앞뒤로 흔들며 글을 읽는 것은 지금 생각해도 고역이었다. 그 중에도 강(講)받는 일이 힘들었다. 벽을 향하고 돌아앉아 전날 배운 것을 외는 것인데, 외다가 막히는 날이면 매서운 회초리가 등줄기에 떨어지곤 했다.

나는 '통(通)'도 아니요 '불통(不通)'도 아닌 '약(略)'은 되었기 때문에 회초리를 맞은 기억은 별로 없다. ['통'은 오늘날의 '수', '약'은 '미', '불통'은 '가'와 비슷함] 그러나 매맞는 다른 아이들을 볼 때마다 겁을 먹었던 기억은 남아 있다. '약(略)'이란 술술 잘 외다가도 약간씩 떠듬거리는 것을 뜻한다.

열 한 살 때쯤으로 기억하는데, 아랫마을 하조강리(下祖江里) 쪽에서 검은 양복을 입고 모자를 쓴 사람이 우리 마을로 찾아 들어오는 것을 보고, 글을 읽던 아이들이 혼비백산 달아난 일이 있다. 나는 서울 살 때 양복장이를 더러 보았기 때문에 그처럼 놀랄 일이 아니었는데도 다른 아이들이 도망치는 결에 덩달아 뛰어 달아났다.

이 양복장이는 아랫마을에 있던 한영서원(韓英書院) 분교의 선생이었다. 뒤에 안 일이지만 이 분은 우리 상조강 마을 어린이들을 분교로 보내 달라는 교섭을 하기 위해 우리 서당의 훈장을 만나러 온 것이었다.

한영서원은 미국인 선교사가 개성(開城)에 설립한 신식학교로, 훗날 송도고보(松都高普)로 발전했다. 그런데 하조강(下祖江) 마을은 상사람과 뱃사람들이 많아 일찍부터 선교사들이 신교육 사업을 벌이기 쉬웠는 데 반해 상조강(上祖江) 마을은 완고하기로 이름난 곳이어서 선교사들이 발붙일 형편이 못 되었다.

이 날 양복장이가 나타난 이유의 핵심은 말하자면 선교를 벌이기 위한 타진이었는데, 글 읽던 아이들만 괜스레 놀라 달아났던 것이다.

이 무렵 서울에서 소실(小室)을 두고 살던 아버지는 1년에 한 번 정도 상조강 마을에 내려오셨다. 나는 서울에서의 버릇대로 절을 하고는 아버지 무릎에 올라앉으려 했다. 그때 아버지는 "양반의 자식이 이러면 못 쓴다"며 근엄한 표정으로 나무라는 것이었다. 나는 그 다음부터는 아버지 무릎에 올라앉을 생각을 할 수 없었다. 어리광 같은 것은 부릴 엄두도 내지 못했다.

상조강 마을에서는 하인들에게 사형(私刑)을 가하는 일이 심심치 않게 벌어지곤 했다. 오랜 구습이고 또 악습이기도 한 사형은 엎어 놓고 볼기를 치는 태형으로부터 극악한 고문 행위에 이르기까지 종류가 많았다.

볼기를 치는 벌은 때리는 사람이 같은 하인 신분이기 때문에 사정을 봐준다 하여 '말 꿇림'이라는 형벌이 잦았다. 이 형벌은 4각의 말[두(斗)] 속에 사람을 꿇어앉히는 것인데, 그것도 모자라면 말 꿇림을 시킨 뒤 두 팔을 뒤로 묶고 상투를 풀어 마주 매는 형벌을 가했다. 아주 중한 죄를 지었다고 할 때는 뒤로 묶은 팔 사이에 절구공이를 끼워 두기도 했다.

이렇게 가혹한 형벌을 구경할 때마다 천성적으로 심약한 나는 가슴이 퉁탕거려 숨도 크게 쉴 수 없었다. 벌을 가하는 양반에 대해 미운 생각이 들기도 했다.

나의 글읽기는 《자치통감》 여덟 권을 거쳐 '문리(文理)가 났다'는 인정을 받았음인지 경서(經書)로 들어갔다. 《맹자(孟子)》로부터 시작해서 《대학(大學)》과 《논어(論語)》를 떼었을 때, 아버지는 나를 서울로 불러올렸다. 열 두 살 되던 해 가을이었다.

글읽기는 그 정도면 됐으니 신식 교육을 시켜야겠다는 생각에서였던 것 같다. 나는 어머니 품을 떠나 서울의 가회동(嘉會洞)에 있는 아버지 집으로 옮겨갔다. 그 집에 들어가서야 나는 아버지가 새장가를 들었음을 알 수 있었다.

그때까지 무질서하게 살아 오는 동안 경제적인 낭비가 많았음을 깨달은 아버지는 새장가를 들어 생활의 안정을 기하려 했던 것으로 보였다.

그리고 늦었으나마 당신의 맏아들을 공부시킬 생각까지 갖게 됐던 것이다.

서울의 새어머니는 아버지에게 처녀 시집을 왔었다. 끝까지 소생은 없었다. 어린 나이에도 나는 고향에 홀로 남은 어머니가 불쌍하다는 생각에 기가 죽어 지냈다. 그런 나를 새어머니는 자상하게 보살펴주었다. 지금도 나는 그 분의 기른 정을 잊지 못해 경건한 마음으로 제사를 드리고 있다. 새어머니와 차차 정이 들고, 서울이 낯설지 않게 되자 나는 매일처럼 집을 나가 신기한 구경에 정신을 팔곤 했다. 그때마다 집에서는 "촌놈이 길 잃는다"며 찾아 나서는 법석을 떨었다.

서울의 금석(今昔)

하늘과 땅 차이지요

지금 내 기억에 남아 있는 서울의 모습은 대개가 이 무렵부터 외국어학교에 다니던 소년 시절에 영근 것들이다.

그러나 네 살 때 어머니를 따라 서울에 왔다가 일곱 살 때 개풍으로 내려갈 때까지의 유년 시절의 기억도 단편적으로 남아 있다.

그때의 기억 가운데 아직 한 갈피로 남아 있는 모습은 순검(巡檢)과 순포막(巡捕幕)이다. 순검들은 양복 차림에 상투를 틀고 있었다.

상투를 뒤로 눌러 붙이고 샤포모자 [프랑스어인 '샤포'에서 유래한 개화기 모자]를 달랑 올려 놓은 채 미투리를 신고, 환도(環刀)를 찬 모습은 그때 생각에도 '갓 쓰고 자전거 타는 격'처럼 우스꽝스러워 보였다.

이보다 더 기괴한 모습은 판자로 만든 순포막이었다. 이 조그만 건물은 거리의 요소마다 두었다가 필요하면 다른 곳으로 옮겨가는 이동식 파출소였다. 푸른색 칠을 한 순포막을 이동할 때면 푸른 바지 저고리를 입은 전중이[죄수]들을 동원하여 떠메고 갔는데, 그 모습이 무척 신기했다.

일곱 살 때의 일로 기억되는데, 어느 날 남산 왜성대(倭城臺)에서 이상한 구경을 했다. 나중에 알고 보니 일인(日人)들이 러·일 전쟁의 승전 기념비를 왜성대에 준공, 그 날 제막식을 한 것이었다. 한참 동안이나 계속되던 식사(式辭)가 끝나자 식장에 모였던 사람들은 모두 박수를 쳤다. 나는 이때 처음 박수하는 것을 보았다. 무섭기도 하고 엄숙하기도 하고 신기하기도 했다.

처음 진고개에 살던 우리는 후에 잉낭골[익선동]로 이사를 했다. 그때 나는 두 번째로 박수치는 모습을 구경할 수 있었다. 그 날은 운현궁(雲峴宮) 근처의 어느 궁가(宮家)에 무슨 경사가 있는 날이었는데, 50명 가량의 여학생들이 둘러서 처음 듣는 노래를 합창하고는 또 박수를 하는 것이었다. 이때 나는 여학생을 처음으로 보았다. 흰 치마 저고리 차림에 머리를 땋아 늘어뜨린 그 여학생들은 아마도 이화학당(梨花學堂)의 학생들이었을 것이다.

지금 나의 기억에 남아 있는 당시의 건물로는 남대문·동대문과 함께 명동성당이 가장 인상 깊다.

진고개에 살던 시절, 우리는 명동성당을 '뾰죽집'이라고 불렀다.

아버지는 언제나 천주교 신자들을 '천주학쟁이'라고 비하해 부르면서 가까이 가지 못하게 했기 때문에 성당 안에는 한 번도 들어가 보지를 못했다. 그러나 연날리기, 제기차기, 돈치기 놀이 등을 하며 친구들과 어울려 놀 때면 항상 뾰죽집을 바라보곤 했다. 열 두 살 때 두 번째로 서울에 와서 보니 서울은 많이 변해 있었다. 우선 거리에는 전깃불이라는 이상한 등불이 켜져 있었고 전차가 오갔다.

'콜프란'이라는 미국인이 용산에 발전소를 세우고, 마포·청량리 간의 단선 전차를 운행하고 있었던 시절인데, 당시의 전차는 차체의 양편에 문도 벽도 없이 아무 데로나 올라타게 돼 있는 우스운 모양이었다. 일정한 정류장도 없어 누구나 손을 들거나 내리겠다면 아무 곳에서나 세워 주었다. 이 전차라는 괴물은 한없이 신기하고 편리한 것이기는 했으나 교통질서가 전혀 서 있지 않았던 때여서 사람을 살상하는 일이 많았다.

한 번은 파고다공원과 보신각 중간 지점에서 성난 군중들이 전차를 떼밀어 쓰러뜨려 놓고는 똥물을 퍼붓는 난동을 벌였다. 때로는 쓰러뜨린 전차에 불을 지르는 과격한 행동도 있었다.

그 무렵 지금의 한국은행 석조 건물과 후에 불타 버린 **YMCA** 벽돌 건물을 짓는 모습은 좋은 구경거리였다. 그토록 건물의 규모가 웅장한 것도 놀라왔지만 그 역사(役事) 또한 장관이었다.

아버지를 따라 경복궁을 구경했던 일도 잊혀지지 않는 추억이다.

광화문을 들어서서 영추문(迎秋門)을 나오기까지 지나친 대소(大小)의 문만 해도 1백여 개나 되는 듯싶어 "대궐이란 정말 크구나" 하고 되풀이 감탄했다.

당시 서울의 길은 지금과 비교하면 형편 없이 좁았다. 다만 육조(六曹) 앞과 지금의 남대문로는 무척 넓었다. 육조 앞이란 지금의 광화문 네거리에서 중앙청에 이르는 길인데, 경복궁 앞, 해태 앞이라고도 했다. 그런데 광화문에서 황토현(黃土峴)[광화문 네거리] 쪽으로 두 줄의 돌난간이 뻗쳐 있고 광화문 양편에 해태가 엎드려 있었기 때문에 그렇게들 불렀다.

지금의 을지로 6가 일대는 훈련원이라 불렀으나 군대의 훈련이 항상 있던 것이 아니어서 대부분은 채마(菜麻)밭[채소밭]이었다. 창경원에서 명륜동으로 넘어가는 고개는 박석고개라 불리었는데, 꽤 가파른 고개였다. 길가에는 얇고 넓적한 돌[박석(薄石)]들이 깔려 있었다.

명륜동·혜화동 일대는 송동(宋洞) 앵두로 유명한 앵두밭이었다. 송동이란 우암(尤庵) 송시열(宋時烈) 선생의 집이 동네에 있었기 때문에 붙여진 이름이기도 했다.

돈암동 일대는 삼선평(三仙坪)이라 하여 잔디밭과 사장(沙場)이 있어 장난꾸러기들이 공차기를 즐기던 곳이었다.

광희문(光熙門) 밖 신당동 일대는 서울에서도 가장 지저분한 쓰레기장이었다. '못된 바람은 모두 수구문(水口門)[광희문]으로만 분다'는 속담이 생길 정도였다.

갈월동 앞은 '돌마루'라 했고, 여기서 노들[노량진]이나 동제기[동작진]까지는 발이 푹푹 빠지는 모래톱이었다.

그리고 청파동 일대는 맹꽁이 타령에 나오는 미나리 논이었으며, 아현동·이태원 일대는 묘지였다.

이런 곳들이 이제는 모두 서울의 중심권에 드는 요지(要地)가 됐으니 과연 그때와 비교하면 천양(天壤)의 차이라 아니할 수 없다.

일만 하면 살 수 있나, 영악해야 살 수 있지

신기한 서울 구경에 정신이 팔려 겨울이 가고 열 세 살 되던 해 봄 나는 관립(官立) 한성외국어학교(漢城外國語學校)에 들어갔다.

상투를 자르기 싫어 일본 유학을 마다고 했던 아버지가 나를 외국어 학교에 보낸 것은 지금 생각해도 일대 혁명적인 일이라 할 수밖에 없다. 터진 봇물처럼 밀어닥치는 개화 사조가 그 분의 완고한 머리 속에도 스며들었던 탓일 것이다.

그러나 아버지는 처음부터 내게 외국어 공부를 시키겠다고 생각한 것은 아니었다. 내가 그 학교에 간 것은 전혀 우연이었다.

가회동 맹현(孟峴) 우리집 바로 아랫집에 김경선(金慶善)이라는 내 또래 아이가 살았는데, 그는 외국어학교 영어부 학생이었다.

경선이는 학교에서 돌아오면 큰 소리로 영어책을 읽었다. 그 소리는 우리집에까지 들리곤 했다.

그 소리를 들을 때마다 나는 무슨 뜻인지는 몰라도 신기하기도 하고 부럽기도 했다.

어느 날 나는 경선에게 "아버지가 나도 학교에 보내준댔다" 하고 말했다. 그러자 경선이는 "그럼 잘 됐다. 우리 학교에 같이 다니자"고 하는 것이었다.

그 말에 힘을 얻은 나는 아버지에게 "경선이 다니는 학교에 가겠다"고 어렵게 말했다. 아버지는 뜻밖에도 "그러렴" 하고 쉽게 승락해 주셨다.

아버지는 아버지대로 그런 뜻을 갖고 계셨던 것인지 모른다. 그 시절 세상에는 "일만하면 사나, 영악해야 살지"라는 유행어가 나돌고 있었다. 이제부턴 일어(日語) 공부를 해서는 못 살고 영어를 해야만 산다는 뜻이었다.

제아무리 수구파(守舊派)라고 한들 이 같은 사회 분위기에 동화되지 않을 수 없었을 것이다.

입학시험은 간단한 작문 한 과목뿐이었다. 주어진 제목은 '학우등사(學優登仕)'라는 것이었는데, 한글을 제대로 배우지는 못했지만 한자를 섞어 가며 글을 지을 수는 있었다. 서당 시절에 《구운몽(九雲夢)》《사씨남정기(謝氏南征記)》《박씨전(朴氏傳)》 등 고대소설을 숨어 읽은 덕분에 한글은 어느 정도 터득이 되어 있었다.

나는 이 학교 마지막 졸업생이다. 관립 한성외국어학교는 처음에는 관립 영어학교, 관립 일어학교 등 5개 외국어 학교로 나뉘어 있었으나 1907년에 이들 5개교를 통합, 종합 외국어학교가 됐다.

영어학교로는 우리나라 최초의 근대식 학교였던 육영공원(育英公院)을 계승한 학교로 공조(工曹) 뒷골목[옛날 시민회관(현재의 세종문화회관) 뒤편]에 있었다.

당초 육영공원은 모관이나 양반 자제의 교육을 위해 1886년에 세워졌으나 갑오경장으로 8년 만에 폐교됐다.

갑오경장 당시 군국기무처(軍國機務處)는 소학, 중학, 전문학교, 대학, 외국어학교, 사범학교 등 신식 교육기관을 세우기로 의정(議定)했던 것이다.

오랜 쇄국정책으로 서양 문물을 받아들이는 데 게을렀던 우리나라는 1876년 일본과 수호통상조약[강화도조약]을 맺고, 1882년부터 미국·영국·독일·러시아·프랑스 등에 차례로 문호를 개방한 이후 외교관이나 통역관의 양성이 급박했던 것이다.

이런 필요성에 따라 1891년에 처음으로 일어학교가 세워졌고, 3년 후에는 육영공원을 계승한 영어학교가 설립됐으며, 뒤이어 법어(法語)[프랑스어], 덕어(德語)[독일어], 한어(漢語)[중국어], 아어(雅語)[러시아어] 등 각종 외국어학교들이 세워졌다.

이들 학교는 이어 일본 통감부(統監府)의 입김으로 일어학교 옆에 교사(校舍)를 모아 짓고 통합, 영어부, 일어부·덕어부·법어부·한어부 등 5개 부를 둔 한성외국어학교로 발족했던 것이다.

현재 수운회관(水雲會館) 북쪽 경제기획원 통계국 자리부터 종로경찰서까지의 터에 당시 외국어학교가 자리잡고 있었다. 재미나는 일은 이들 5개 부의 학생수였다. 우리나라에 가장 영향력이 컸던 미국과 일본의 말을 배우려는 학생이 많았기 때문에 영어부와 일어부는 시험을 치고 들어가야 했다. 그러나 나머지 3개 부는 지원자가 없어 애를 먹었다. 시류의 정확한 반영이라 하겠다.

법어부·덕어부·한어부 등에는 얼마나 지원자가 없었던지, 정부에서는 고관대작의 자제들을 강제로 외국어학교에 보내도록 하는 고육책을 쓰기도 했던 것이다.

구렛나루를 시커멓게 기른 양반집 자제들이 하인에게 장죽을 들려 등교하는 모습은 마치 학교에 가는 것이 아니라 중요한 일로 행차하는 것 같은 꼴이었다. 그런 억지 학생들이니 공부를 제대로 했을 리도 만무했다.

학생들을 끌어들이기 위해 수업료를 안 받는 것은 물론, 교과서와 각종 학용품까지 나누어 주었고, 매일 점심값으로 5전씩을 지급하기까지 했다. 내가 입학했을 때에는 이런 은전은 없어졌지만 수업료는 내지 않았다.

당시 외국어 교육은 학문적인 깊이를 고려할 계제가 못 되었다. 단순히 실용적인 수준으로 기르는 데 만족할 수밖에 없었다. 회화 몇 마디, 작문 몇 줄 할 수 있는 정도면 실용의 일선에 나갈 수 있었기 때문에, 가령 영어의 경우 졸업생은 물론 재학생도 미국인 상사(商社)나 기관에 취직하기가 쉬워서 재학 중에 학교를 그만 두고 취직을 하는 사례가 많았다.

내가 입학했을 때는 영어부 1학년에 갑·을 2개 반이 있어 학생수는 1백여 명이 넘었다.

우리 학급에는 해공(海公) 신익희(申翼熙) 군과 공화당 당의장을 지낸 정구영(鄭求瑛) 군, 그리고 윤비(尹妃)의 남동생 윤홍섭(尹弘燮), 사촌동생 윤정섭(尹貞燮) 등이 있었다.

나보다 두 살이 위인 신익희 군은 명석한 두뇌와 원만한 성품으로 동료 학생들과 교사들에게 인기가 높았다.

한 고향[광주(廣州)] 친구 이윤신(李允信)의 집에 기숙했던 그는 늘 검정물을 들인 명주 두루마기를 입고 다녔는데 15세 소년 시절에도 매우 점잖고 조숙했다.

그는 한 달에 한 번씩 열리는 담화회(談話會) 때에 특히 명성을 떨쳤다. 5개 부 학생과 전 교직원이 모두 모인 자리에서 신(申) 군은 이솝의 우화를 유창한 영어로 말하곤 했다. 암기한 것을 그대로 말하는 것이긴 했지만 정확한 발음과 억양, 그리고 제스처까지 능란하게 구사하는 그를 보고 학생들은 물론 교사들도 찬사를 아끼지 않았다.

정구영 군은 나와 동갑내기여서 서로 집을 왕래하며 친하게 지냈다. 그는 공부도 잘했지만 성격이 활달해 곧잘 장난을 쳤다.

윤홍섭은 공부에는 그다지 두각을 나타내지 못했지만 성품이 원만해 동료들간에 인기가 있었다. 부원군(府院君)의 아들이라는 자신의 신분을 내세우지 않았고 처신이 언제나 서민적이었다.

우리는 처음 그의 신분을 의식하고 가까이 하기를 조심했지만 그의 소탈한 성품을 알고는 곧 스스럼 없이 어울렸다. 졸업 후 신익희 군이 일본 와세다대학에 유학할 때 상당한 액수의 학비를 보조해준 것만 보아도 우애와 신의에 강한 그의 인물됨을 알 수 있다.

상투를 자르던날

　지금도 그렇지만 그 시절의 나는 키 작고 연약한 소년이었다. 더구나 입학 전에 관례(冠禮)를 올려 상투를 틀어올렸고, 입학 1개월 만에는 13세의 어린 나이로 장가를 들었기 때문에 심한 놀림의 대상이었다.

　아버지는 무엇이 그렇게도 급했던지 13세의 어린 소년을 장가들였다. 물론 그 무렵의 풍속이기는 했어도, 그리고 귀한 맏아들이긴 했어도 남보다 체구마저 작은 13세 철부지를 그토록 서둘러 장가들이다니……

　부끄럽고 두려워 반대도 해보았지만 소용 없는 일이었다. 그것은 4월 초에 입학한 후 한창 학교생활의 재미를 느낄 무렵인 5월 초였다. 나는 고향으로 끌려 내려가고 말았다.

　신부는 선향 상조강 마을에서 30리 떨어진 풍덕군 중면 동강리의 경주이씨(慶州李氏) 집 규수였다.

　집안 어른들이 미리 정해 놓은, 이름을 이정옥(李貞玉)이라고 하는 이 신부에 대해 내가 아는 것이라곤 아무것도 없었다. 얼굴도 이름도 몰랐다.

나귀를 타고 신부의 마을인 동강리에 간 꼬마신랑은 사처(私處) 방을 정하고 하룻밤을 묵은 뒤 혼례식에 참석했다.

지금 생각해도 다행인 것은 처가에 마련해 놓은 초례청으로 향하는 길에 재꾸러미 세례를 면한 일이다.

지금도 시골의 결혼식 풍습에 남아 있지만, 그 시절 장가들기 위해 처가 마을에 온 새신랑은 예식을 치르기 위해 처가집에 들어가는 도중에 동네 장난꾸러기들로부터 재꾸러미 세례를 받아야 했다. 초래청에 들어가는 새신랑을 낭패하게 만드는 풍습이었던 것이다.

우리 집안의 어른들은 이런 일을 예상하고 미리 동네의 장난꾸러기들을 대상으로 '예비 검속(?)'을 단행했었다. 내가 '화'를 면한 것은 이 때문이었다.

나는 장가들고 나흘 만에 서울로 돌아왔다. 서울에서는 동네아이들과 학교의 동료들로부터 많은 놀림을 받았다. 상투를 틀어올리고 초립(草笠)을 쓴 나를 보고 장난꾸러기들은 "초립동이 ○○동이, 젖꼭지에 응석동이" 하고 떼를 지어 뒤따라오며 4·4조 노래를 불렀다. 무어라 항의하려 들면 그들은 더욱 재미 있어 하며 기승을 떨었다. 부끄럽고 약이 올라 어른들을 원망해 보기도 했으나 참고 견디는 수밖에 없었다.

그 무렵 외국어학교의 학생들은 대개가 한복 차림이었는데 상투를 튼 어른들이 많았다. 양복을 입은 학생은 쌀에 뉘 섞인 듯 한두 명뿐이었다. 한복 두루마기에 '운혜(雲鞋)'라는 비단신을 신고 교모를 썼다. 신식 중절모를 쓴 학생들도 있었지만 대개는 무궁화 무늬 속에 '외(外)' 자 든 모표를 자랑스럽게 교모에 달고 다녔다.

나는 결혼한 직후 상투를 잘랐다.

상투란 틀어올리기가 매우 힘든 것이기도 했으나 다른 아이들이 쓰고 다니는 교모를 쓰고 싶어서였다. 어느 날 학교에서 돌아오면서 나는 불쑥 '단발(斷髮)'을 단행했다. 이발소에 들러 상투를 싹둑 잘라 낸 뒤 빡빡머리가 된 나는 초립에다 잘린 상투를 담아 들고 집으로 향했다. 아버지에게 단단히 꾸중 들을 각오를 했지만 뜻밖에도 아버지는 심하게 나무라지 않으셨다.

처음 학교에 들어가 가장 곤란했던 것은 영국인 선생님의 말을 알아 들을 수 없던 일이다. 영국인 헬리팩스의 후임으로 부임한 영국인 프램튼은 우리말을 몰라 영어로 공부를 가르쳤다. 우리는 말을 알아 들을 수 없어 눈치로 때려잡곤 하다 차차 귀가 틔어갔다.

그때의 교장은 서리로서 일본인 타나카(田中玄黃)였고, 학감은 법어 학교 1회 졸업생으로 법어학교 교장으로 있던 이능화(李能和) 선생이었다. 이능화 선생은 두고두고 우리들에게 많은 감화를 주었던 인격자요 훌륭한 학자였으며 멋장이였다.

외국인들의 코를 납작하게만든 사람

당시 교사진에는 이능화(李能和) 선생을 비롯하여 윤태헌(尹泰憲), 프램튼, 안명호(安鳴濩), 이기룡(李起龍) 선생 등이 있었다.

이기룡 선생은 자유당과 함께 비참한 최후를 마친 이기붕(李起鵬) 씨와는 사촌간이 되는 분으로, 일찌기 미국에 다녀온 일이 있어 영어 실력이 대단했다.

역시 영어를 가르친 안명호 선생은 한말(韓末)의 유명한 화가 심전(心田) 안중식(安中植)의 아들이고, 음악계 원로로 활약 중인 안병소(安柄沼) 씨의 부친이 되는 분이다. 안 선생은 공부를 가르치다가도, 비교해서 설명할 일이 있으면 흑판에 그림을 그릴 만큼 아버지의 재질을 이어받았었다.

영국인이던 프램튼 선생은 우리들 사이에 가장 인기가 없었다. 그는 우선 우리말을 전혀 못 해 영어로만 수업을 했는데, 학생들이 잘 알아듣지 못한다고 노발대발하기 일쑤였다.

한 번은 공부 시간에 "오관(五官)[시·청·후·미·촉각(視聽嗅味

觸覺)]은 무엇무엇을 가리키는 것이냐?"고 물었다. 그런데 아무도 대답하는 사람이 없자 "스톤 헤드"라고 우리 모두를 한꺼번에 경멸하는 언사를 거침없이 쓰는 것이었다.

이런 처사에 대해 우리는 "동양인 깍정이[여기서는 '못됐다'는 의미를 가짐]는 일본사람이고, 서양인 깍정이는 영국사람"이라고 우리끼리 떠들곤 했다.

프램튼뿐 아니라 대부분의 서양인 교사들은 학생들에게는 물론 한국인 교사들에게까지 불손한 태도를 보이는 일이 많았다. 그때마다 우리는 민족적인 모독감을 억누를 수밖에 없었는데, 이런 울분을 시원하게 씻어주는 분이 바로 이능화 선생이었다.

선생은 훤칠한 키와 용모로도 그들을 압도했다. 게다가 한학(漢學)·영어·프랑스어에 능통해 서양인 교사들도 선생 앞에서는 저절로 굽실거리게 마련이었다.

선생은 특히 프랑스어 실력이 뛰어났다. 당시만 해도 서양 각국의 고급 사교계(社交界)와 외교계(外交界)에서는 요즈음의 영어처럼 프랑스어만을 썼다. 그런 시절에 모국어 못지 않게 프랑스어를 유창하게 구사하는 선생 앞에서 영국인, 프랑스인, 독일인, 일본인 교사들이 기가 죽는 모습을 보는 것은 통쾌한 일이었다.

선생은 서양 음악에도 상당한 관심을 갖고 있어 매주 목요일 오후만 되면 파고다공원에서 열리는 군악대 정기연주회에 나타나곤 했다. 그 무렵 나도 신기한 서양 음악에 매료되어 매주 파고다공원으로 음악감상을 다녔다. 그때마다 이 선생을 만날 수 있었다.

당시의 파고다공원은 팔각정과 원각사지(圓覺寺址), 거북 비(碑)만이 지금의 모습 그대로였으며, 공원 북동쪽 파고다 아케이드 자리에 음악당이 있었다.

가락이 느리고 애상적(哀傷的)인 국악(國樂)과 판소리에 젖은 나의 귀에는 경쾌한 템포의 양악(洋樂)은 아무튼 여간 신나는 것이 아니었다.

이능화 선생은 가끔 기방(妓房) 출입도 하는 풍류객이었다. 그때의 기생이란 가무(歌舞)에 능하고 거문고·가야금에 익숙할 뿐 아니라 서화(書畵)까지 겸비한 재원(才媛)들이었다.

후에 선생이 《조선해어화사(朝鮮解語花史)》라는 저술을 남긴 것은 이 무렵 기방을 출입하며 터득하고 연찬한 소산(所産)이라고 할 수 있다. 해어화(解語花)란 '말할 줄 아는 꽃'이란 뜻인데, 이는 바로 기생을 일컫는 것이다.

해어화사 외에도 선생은 상현거사(尙玄居士), 무능거사(無能居士)라는 필명으로 《조선불교통사(朝鮮佛敎通史)》라는 저술을 발표했고, 《여속고(女俗考)》《무속고(巫俗考)》 같은 독특한 저서도 남겼다.

1910년 8월 29일 외국어학교를 졸업하게 되었다. 제대로의 학사력(學事曆)에 따랐으면 다음해인 1911년 3월에 졸업을 했을 터인데, 나라가 망하고 학교가 없어졌기 때문에 '중도 졸업'을 한 것이다.

국치(國恥)를 당한 것은 외국어학교 3학년 여름방학 때였다. 나이 15세였던 나는 비분강개하는 어른들을 보고서 나라를 잃었다는 슬픔을 느낄 수 있었지만, 철이 든 학생들은 "나라를 잃었는데 공부를 하면 뭣하냐"며 학교를 자퇴하는 일이 많았다.

나라가 일본의 손아귀에 완전히 넘어가자 거리에서 세 명만 모여 수군거려도 일본인 형사들이 그대로 두지 않았다. 어린 학생들의 힘으로는 조직적인 반항운동 같은 것을 생각할 형편이 못 되었다.

여름방학이 끝난 9월 초, 학교에 나갔지만 그런 분위기에서 공부가 될 턱이 없었다. 책상을 치며 통분해 하는 나이 든 학생들도 있었다.

아니나다를까 한 달 남짓 만에 벼락 졸업식이 치러졌다. 3학년생은 6개월 앞당겨 졸업을 시켰고, 2학년 학생은 경성고보(京城高普) 2학년으로 편입시킨다는 방침이 공포되었다. 외국어학교는 이미 그해에 1학년 신입생을 모집하지 않았다.

학교측은 3학년으로 앞당겨 졸업한 학생이라도 본인의 희망에 따라 경성고보 2학년으로 편입을 주선해 주었다. 졸업은 했지만 갈 데가 없었던 나는 정구영 등 동료들과 함께 그 학교 2학년에 편입했다.

전 같으면 외국어학교 영어부 졸업생은 취직할 곳이 많았지만, 이미 일본의 식민지가 된 터여서 영어는 아무 짝에도 소용 없는 학문이었다.

나라의 비운(悲運)은 그 후 지금 경기(京畿)의 전신인 경성고보와 양정(養正) · 중동(中東) · 중앙(中央) 등 4개의 학교를 전전해야만 했던 나의 방황을 불러 왔다.

배일감정(排日感情)

아니꼬와 더 이상 공부 못 하겠네

어린 눈에 비친 것이기는 해도 나라가 망해 가는 모습은 틀림없는 난리였다. 아주 어려서 본 민요(民擾)나 의병(義兵)의 소요는 한갓 신기한 구경거리였다. 그런데 차차 철이 들면서부터는 그런 사건들을 볼 때마다 무서움을 느껴야 했고, 어른들의 한숨 속에서 망국(亡國)의 낌새를 알아차리게 되었다.

을사보호조약으로 일본 통감부가 들어서고, 우리나라 군대가 강제 해산된 이후, 우리 고향 풍덕에도 의병들이 출몰하기 시작했다. 정용대·연기우 등은 내가 어려서 듣던 의병대장의 이름들인데, 그런 이름마저 없는 어중이떠중이도 의병이라면서 자주 마을을 들락거렸다.

이름이 있든 없든 마을에 나타난 의병들은 마을사람들로부터 "고생이 많다"는 격려를 받았다. 그들 또한 마을사람들의 여망을 저버리지 않겠다는 듯이 되도록 민폐를 피하려 노력했다. 과객으로 묵어 가면서도 꼬박꼬박 숙식비를 치르곤 했던 것이다.

한 번은 우리 마을 부근에서 십수 명밖에 안 되는 소규모 의병부대가 일본 헌병대와 만나, 정면 충돌을 벌인 일이 있었다. 병력이 적은데다 화승총 몇 자루로 근대식 군대와 맞선 의병들은 역부족으로 쫓기다가 그 중 2명이 포로로 붙들렸다.

일본 헌병들은 포로를 느티나무에 묶어 놓고 온 동네 사람이 지켜보는 가운데 총살을 집행했다.

사람을 죽이는 장면을 난생 처음 목격한 나는 그때 큰 충격을 받았다. 일본인이 우리나라의 애국자를 죽인다는 민족적인 통분 같은 것이 어렴풋이나마 느껴졌다.

이런 사건이 있은 후로는 의병이 마을을 거쳐 가면 뒤따라 헌병대가 들이닥쳐 온 마을사람들을 닦달했다.

"왜 재워 주었느냐, 왜 먹여 주었느냐, 어디로 갔느냐?"며 마을사람들을 마구 때렸다. 이 때문에 의병이 지나가고 나면 그들의 닦달을 면하기 위해 젊은이들은 모두 들에 나가고 노약자와 어린이들만 남게 마련이었다. 그러나 그들은 노유(老幼)를 가리지 않고 횡포를 계속했다. 특히 한국인 헌병 보조원들이 더욱 기승을 떨었다. 누구나 '왜놈의 개'들에게 치를 떨고 이를 갈았다.

한데 의병 중에는 건달패와 협잡배들이 작당해서 '나도 의병입네' 하는 가짜도 있었다. 이들은 이 마을 저 마을로 쏘다니며 "닭을 잡아내라, 술을 빚어 내라" 하고 작패를 일삼아 선량한 주민들을 울렸다.

한두 해도 아니고 몇 년씩이나 이런 소란이 그칠 새가 없었다. 가히 난리라 할 만했던 것이다.

이 같은 혼란에 편승해서 지방 이속(吏屬)들의 토색질은 더욱 심해지고 있었다. 자연발생적인 민중봉기를 재촉한 주변 상황이었다.

어느 날인가[몇 살 때인지 기억은 없으나] 온 동네의 장정들이 느티나무 아래 쌓아 둔 화승총과 창칼을 나누어 들고는 동네가 떠나갈 듯 함성을 올리며 읍으로 몰려갔다. 마을에 무기가 있었던 것은 그 무렵 기울어 가는 나라를 국민 모두의 힘으로 건진다는 뜻으로 국채보상운동과 함께 자위운동(自衛運動)을 벌이고 있었기 때문이다. 말하자면 요즈음의 자주국방과 같은 개념인데, 이것은 임진왜란·병자호란 이래 외적의 침략에 시달려 온 우리 민족이 스스로 다져 온 호국정신의 발로였던 셈이다. 풍덕군 내 각 지방 청년들이 쳐들어갔을 때 군수를 비롯한 내노라 하는 관리들은 모두 몸을 피해 버린 뒤였다.

성난 군중들은 토색질에만 급급했던 군수의 집을 뒤졌다. "곳간에서 나온 명주가 몇백 필이요, 쇠고기 장조림이 몇독이요, 쌀이 몇백 가마요" 하더라는 말이 삽시간에 돌았다.

내 기억에 풍덕민요(豊德民擾)의 직접적인 동기는 일본인들의 보급대 징발 때문이었다고 들었다. 그들은 군수물자의 수송을 위해 장정들을 강제 동원해서는 혹독한 부역을 시키고도 노임조차 주지 않았던 것이다. 아니면 지급한 노임을 토색질 이속들이 가로채어 사복(私腹)을 채웠는지 모를 일이다.

성장 과정을 이런 난리 속에서 보내야 했던 나는 나도 모르는 사이에 배일(排日)감정이 몸에 배어 있었고, 따라서 새로 옮겨간 경성고보의 분위기는 견디기 어려웠다. 우리들 외국어학교 영어부 졸업생으로 희망에 따라 편입한 학생들은 모두 2학년 병반(丙班)에 모였다. 외국어학교 일어부 2학년에서 편입했던 본교생들은 갑반(甲班), 외국어학교 일어부 2학년에서 편입한 학생들은 을반(乙班), 일어를 모르는 잡동사니들은 병반이었던 것이다.

우리 병반은 편입 초부터 교사들에게는 물론 본교생들에게도 차별대우를 받았다. 이미 교사들의 대부분이 일본인으로 바뀌었기 때문에 일어를 모르는 우리는 제대로 수업을 받을 수가 없었다. 교실에는 한국인 통역을 배치하고 일본인 교사가 말하는 내용을 통역하는 진풍경이 빚어졌다. 그런 형편이었으니 선생에게 정당한 대우를 받기란 시초부터 그른 일이었다. 3학년 1학기가 끝나기 무섭게 병반 학생 6∼7명이 집단 자퇴를 하고 말았다. 나도 물론 그 중의 한 사람이었다.

"아니꼬와서 더 이상 공부를 못 하겠다"고 용약, 학교를 그만 두고 나니 막상 옮겨갈 학교도 없었고, 할 일도 없었다. 공연히 치기(稚氣)를 부렸다는 후회도 들었지만, 그렇다고 학교로 되돌아갈 수도 없는 노릇이었다.

함께 자퇴한 친구 하나가 소설 대본(貸本)집을 차렸다. 나는 그곳에서 소설책을 빌어다 하루에도 몇 권씩 읽어제쳤다. 정말 좋은 소일거리였다.

이인직(李人稙)·최찬식(崔瓚植)·이해조(李海朝) 등 그 무렵에 발표되기 시작한 신소설(新小說)은 물론 고대소설을 차례로 섭렵했다.

나도 국어공부를 해야겠어

소설을 읽는 것은 심심풀이는 되었지만 그것으로 업을 삼을 수도 없는 일이었다. 한겨울을 권태와 불만과 울분에 싸여 빈둥대던 나는 다시 학교 공부를 계속해야겠다는 결심을 하고, 그 뜻을 아버지에게 말했다.

아버지는 "그러면 서봉훈(徐鳳勳) 선생이 있는 양정의숙(養正義塾)에 들어가라"고 하셨다. 서봉훈 선생은 후에 양정의 제3대 교장을 지낸 분으로, 이 학교 재단의 궁답(宮畓)이 풍덕에 있었기 때문에 아버지와 친교가 있었다.

이런 인연으로 나는 17세 되던 해 봄에 양정의숙 법과에 입학했다.

양정은 엄비(嚴妃)의 투자로 1905년 도렴방(都染坊)[지금의 세종문화회관 뒷자리]에 세워졌는데, 당시에는 법률학과와 경제학과가 있는 전문학교였다.

사각모를 쓰고 학교에 다니는 기분은 괜찮았다. 딱딱한 법률 과목들이 취미에 맞지는 않았지만, 그런 대로 재미를 붙일 만했다. 그러나 1년도 채 못 된 1913년 10월 양정의숙은 조선교육령이라는 총독부 정책에 의해 고보(高普)로 개편되었고, 나 역시 학교를 그만 둘 수밖에 없었다. 전문학교에 다니던 처지에 고보 1학년으로 다시 들어갈 수는 없는 일이기 때문이었다.

나는 다시 실업자(失業者) 신세가 되었다. 공부를 하겠다는 꿈이 번번이 좌절되는 데서 오는 참담한 심경은 이듬해 낙향(落鄕)을 함으로써 더욱 가중되었다.

경술국치(庚戌國恥)로 벼슬에서 물러난 아버지는 3년 가까이 서울에서 버티었으나 더 이상 서울생활을 지탱하기가 어렵게 되자 내 나이 18세 되던 해 초겨울 선향으로 이사를 한 것이다.

그 사이 우리집 살림 형편은 가회동 집을 팔아 전세방을 얻고, 다시 전세를 빼내어 삭월세방을 전전하던 터였으므로 가재(家財)라고는 챙길 만한 것도 없었다.

한 나라의 중추원 의관이요, 정삼품 통정대부의 낮지 않은 벼슬을 지내던 아버지는 하루아침에 가난한 농부로 전락했다. 나는 아버지를 따라 농사일을 거들어야 했다. 그러나 왜소한 체구에 타고난 약질인 나에게 농사일은 여간 고달픈 것이 아니었다.

볏단 두어 뭇만 져날라도 등허리가 벗겨져 쓰리고 아팠다. 정말 못해 먹을 일이었다. 그렇다고 빈둥빈둥 먹고 놀 수 있는 형편도 아니었으니 얼마나 답답하고 무료한 세월이었는지 짐작할 만할 것이다.

이 무렵 나는 내 일생의 길을 찾는 결정적인 계기를 만났다. 국어학과의 해후(邂逅)였다.

그것은 그때 상조강 마을 일가 중 휘문의숙(徽文義塾)에 다니고 있던 이한룡(李漢龍)의 교과서로부터 비롯되었다. 그해 겨울방학을 맞아 한룡이 귀성했을 때 나는 좋은 말벗이 생긴 것이 즐거워 매일 그의 집에 놀러가곤 했다. 그는 내가 한 번도 본 일이 없는 교과서들을 갖고 있었는데, 나는 그것을 닥치는 대로 빌어다가 읽었다. 그 책들 중 하나가 '국어문법'이었다. 교재용으로 프린트한 것이었는데, 지은 이는 바로 주시경(周時經) 선생이었다.

처음 호기심에서 책을 읽어가는 동안 나는 "이런 학문도 있었구 나" 하는 경이(驚異)를 맛보았다. 재독(再讀)·삼독(三讀)을 하고 5~6회 거듭 익는 동안 '나도 국어공부를 해야겠다'는 결심을 굳히게 되었다.

내 인생의 길은 이렇게 시작이 되었으니 참으로 기연(奇緣)이라 할 것이다.

그때부터 나는 어떻게든 학교를 계속하여 국어학을 해보겠다는 생 각에 골몰했다. 그 결과는 이듬해인 19세 되던 해 초봄, 나의 무작정 상경(上京)으로 나타났다.

아무 대책 없이 상경하겠다면 어른들이 응낙하지 않을 것이 분명 했다. 때문에 도리는 아닌 줄 알면서도 몰래 가출(家出)하기로 마음을 먹고 어른들이 이웃집 잔치에 가고 집이 빈 어느 날을 택해 나는 집 을 나서고 말았다.

노자가 있을 리 없었다. 미리 생각해 두었던 대로 이교훈(李敎勳) 이라는 나의 일가 사람을 찾아가 전후 사정 얘기를 한 끝에 2원을 빌 렸다.

나와 뜻을 같이하던 이희하(李熙夏)라는 청년이 있어 함께 장단(長 湍)까지 걸어 나왔다. 그곳에서 희하는 개성으로 가고, 나는 혼자 기 차에 올라 서울에 발을 디뎠다. 갈 곳도 잘 곳도 없었으므로 염천교 (鹽川橋) 부근의 허름한 봉놋방을 찾아들었다. 봉놋방이란 돈 없는 길 손이나 노무자들이 싼값에 잠을 자는 합숙소 같은 곳이었는데, 당시 에는 하룻밤 자는데 5전씩이었다. 우선 아는 경성고보 동창생들을 찾아다니며 거취를 의논했으나 뾰족한 수가 없었다.

며칠 후 혜화동에 있는 천주교가 경영하는 간이공업학교(簡易工業學校)에서 학생을 뽑는다는 소문을 듣고 찾아갔다. 이 학교는 독일인 선교사 에카르트가 선교사업의 일환으로 세운 것이었는데, 학생들에게 철공·목공 등의 일을 시키고 댓가로 공부를 가르쳐 주었다.

내 사정을 들은 교장 에카르트는 "4월에 학생을 받으니 그때 오라"고 했다. 그러나 하루가 당장 급한 판국에 4개월씩이나 기다리기는 난감한 일이었다.

이 무렵 나와 같은 봉놋방에 윤(尹)씨라는 사람이 머물고 있었는데, 그는 나의 딱한 사정을 듣더니 "우리 시골 학교의 선생으로 오라"고 권해 왔다.

윤씨라는 사람은 병자호란 때 척화신(斥和臣)인 삼학사(三學士) 윤집(尹集)의 후손이라 했다. 자기 고향 김포군 고촌면(高村面) 천등리(天登里)에 있는 신풍의숙(新豊義塾)이라는 소학교에 교원 자리가 비어 있다는 것이었다.

공부하러 서울에 왔는데 호구지책을 위해 다시 시골로 가고 싶은 생각은 조금도 없었다. 그러나 4개월 동안 좁고 더러운 봉놋방에서 전전긍긍할 수도 없는 형편이었다.

며칠을 두고 고심한 끝에 나는 윤씨의 권유를 받아들였다. 4월까지만 가 있다가 공업학교에서 통지가 오면 올라오리라는 속셈이었다.

뜻이있는 곳에길이있다

 19세의 애송이 선생이 되었다. 제 공부도 못 하고 있는 주제에 남을 가르친다는 것은 어쭙잖기도 했으나 상대가 소학교 학생들이니 힘이 들 것은 없었다. 숙식은 형편이 좋은 한 학생의 집에서 무료로 했다. 열심히 가르쳤다. 나이는 어려도 착실한 선생님을 만났다고들 했다. 먹고 자는 시름에서 벗어나고 보니 다시 공부를 하고 싶다는 욕망이 고개를 들었다. 통지를 해주겠다던 공업학교에서는 종무소식이었다. 그도 그럴밖에 없었던 것이 그해[1914년]에 제1차 세계대전이 일어나 우리나라에 와 있던 독일인들이 모두 출국한 것이었다.

 와세다(早稻田) 중학의 강의록을 신청해 독학을 했다. 학교가 파하고 숙소에 돌아와서는 몇번씩이고 되풀이해 읽어 달달 외다시피 했다. 연말이 되어서야 나는 집으로 돌아왔다. 봉놋방에서 옮은 옴 때문에 더 이상 객지생활을 계속할 수가 없었다. 천등리 마을사람들은 강미(講米)[강사료 대신 받은 쌀]로 벼 10섬을 주었다.

 옴 치료를 위해 나는 배천(白川)온천으로 갔다. 배천은 후에 연안

군(延安郡)과 함쳐 연백군(延白郡)으로 된 고장인데, '백(白)'자를 '배'로 발음하는 것은 유월(六月), 시월(十月), 모과(木果)의 경우와 같은 이치다.

배천온천은 후에 유명한 온천장으로 발전했지만, 당시만 해도 아무 시설이 없는 자연 상태 그대로였다.

아버지는 나의 향학열을 가상하게 생각했음인지 선선히 허락을 하시고 "공연히 고생할 것 없이 외가집을 찾아가거라. 쌀말이라도 보내줄 테니" 하시며 거처까지 걱정해 주시는 것이었다. 외가집이란 서울 옥인동(玉仁洞)에 있는 새어머니 구(具)씨의 친정집이었다.

서울에 다시 온 나는 아버지의 분부대로 외가집에 묵으며 공부할 수 있는 길을 찾아 헤맸다. 그러던 어느 날, 길거리에서 눈이 번쩍 뜨이는 방을 보았다. 총독부[임시 토지조사국]에서 직원을 모집한다는 것이었는데, 즉시 응모한 결과 정리과(整理課) 고원으로 채용이 되었다. 하는 일은 각 지방에서 측량한 땅의 지번(地番), 지목(地目), 지적(地積), 소유자 등을 정리하여 기록하는 것이었고, 일급(日給)은 36전이었다. 그만하면 야간학교에 갈 만했다. 중동학교(中東學校)에 들어갔다. 낮에는 일하고 밤에는 공부를 한다는 것이 생각할수록 즐거웠다.

당시 중동학교는 백농(白農) 최규동(崔奎東) 선생이 조동식(趙東植) 선생에게서 인수받아 경영하고 있었다. 백농 선생은 낮에는 중앙학교에서 교편을 잡고, 밤에는 중동학교로 달려와 가르쳤다. 얼마나 열심이었던지 우리는 모두 백농 선생을 존경했다. 후에 선생이 서울대 총장으로 있을 때 폐가 부어 고생한 일이 있었는데, 이때 의사의 말이 "분필가루를 너무 많이 마셔 병이 났다"는 것이었다.

대수(代數)를 가르친다고 해서 우리는 선생을 '최(崔) 대수'라 불렀다.

산술(算術)을 가르치던 안일영(安一英) 선생은 '안(安) 산술'이라 했고, 기하(幾何)의 이강현(李康賢) 선생은 '이(李)기하'였다. 이 무렵 나는 위인(偉人)들의 입지전(立志傳)들을 탐독하며 꿈을 키웠다. "뜻이 있는 곳에 길이 있다"는 경구를 입버릇처럼 뇌고 다녔다. 그토록 '살 맛'이 날 수가 없었다. 그러나 그것도 채 1년이 가지 못했다. 공부를 부업으로 삼는다는 것에 회의가 느껴졌다. 1년 가까이 알뜰하게 저축한 돈도 좀 있고 해서 야학(夜學)이 아닌 주학(晝學)에서 공부를 해보겠다는 욕심이 생겨난 것이다.

평소 존경하던 백농 선생을 찾아가 이런 뜻을 말하니, 선생은 크게 치하하면서 중앙학교를 권했다. 당시 중앙학교는 인촌(仁村) 김성수(金性洙) 선생이 막 인계를 받아 신흥의 기운이 한창이었다. 와세다대학 유학에서 돌아온 인촌 선생은 교육·언론·민족기업의 창설을 절감하고 우선 경영난에 허덕이던 중앙학교를 인수했던 것이다. 잘 알려진 얘기지만 인촌 선생은 3일 동안 단식투쟁을 벌인 끝에 그의 어르신네로부터 돈을 타냈다.

처음에는 학교를 신설하기 위해 준비를 했다. 백산(白山)학교라는 교명까지 지어 설립 신청서를 냈는데, 총독부에서는 학교 이름이 불온(不穩)하다고 퇴짜를 놓았다. 백산이란 한민족(韓民族)의 기원(起源)이요, 심벌인 백두산(白頭山)을 뜻하는 것이니 용납할 수가 없다는 것이었다.

신설 계획이 좌절된 인촌 선생은 중앙학교를 인수하는 수밖에 없었다. 기호학교(畿湖學校)와 융희학교(隆熙學校)를 병합하여 창설됐던 중앙은 인촌을 만남으로써 교세(敎勢)가 눈부시게 뻗어가기 시작했다. 내가 중앙으로 옮겨간다 하자, 중동의 동료 이병직(李炳直)도 따라왔다. 이병직은 당시 보신각 앞에 있던 한일은행(韓日銀行)에 다니며 밤에는 나와 함께 중동에서 공부를 하고 있었다.

중앙 3학년에 편입한 나는 물고기가 물을 만난 듯 열심히 공부했다. 몇해를 두고 발버둥치며 추구했던 꿈이 실현되었다는 정신적인 포만감에 오직 공부에만 전념했던 것이다.

짚신을 신고 다닌 공부벌레

중앙(中央) 편입은 내 인생에 상당한 의미를 갖는다. 경성고보(京城高普)를 뛰쳐나오면서 시작된 오랜 방황을 끝낸 것이고, 중앙을 졸업하게 된 인연으로 경성방직(京城紡織)에 들어갈 수 있었기 때문이다. 또한 그곳에서 보낸 7년간의 사회생활을 밑거름으로 하여 대학 진학을 할 수 있었기 때문이다.

내가 편입한 1916년의 중앙은 경기고교[현재의 정독도서관 자리] 앞, 낡은 한옥 한 채를 교사(校舍)로 쓰고 있었다. 교실은 벽과 대청을 터서 만든 것이었는데, 언제나 좁고 어두웠다. 운동장이란 것도 200여 명이 뛰어 놀기에는 너무 작았다.

인촌 선생은 학교를 맡으면서 두 가지 일을 서둘렀다. 하나는 유능한 교사(校師)를 모시는 것이었고, 다른 하나는 계동(桂洞)에 대지를 마련하여 교사(校舍)를 신축하는 것이었다.

당시 교장은 석농(石農) 유근(柳瑾) 선생, 학감은 민세(民世) 안재홍(安在鴻) 선생이었다. 교사진은 기하에 이강현(李康賢) 선생, 화학에 나경석(羅景錫) 선생[여류 화가 나혜석(羅惠錫)의 오빠], 대수에 백농(白農) 최규동(崔奎東) 선생, 조선어에 이규영(李奎榮) 선생[주시경(周時經) 선생의 제자], 지리·역사에 이중화(李重華) 선생, 그림에 고희동(高羲東) 선생, 창가[음악]에 이상준(李尙俊) 선생, 체조에 김성집(金聲集) 선생 등이었다. 교장 석농(石農) 선생도 한문을 가르쳤고, 학감 민세 선생은 수신(修身)을 맡았으며, 인촌 선생 자신은 경제원론을 가르쳤다.

경제원론은 교재가 없어 인촌 선생이 일일이 필기를 시켰는데, 공부 시간의 그 분은 매우 자상하면서도 근엄했다. 틈틈이 민족의식을 일깨우는 말씀을 들려주던 모습은 지금도 잊혀지지 않는 일이다.

학생들은 선생님 알기를 정말 하늘처럼 생각했다. 선생님들은 모두 학식과 인격을 갖춘 애국자들이었다. 그런 선생님들 밑에서 나는 지독한 공부벌레로 파고들었다. 조선어 문법은 김두봉의 《조선말본》으로 배웠다. 외는 것이 많아서 학생들에게 인기가 없는 과목이었으나 나는 그 과목이 얼마나 재미있는지 몰랐다.

선생님들은 어찌나 숙제를 많이 내주었는지 숙제를 다하려면 잠시도 딴짓을 할 틈이 없을 지경이었다.

특히 백농 선생은 어려운 숙제를 잘 내기로 유명했다. 나는 그것을 풀기 위해 밤을 새우기가 일쑤였다.

다음날 공부 시간이면 백농 선생은 학생들을 불러내어 흑판에다 문제를 풀게 했는데, 지명받은 학생이 풀지 못하면 언제나 "이희승 나와서 풀어봐" 하고 나를 지명했다. 물론 나는 그들이 못 푸는 문제들을 척척 풀어냈다. 그러나 기분이 좋은 것도 잠시뿐 나중에는 친구들에게 미안한 생각이 들어 제발 좀 시키지 말아주기를 속으로 빌었다.

평생을 두고 내가 오래오래 후회하는 일이 한 가지 있다. 내가 그 무렵 공부에만 너무 몰두하느라고 운동을 하지 못한 것이다. 천성이

꼼꼼한 나는 그 많은 숙제들을 하기 위해 하학(下學) 즉시 하숙방으로 돌아갔을 뿐 신체 단련에는 신경을 쓰지 못했었다.

그 무렵 중앙은 야구가 세어서 학생들은 틈만 나면 야구를 즐기는 것이었으나 나는 야구 글러브 한 번, 배트 한 번도 잡아보지 못한 것이다. 그때 중앙의 야구선수로는 윤치영(尹致暎) 씨와 수산학자 정문기(鄭文基) 군이 생존해 있다.

윤씨(尹氏)는 나보다 나이는 어리지만 내가 만학(晚學)이었던 때문에 한 학년 위였고, 정군(鄭君)은 나와 같은 학년이었다. 윤씨는 성격도 활달하고 공부도 잘 했으며, 게다가 야구를 잘 해 동료들에겐 물론 후배들에게도 인기가 있었다. 그는 졸업 후에도 한동안 코치로 모교(母校)를 드나들었는데, 그때에도 멋진 양복을 입고 다니는 멋장이였다.

4학년에 올라가자 계동 교사 신축 공사장의 정지작업이 시작되었다. 우리는 "우리 학교를 짓는데 앉아서 보고만 있을 수 없다"면서 학교가 파하는 대로 모두들 공사장으로 몰려가 일을 거들었다. 삽과 곡괭이로 언덕을 깎아내렸고, 가마니에 흙을 넣고 끌고 다니며 땅을 골랐다. 이런 노력 봉사는 여름방학이 될 때까지 계속되었는데 누구 한 사람 꾀를 부리는 학생이 없었다. 새 교사는 2학기가 끝나고 3학기가 시작될 무렵 완공되었다. 붉은 벽돌집 2층짜리 양관(洋館)이 들어서 학교가 이사를 하는 날, 우리는 얼마나 즐겁고 자랑스러웠는지 모른다. 이 건물은 숙명여중(淑明女中) 구관(舊館)과 똑같은 모양이었는데, 애석하게도 뒤에 불에 타 없어졌다.

우리 학년에는 정문기 군과 서항석(徐恒錫) 군을 비롯해서 국회 부의장을 지낸 최순주(崔淳周) 군, 6·25때 납북당한 옥선진(玉璿珍) 군 [당시 고려대 교수] 등 기라성 같은 인물들이 있었다. 서(徐) 군은 뒤에 극예술 분야로 진출했지만 문필가라는 뜻에서는 나와 같은 길을 걸은 사람인데다 학교 때에도 나와 항상 1, 2등을 다투던 터여서 각별한 인연이 있는 인물이다.

그때 우리가 입던 교복은 지금처럼 단추가 달린 상의가 아니고 일본 해군복과 비슷한 것이었다.

어느 때인가 인천에 일본 해군 함정이 들어왔다고 해서 구경을 갔던 일이 있었다. 그때 해군 병사들은 "우리 제복과 같은 옷을 입은 학생들이다"라며 환대해 주던 기억이 난다.

멋진 교복 차림에 구두를 신은 학생도 많았지만 형편이 어려웠던 나는 그때도 짚신을 신어야 했다. 양복[교복] 차림에 짚신을 신고 거기다 각반을 두른 모습이란 지금 생각해 봐도 우스꽝스런 꼴이다. 그러나 공부재미에 미쳤던 나는 그런 것들을 조금도 꺼리지 않았다.

언어학을 가르치는 학교가 없다

양복에 짚신을 신었던 중앙 시절의 기억 중에서 가장 인상에 깊이 남아 있는 것은 3학년 가을, 개성(開城)으로 수학여행을 갔던 일이다. 이 수학여행은 나의 학창생활 중에서 처음이자 마지막 여행이었는데, 그때 내가 개성에서 보고 감명을 받은 것은 송도(松都) 사람들의 단결심이었다.

박연폭포(朴淵瀑布), 선죽교(善竹橋), 만월대(滿月臺)의 빈터, 등경대(燈擎臺) [개성의 고남문(古南門) 고개로 가는 도중에 있는 유적], 포은(圃隱) 정몽주 선생 사당(祠堂), 대흥산성(大興山城) 등 개성 명소를 두루 구경하던 나는 그곳 상점에서 이상한 일을 목격했다.

그때 개성에서는 마침 그곳을 통과하던 한 일본인 부대가 숙영(宿營)을 하고 있었다. 그런데 이들 일본 군인들이 가게에 나타나 계란을 달라고 하면, 상인들은 예외 없이 한 개에 5전씩을 받았다. 계란 한 개의 값은 원래 2전 5리였는데 일본 군인들이 온다는 소문을 들은 개성 상인들이 5전씩에 바가지를 씌우기로 미리 동맹을 한 것이다.

놀라운 일은 이 약속을 깬 사람이 아무도 없었다는 것이다. 개성이 아니고 다른 곳이었다면 이 같은 약속은 성립될 수도 없었고, 지켜질 수도 없었을 것이다. 3전이나 4전만 받아도 폭리를 취할 수 있으련만 약속은 깍듯이 지켜졌던 것이다. 그 이야기를 듣고 보면서 나는 '우리나라 사람들이 한결같이 개성사람들만 같다면……' 하고 생각했다. 개성사람들만 같다면 우리나라는 한 달 안에라도 독립을 이룰 것이라는 느낌이 들었다.

고려조의 도읍이었던 개성은 고려조가 멸망하면서 갖가지 곤욕을 치렀다. 조선조 500년 동안을 이렇게 살아 오면서 송인(松人)[개성사람]들의 기질은 단결과 인내, 근면과 성실로 다져졌다. 그들은 도읍 사람의 긍지를 버리지 않아 '서울로 올라간다'는 표현을 피하고 '내려간다'는 말을 사용했으며, 이(李)씨 세상의 하늘을 보지 않겠다며 삿갓을 쓰고 다녔고, '거꾸로 된 세상'을 비웃기 위해 되질을 거꾸로 했다고 한다. 또 돼지고기를 '승계고기'라고 일러 왔으니, 그것은 곧 이 태조의 이름이 이성계(李成桂)인 데서 연유한 것이다. 결과적으로는 이 태조를 돼지라고 욕하는데 지나지 않는 것이었다.

이 같은 개성사람들이었기에 일본인들도 개성에 대해서는 각별히 신경을 썼다. 다른 곳은 모두 일본인들이 행세했어도 개성부윤(開城府尹)만은 한국인으로 했고, 당시에 만들어진 개성박물관의 관장도 한국인을 임명했다. 이 땅의 경제적 수탈에 혈안이 된 그들도 개성전기주식회사만은 한국인과 한국인 자본으로 탄생시켜야 했었는데, 이유는 개성사람들은 호롱불을 켤망정 일본인 회사의 전등은 켜지 않을 태세였기 때문이다.

개성의 상업 중심지인 각골[대화정(大和町)]에 왜식 건물이 많은 것을 보고 나는 의아한 생각을 갖게 되었다. 연유를 알아보았더니, 합방 후 물밀 듯이 들어왔던 일본상인들이 집을 짓고 가게를 벌였다가

두 손 털고 물러간 자리라는 것이었다. 개성사람들은 일본인들이 비집고 들어올 틈을 주지 않았던 것이다.

어느덧 중앙학교도 졸업하고, 난 장래 희망을 '언어학(言語學)'이라고 써냈다. 당시로서는 매우 생경(生硬)한 학문 이름을 당돌하게 적어 낸 것은 본정(本町)의 일본인 고서점에서 '언어학'이라는 책을 입수해서 갖고 있었기 때문이다. 그런데 선생님조차 아주 낯설었던지 졸업생 명단에 기록할 때는 '문학(文學)'으로 바꾸어 남겨 놓았다.

졸업식은 1918년 3월에 있었다. 3·1운동이 일어나기 바로 전해였다. 22세의 만학이었던 나는 평균 98점으로 1등을 했다. 2등은 서항석, 3등은 옥선진, 4등은 최순주가 아니었나 기억된다.

졸업은 했지만 나는 진학을 할 수가 없었다. 형편도 형편이려니와 언어학을 가르치는 학교도 있을 리 없었으니 나의 꿈은 또 좌절되고만 것이다. 다른 학생들은 보전(普專)·연전(延專)·법전(法專)·의전(醫專) 등 저마다 전문학교로 진학했고, 일본 유학을 떠나는 학생도 여럿 있었다.

굳이 국내의 전문학교에 진학하려 했다면 나도 어찌해서든 갈 수가 있었을 것이다. 그러나 마음에 맞지 않는 공부를 할 생각은 전혀 없었기 때문에 나는 처음부터 진학을 포기해야 했다. 일본에 가면 도쿄 제국대학 같은 곳에 언어학과가 있었지만, 시골집의 소까지 팔아올리며 겨우겨우 중앙을 졸업한 형편이었는데, 도쿄 유학이란 감히 엄두도 못 낼 지경이었다.

그렇다고 시골로 내려간다는 것은 다시 묘혈(墓穴) 속에 들어앉는 것과 같은 일이었고, 서울에 남아 빈둥대는 것도 못 할 일이었다.

답답하고 암담한 가슴을 달래보려고 나는 모교에 자주 놀러가곤 했다.

어느 날 모교에 갔다가 이강현 선생님을 만났다. 이 만남은 내 인생의 또 다른 전기가 되었다.

이 선생님은 "자네 어느 학교로 가나?" 하고 물었다. "공부하고 싶은 학문을 가르치는 학교가 없어 포기했어요"라는 대답을 들으신 이 선생님은 "인촌 선생이 경성직유(京城織紐)회사를 인수할 계획인데, 같이 일해 볼 생각이 없겠나?"고 물으셨다.

생각해 볼 여지도 없는 물음이었다.

이강현 선생님은 도쿄 고등공업학교 방직과를 졸업하고 중앙과 중동에서 교편을 잡고 계셨다. 평소 민족기업의 창설을 생각하고 있던 이 선생님은 인촌 선생에게 경성직유의 인수를 권했다. 이 선생님은 인촌 선생에게 경성직유의 인수를 권했다. 이 선생님과 같은 생각을 갖고 있던 인촌 선생은 쾌히 제의를 받아들였는데, 이것이 우리나라 현대기업의 효시(嚆矢)가 된 경성방직의 시작이었다.

경성직유는 서울 병목정(並木町) [지금의 쌍림동]에 있었다. 병목정은 옛날부터 우리나라 끈목 생산의 본거지였다. 끈목이란 허리띠·댕기·주머니 등 끈들을 총칭하는 말인데, 의생활 변천으로 수요가 줄어들어 회사가 기울어 가고 있던 터였다.

우리 손으로 광목을 짜다

"2천만 한민족에게 모두 입힐 광목을 짜내자."

인촌 선생의 꿈은 거창했다. '한국땅에서 태어나 그 땅에서 나는 곡식을 먹으며, 어찌 일본사람의 광목으로 옷을 해 입으랴'는 생각이었다.

경성직유를 인수한 인촌은 우선 토요다 직기(織機)회사에서 소폭(小幅) 직조기 40대를 들여다 삼성표(三星標)의 폭이 좁은 무명을 짜기 시작했다. 이강현 선생님은 중앙학교를 그만 두시고 그 공장의 지배인이 되셨다. 나는 서기로 임명받았다. 하는 일이란 매일매일 장부를 정리하고 잡다한 서류들을 만지는 것이었다. 월급은 15원, 하숙비가 월 6원, 구두 한 켤레가 2원씩이던 시절이었으니 그런 대로 괜찮은 급료였다.

취직을 했으니 아내를 불러올리든지, 아니면 시골집에 송금이라도 해야 할 일이었으나 나는 저축을 위해 지독하게 아껴 쓸 줄만 알았다. 하숙비를 절약하려고 회사 숙직실에서 자취생활을 할 정도였다. 오로

지 대학에 들어갈 돈을 모아야 한다는 생각뿐이었다.

직조공장 서기로 일하던 이 무렵, 나는 많은 책을 읽었다. 일본어로 번역된 세계문학전집을 밤새워 읽어제쳤다. 그러다 건강이 악화되어 한동안은 독서를 중단해야 했다. 이 모두는 나의 집요하게 파고드는 성격 탓이 아니었는가 한다. 나는 잃은 건강을 도로 찾기 위해 새벽 구보를 열심히 했었다. 그해가 가고 1919년 3·1운동이 터지자 하세 가와(長谷好道) 총독이 물러가고 사이토(齋藤實) 총독이 부임했다. 무단(武斷) 정치를 지양하고 문화정책을 편다는 것이었다. 차제에 인촌 선생은 본격적인 방직공업과 언론기관을 세울 결심을 굳혔다.

먼저 경성방직 설립 준비부터 서둘렀다. 나에게 맡겨진 일은 설립 신청서 등 제반 준비서류를 작성, 정리하는 일이었다. 계동 인촌 선생의 자택 대문에 간판을 내걸었다. 나는 그 집의 사랑채에서 숙식을 하며 밤낮으로 잔일손을 거들었다.

경성방직 창립 준비가 끝나갈 무렵 동아일보(東亞日報) 창간 준비도 착수되었다. 이 일이 시작되자 양기탁(梁起鐸) 선생이 자주 드나들기 시작했고, 설산(雪山) 장덕수(張德秀) 씨의 중형인 장덕준(張德俊) 선생은 계동 인촌 댁에서 나와 숙식을 함께 하며 일했다. 결핵을 앓고 있던 장덕준 선생은 건강을 돌보지 않고 일에만 몰두하다 길에서 각혈을 하기도 했다.

그해 9월 5일 자본금 100만 원으로 경방이 설립되고, 10월 5일 명월관(明月館)에서 열린 창립 총회에서 나는 다시 서기로 임명되었다.

사장에는 박영효(朴泳孝) 선생, 중역진은 인촌을 비롯하여 이강현, 박용희(朴容喜), 현준호(玄俊鎬), 이일우(李日雨), 장두현(張斗鉉) 선생 등이었다.

박영효 선생을 사장으로 추대한 것은 총독부와의 관계를 고려한 때문이었다.

영등포에 공장을 짓고 토요다 회사에서 대폭(大幅) 직조기 45대를 사들여 태극성(太極星) 상표의 광목을 생산하기 시작했다.

인촌은 민족기업을 상징한다는 뜻으로 태극성을 상표로 삼은 것인데, 일본 당국자들은 이것을 문제삼아 한동안 말썽을 빚기도 했다.

그러나 이 같은 곡절 끝에 우리 민족의 힘으로 만들어진 '최초의 옷감'은 이상하게도 인기가 없었다.

일본 동양방직에서 나오는 '3A'표 광목과 조선방직에서 나오는 '계룡표(鷄龍標)' 제품이 당시 우리나라 시장을 휩쓸고 있었는데, 그 틈을 뚫고 들어가기란 힘든 일이었다.

종로의 포목상에 사람을 보내어 "우리 힘으로 만든 광목이니 팔아 달라"고 하면 물건을 받아 주기는 했지만 물건을 찾는 사람이 없어 그대로 쌓였다. 회사에서는 전국 방방곡곡에 선전원을 보내는 등 안간힘을 썼다. 맨 처음 반응이 나타난 곳은 기독교 문화가 일찍 침투했고 민족의식이 강한 서북(西北) 지방이었다. 회사는 비로소 조금씩 용기를 갖게 되었고, 세월이 감에 따라 품질 향상과 생산가 절하에도 성과를 거두었다. 그러다가 때마침 물산(物産) 장려운동이 일기 시작하자 태극성 광목은 날개가 돋치기 시작했다.

서북 지방으로 나간 물건은 강을 건너 만주땅으로까지 팔려나갔다. 그러자 생산이 달리기 시작했다. 직조기 200대를 더 들여와 태극성은 국내시장을 완전히 지배하기에 이르렀다.

그때까지 경성직유회사를 물려받아 고무신을 생산하던 인촌의 계씨(季氏) 되는 김연수(金秊洙) 씨가 경성방직에 입사하여 그 운영면에서 한동안 활약하다가 1936년에 만주(滿洲) 소가둔(蘇家屯)에 남만방직(南滿紡織)을 차릴 정도였다.

어느 날 나는 뜻밖에도 이강현 선생님으로부터 일본 유학 권유를 받았다. 뛸 듯이 기뻤다. 그런데 이 선생님의 권유는 방직과를 택한다는 조건부였다. 나는 즉석에서 "내가 하고 싶지 않은 공부는 안 하겠다"며 거절했다. 호의를 저버리는 것은 스승이요 은인이기도 한 이 선생님과 인촌 선생에 대한 도리가 아니었지만, 언어학이 아니면 어떤 공부도 하고 싶지 않다는 생각은 변함이 없었다.

어느 날 우연히 만난 중앙 후배 한 사람에게서 제1회 전문학교 입학 자격 검정고시에 합격했다는 말을 들었다. 그 사이 학제가 바뀌어 4년제 중학을 나온 사람은 검정시험을 봐야 전문학교 진학이 가능했는데, 그런 시험이 있다는 것도 모르고 있던 나는 무릎을 치며 기회를 놓친 것을 안타까워 했다.

나는 곧 요해식(要解式) 참고서를 사들여 모조리 외다시피 했다. 가장 애를 먹은 과목은 일본역사였다. 그것을 배운 적이 없었으므로 비슷비슷한 인명(人名)과 지명(地名)들을 외우느라고 머리가 빠개질 지경이었다.

1923년 10월 제2회 검정고시가 있었다. 그 날을 기다려 온 나는 거뜬히 합격할 수 있었다.

지하신문을 만들다

내가 직접 보고 겪은 기미(己未) 독립만세, 그것은 팔순이 된 지금도 가슴 설레는 기억의 하나다.

중앙을 졸업한 이듬해 경성직유회사의 서기로 있으면서 나는 3·1만세의 봇물 속에 뛰어들었다. 그 날 나는 병목정 회사에서 평일처럼 근무를 하고 있었다. 하오 1시가 좀 지났을 때 중앙의 1년 후배인 노기정(盧基禎) 군에게서 급하게 전화가 걸려 왔다. "지금 탑골공원에서 만세운동이 터졌다"는 놀라운 뉴스였다.

며칠 전부터 모교(母校) 숙직실을 중심으로 심상찮은 움직임이 일고 있다는 낌새는 채고 있었지만 그렇게 빨리 닥칠 줄은 상상도 못했던 터였다.

나는 급히 탑골공원으로 달려갔다. 수많은 학생들이 "대한독립 만세!"를 부르짖으며 공원 문으로 밀려나오고 있었다. 콧잔등이 시큰하면서 눈시울이 뜨거워 왔다.

나도 모르는 사이에 그들의 틈바구니에 끼어들어 정신없이 만세를 외쳐댔다. 때마침 고종(高宗)의 인산(因山)을 구경하기 위해 전국 각지에서 몰려들었던 흰옷 입은 군중들은 처음 어리둥절한 표정을 짓다가 곧 대열에 흡수되어 삽시간에 거리는 만세 군중으로 가득 메워졌다.

군중들 틈에 끼어 경기도청 앞에 이르렀을 때였다. 뜻하지 않은 사태에 당황한 일본인 지사(知事)가 허겁지겁 청사를 빠져나와 인력거(人力車)를 타고 도망치려다 군중들에게 둘러싸였다.

만세 군중들은 공약삼장(公約三章)에서의 비폭력 약속을 지키려는 듯 지사에게 폭력을 가하지는 않은 채, "조선이 독립됐으니 만세를 부르라"고 요구했다. 겁에 질린 일본인 지사는 인력거 안에서 모자를 벗어들더니 "반자이! [만세]"를 외치는 것이었다. 그것은 분명히 희극적 장면이었으나 그 모습을 지켜본 군중들은 정말 독립이나 된 것처럼 거리가 떠나갈 듯 환호성을 질렀다.

일본 관헌은 만세 첫날엔 침묵으로 일관했다. 다음날에도 만세는 온 장안을 흔들었으나 용산(龍山)에 주둔하고 있던 일본 군대가 위협적인 무력시위 행진을 벌였을 뿐 큰 충돌은 없었다. 본격적인 탄압과 제재가 가해지기 시작한 것은 사흘째인 3월 3일부터였다.

그 날은 서울역 앞에서부터 만세를 부르자는 사발통문이 돌았었다. 인산 구경을 마치고 고향으로 돌아가는 지방사람들을 고무하고 자극하자는 의도인 것 같았다.

나는 2일 밤 중동 때부터의 친구인 이병직(李炳直) 군의 집에서 태극기를 그렸다. 3일이 되자 밤새워 만든 태극기 50여 개를 가슴에 품고 아침 일찍 서울역 앞으로 나갔다. 상오 10시가 지나면서부터 군중들이 몰려왔다. 곧 남대문 쪽을 향해 만세 행진이 시작되었다. 우리는 품 속에서 태극기를 꺼내어 행인들에게 나누어 주었다. 다른 학생들도 직접 그려 온 태극기를 꺼내어 행인들에게 나누어 주었다. 다시 태극기와 만세의 물결은 장안을 뒤덮었다.

만세 행렬의 선두가 남대문에 닿았을 때 미리 진을 치고 있던 일본군 기병들이 칼을 휘두르기 시작했다. 군중들은 두 줄기로 갈리어 한 패는 덕수궁 쪽으로, 한 패는 본정(本町)[지금의 충무로] 쪽으로 쫓기기 시작했다. 시경(市警) 앞쯤에 이르렀을 때 나는 일본인 순사에게 붙잡혔다. 그는 여학생 한 명을 왼손으로 붙잡고 있었는데, 나는 본능적으로 있는 힘을 다해 팔을 뿌리치고 도망쳤다.

지금도 두고두고 가슴에 걸리는 것은 그때 내가 도망치는 일에만 급급했지 그 여학생을 구할 생각은 못 한 점이다.

군중들은 한국은행 앞에서 다시 집결, 왜성대(倭城臺)[지금의 예장동]에 자리잡은 총독부로 몰려가기 위해 진고개 입구로 행진을 계속했다. 그러나 경찰과 군대는 이곳만은 최후의 저지선으로 삼고 발악적으로 총검을 휘둘러댔다. 부상자가 속출했고, 군중은 끝내 흩어졌다.

이 날 밤부터 만세는 동네로 번져들어가 어둠을 틈타 끊임 없는 만세 물결이 일었고, 이에 따라 사상자가 속출했다. 군경만으로는 역부족이었던지 그들은 일본인 깡패들까지 동원했다. 몽둥이에다 촘촘히 큰 못을 박은 흉기를 휘둘러대기도 했다. 회사 동료 전창근(全昌根) 군도 그 흉기에 맞아 중상을 입고 입원했다.

우리는 작전을 바꾸지 않을 수 없음을 깨닫고, 중앙 후배이던 유홍(柳鴻) [전 국회의원], 임봉순(任鳳淳) [황신덕(黃信德) 여사 부군], 노기정 군 등과 함께 숙의를 거듭한 끝에 지하신문(地下新聞)을 만들자는 뜻을 모았다.

우선 등사기부터 마련해야 했으나 그것은 쉬운 일이 아니었다. 당시 등사 기구를 파는 상점은 상업은행(商業銀行) 앞의 호리이(掘井) 상회가 유일한 곳이었는데, 이 상점에서는 한국인들이 등사판을 사가기만 하면 경찰에 신고를 했다. 할 수 없이 나는 회사의 것을 훔쳐냈다. 임봉순 군도 양주군 덕정(德亭)에 있는 면사무소에서 등사기를 몰래 들고 왔다.

해외의 독립운동 소식과 조선 문제에 대한 국제정세 등을 담은 지하신문은 이 같은 우여곡절 끝에 드디어 탄생했다. 우리는 밤새도록 수천 장을 프린트해서 다음날 저녁 두루마기 자락에 감추어 집집마다 배달을 했다.

기사의 소스는 만주 안뚱(安東)에서 이승호(李丞浩) 동지 등이 보내준 일어신문인 《압강일보(鴨江日報)》 등을 주로 이용했다. 이 군은 신문을 보낼 때 특수 잉크로 그곳 소식을 적어 보내곤 했는데, 그것을 화롯불에 쬐면 파란 글씨가 돋아나곤 했다.

처음 지하신문의 비밀 아지트는 종묘(宗廟) 담 밑 순랏골이었으나 곧 경찰의 눈을 피하기 위해 다른 곳으로 옮겨가야 했다. 낮엔 회사에 근무하고 밤엔 지하신문을 만드는 생활은 4개월을 계속했다. 정열과 젊음이 없었다면 불가능한 일이었는데, 임봉순 군이 경찰에 잡혀가 본격적인 수사가 시작된데다 등사원지 등 프린트 재료를 더 이상 구입할 수 없는 단계에 이르러 지하신문 발행을 멈출 수밖에 없었다.

우리에게는 이혼할 권리와 의무가 있다

    3·1 독립운동의 소용돌이가 휩쓸고 간 뒤 우리 사회에는 대충 두 가지 새로운 조류(潮流)가 밀려들었다. 한 가지는 제1차 세계대전 이후의 세계를 걷잡을 수 없는 혼란에 몰아넣은 경제공황이 그것이요, 다른 한 가지는 이른바 자유연애 사조였다.

    우리 연배들처럼 시대적인 과도기를 살아 온 사람들은 특히 후자로 말미암아 혹독한 시련을 겪은 것이 보통이었다. 처음에는 몇몇 소설이나 시(詩) 작품 속에서만 예찬되던 자유연애·자유결혼의 풍조는 삽시간에 젊은이들 간에 실제의 문제로 대두하기 시작했으며, 도덕이니 인륜이니 하는 기존 관념은 모래처럼 맥없이 무너져내렸다.

    이런 풍조가 몰고 온 기현상 중 한 가지가 이혼사태였다.

    우리 연배들이란 대개 철들기 전의 조혼으로 인한 콤플렉스를 간직하고 있게 마련이었고, 부부간의 진정한 애정을 누리지 못한다고 느끼는 젊은이들이었다. 그 무렵 이혼동맹구락부(離婚同盟俱樂部)라는 해괴한 단체가 생겼는데, 이 단체는 순식간에 많은 청년들의 공명을 얻고 있었다.

그들은 주장했다. "결혼의 당사자는 우리다. 우리가 아직 성(性)에 눈뜨기 전에 부모의 독단으로 이루어진 결혼은 무효다. 이상에 맞지 않는 부부생활이란 허위요 죄악이다. 고로 우리는 이혼을 해야 할 권리와 의무가 있다"라고.

많은 젊은이들이 이혼을 결행했다. 이른바 모던 걸들과 자유연애를 즐기면서 새로운 결혼을 하는 것이 유행이었다.

그 무렵의 모던 걸이란 단발낭(斷髮娘)을 가리킨 것이기도 해서 단발낭, 즉 모단(毛斷) 걸이었고, 모단 걸은 곧 모던 걸이었던 것이다.

나도 예외는 아니었다. 심각한 갈등이 일었다. 고향에서 시부모 모시고 농사 지으며 아무 소리 못 하고 기다리는 구식 여자를 버려야 할 것인가. 나 또한 남들처럼 모단 걸과 새로운 결혼을 해야 할 것인가. 만약에 내가 선례를 남긴다면 동생들 넷도 모두 따를 것이요, 그렇게 되면 우리 집안에서만 다섯 명의 불행한 여자가 생겨날 것이 아닌가.

오랫동안 번민을 계속하면서 나는 책방을 뒤져 결혼이나 연애에 관한 책들을 읽었다. 그런 책들이란 대개는 이혼을 합리화시켜 주는 것들이었으나 '결혼에 있어서 연애 이외의 조건'이라는 논문만은 이야기가 달랐다.

이 논문은 일본의 어느 신문에 연재되었던 것인데, 무슨 유행이나 되는 것처럼 번지고 있는 이혼사태에 대해 비판적인 의견을 제시하고 있었다.

나는 견디기 어려운 유혹을 이 논문의 힘으로 뿌리치고 끝내 이혼을 하지 않았다. 이때의 결단을 나는 두고두고 다행이라 생각해 오는 중이다. 이혼 홍역을 치르고 난 지 얼마 안 되어 우리나라에서도 대학을 세운다는 소식이 알려졌다. 서울[당시는 경성(京城)이지만]에 조선제국대학(朝鮮帝國大學)을 세우는데, 그 안에는 법문학부와 의학부가 있으며 법문학부 안에 다시 조선어급(朝鮮語及) 문학과(文學科)도 설치한다는 내용이었다. 나는 뛸 듯이 기뻤다. 몇해를 두고 기다려 온 기회가 마침내 온 것이다. 조선어문학이라면 내가 낙향 시절 주시경 선생의 저서를 읽은 이래 꿈꾸고 고집해 왔던 공부가 아닌가.

다음해인 1924년에 경성제국대학(京城帝國大學)은 탄생했다. 조선제국대학이란 교명은 일본 귀족원(貴族院)에서 문제가 되어 '경성(京城)'으로 바꾸었을 뿐 애초 계획대로 어문학과의 설치도 실현되었다. 만 6년 동안 수전노처럼 모은 저축이 있었던 나로서는 망설일 일이 하나도 없었다.

알기 쉽게 결과부터 말한다면 나는 우리나라에서 처음 생긴 경성제국대학 제1회 입학생의 영예를 놓치고 말았다. 입학시험에 낙방했기 때문이다.

입학시험에 떨어졌다는 공식적인 고백은 이것이 처음이라는 사실도 고백해야 할 것 같다. 그러니 낙방의 변명도 이것이 처음인 셈이다.

제아무리 독습을 했다고는 하나, 학교 문을 떠난 지 만 6년이나 되는 29세의 만학도에게는 성대(城大)의 문은 너무 좁았다. 더구나 '반도인(半島人)'이었기에 겹겹의 장벽은 매우 두꺼웠다.

법문학부 문과 A반은 40명 모집이었는데, 그 중 한국인 학생은 10명 남짓만이 뽑혔다.

나는 '두고 보자'고 했다. 내년에는 기어이 들어가고 말리라. 그러나 지금 같으면 재수생을 모아 전문적으로 입시교육을 시키는 학원 같은 것이 있지만, 그때는 정말 막연한 상태였다.

마침 연희전문(延禧專門)에서 수물과(數物科) 학생을 뽑는다는 광고가 났다. 나는 성대(城大) 입시준비를 위해 연희전문에 들어갔다. 그러나 뜻하지 않았던 학교에서 마음에 맞지 않는 과목을 공부한다는 것은 역시 고역이었다.

"전과(轉科)를 안 시켜 주면 학교를 그만 두겠다"고 '위협?'을 해 보기도 했으나 학교 당국은 들은 체도 하지 않았다. 그렇다고 그만 둘 수도 없어 신촌(新村)으로 하숙을 옮기고 2학기까지 착실히 다녔다.

연희전문 상급반에는 최규남(崔奎南) 박사가 있었고, 수물과(數物科) 교수에는 뒤에 제2대 서울대 총장을 지낸 이춘호(李春昊) 박사도 있었다.

이때 안 일이지만 이 박사는 나와 같은 전의이씨(全義李氏)로 집안 숙항(叔行) 되는 분이었다.

3학기가 되면서 나는 휴학원을 내고 시내로 하숙을 옮겼다. 본격적인 입시 준비를 위해서는 수물과 강의만 가지고는 아무 일도 되지 않겠다 싶어서였다.

각종 입시용 참고서를 사들여 내가 생각해도 지독하다고 할 만큼 파고들었다.

하루 24시간 중 20시간을 공부에 썼다. 이번에도 실패하면 영원히 기회를 놓치고 만다는 절박감, 그리고 한 번 실패한 데서 오는 오기가 나를 무섭게 채찍질한 것이다.

민족의자존심을 앞세우며

바라고 바라던 대학을 들어가고 보니 내 나이 이미 30세였다. 지금 같으면 대학을 나와 군 복무를 마치고 다시 대학원까지 졸업하고도 남을 나이였다. 물론 내가 최고령 입학생이었다. 어린 학생들은 10년, 만학이라고 해도 보통 5~6년씩이나 아래인 동료들 틈에서 나이 같은 것을 탓할 겨를 없이 공부를 해야 했다.

경성제국대학 예과는 청량리에 있었다. 지금도 붉은 벽돌 건물[현재는 아파트 단지로 변했음]은 옛 모습 그대로 남아 있는 것을 볼 수 있다. 이 건물에서 홍릉(洪陵)으로 이르는 길 오른편은 아름드리 소나무들이 우거진 솔밭이었다. 동대문을 벗어나기가 무섭게 논밭이 펼쳐지던 시절, 나는 이 솔밭 사이를 거닐면서 만학의 고달픔을 달래곤 했었다.

법문학부 예과는 문과 A반 40명, 문과 B반 40명 등 모두 80명을 뽑았다. A반은 앞으로 법학을 전공할 학생들이었고, B반은 인문 계통이었다. 내가 속한 문과 B반에는 한국인이라고는 몇명 되지 않았는데, 지금은 그나마 대부분 타계(他界)했고 서두수(徐斗銖) 군[미국 워싱턴 주립대학 교수], 변정규(卞廷圭) 군[전 수리조합연합회 이사장] 김형철(金亨喆) 군[전 여주고교 교장], 성낙서(成樂緖) 군[전 충남지사 성균관장] 등이 아직 살아 있다.

A반에는 소설가 이효석(李孝石) 군, 국회의원을 지낸 박용익(朴容益) 군 등이 있었다. 이강국, 최용달 등 뒤에 월북한 인물들도 있었다.

내가 하마터면 동기가 되었을 뻔한 1회에는 유진오(兪鎭午), 이재학(李在鶴), 조윤제(趙潤濟), 채관석(蔡官錫), 박충집(朴忠集), 이종수(李鍾洙), 최창규(崔昌圭) 씨 등 기라성 같은 인물들이 많았다. 특히 유(兪)씨는 교동(校洞)보통학교를 나와 경성고보(京城高普)를 거치면서 날렸던 명성 그대로 줄곧 수석의 자리를 놓지 않았다.

효석(孝石)은 경성고보 때부터 문재(文才)를 인정받던 인물이었는데, 예과를 마친 다음 영문학으로 길을 바꾸었다. 평소 얌전하고 조용한 성품이던 효석은 졸업 후 경성고보 교사로, 다시 평양 숭실전문(崇實專門) 교수로 일하더니 일찌감치 요절했다.

김형철 군은 옷차림이 어찌 너절하던지 집안 형편이 나만큼이나 어려운가보다 생각되어 내게는 그것이 위안이었다. 그러나 얼마 뒤 알게 된 사실은 그가 황해도 봉산(鳳山)의 대지주이던 김치구(金致九) 씨의 아들이라는 것이었고, 집에서 보내 오는 학비를 절약해 쓰고는 남는 돈을 되돌려 보내는 괴벽을 갖고 있었던 것이다.

학급 내의 다수파인 일본인 학생들과는 별로 친하게 지내지 않았다. 교실 안에 있는 2개의 스팀 난로에는 두 나라 학생들이 따로 모여 얘기를 주고받을 뿐 함께 어울리는 일은 극히 드물었다.

일본인 학생들이라고 해도 한국에 막 건너온 축들은 순진하고 인간성도 괜찮았는데 비해 여기서 태어났거나 어려서부터 이 땅에서 자란 축들은 대부분 거만하고 못 돼 먹었었다. 총독부 관리나 상인들의 자제인 이들에게 민족적인 자존심을 상하기가 싫었던 우리는 숫자로는 훨씬 열세였으면서도 조금도 굽히지 않았다.

일본인 학생들은 이른바 예과성 기질이라는 것 때문에 일부러 개고기 노릇을 했다. 멀쩡한 교복과 모자를 찢어 걸치고, 술을 통음하고 거리를 누비며 고성방가를 일삼는 것이 유행이었다. '노래?' 가운데는 '데칸쇼'라는 것이 있었는데, 데카르트, 칸트, 쇼펜하우어의 머릿자를 딴 말이었다. 이를테면 대학생활의 낭만, 권위의식 같은 것을 표현하는 유행가였던 셈이다.

순사에게 단속이라도 당하면 고의로 방뇨를 하던 그들 예과생의 머리는 예외없이 장발(長髮)이었다. 요즘은 장발족(長髮族)이라는 표현이 있지만, 그때는 장발적(長髮賊)이라 했다. 또 '방칼라'라고도 불리었다. '하이칼라'임에는 틀림이 없으나 그 중에도 야만스런 하이칼라라는 뜻이었다. 이들 '방칼라'는 그들의 작폐가 신문에라도 보도되면 떼를 지어 신문사 사장실로 몰려가곤 했다. 아무리 좋게 보려 해도 철없는 짓이었는데, 이 같은 '예과생 기질'은 당시 일본 사회의 풍조가 그대로 직수입된 것이었다. 일본은 젊은이들, 특히 고등학교 학생들의 젊은 패기를 길러준다는 의미에서 그들의 가벼운 탈선을 너그럽게 보아주었던 것이다.

그러나 같은 예과생이라도 우리들 한국인은 그럴 수 없었다. 빼앗긴 나라의 운명을 어깨에 지고 있는, 무엇인가 소명(召命)의식 같은 것을 지니고 있는 엘리트였기 때문에 그들의 철없는 퇴폐성에 물들 여유가 없었던 것이다.

그런데 일본인 학생들도 예과를 거쳐 학부(學部)로 올라가면 언제 그랬드냐는 듯이 달라졌다. 신통할 만큼 사람이 변하는 것이다.

나이 30세의 예과생이던 나는 기억력과 교복 때문에 괴로움을 겪었다. 무디어진 기억력으로 어학 공부를 하면서 나는 남보다 두 배 이상의 노력을 쏟아야 했다.

교복은 예과 시절을 포함한 5년간 나를 두고두고 속썩였다. 내가 입은 교복은 1924년 제1회 시험을 치면서 미리 마쳤던 감색 제복이었는데, 이것이 색깔과 모양이 조금씩 규정과 달라 걸핏하면 학생감에게 지적을 당하는 것이었다. 그렇게 속을 썩이면서도 나는 이것 한 벌로 견디어 낼 수밖에 없었다.

관동팔경을 무른 메주 밟듯 하다

예과 1학년 겨울방학 때 첫아들 교웅(敎雄)이 태어났다. 13세 소년에 장가를 들어 30세가 되어 비로소 아이를 낳았는데, 실로 만득(晩得)인 셈이었다. 이제나저제나 하며 17년 동안이나 손자 보기를 학수고대하던 부모님의 기쁨은 이만저만한 것이 아니었다. 나는 그저 덤덤할 뿐 별다른 감흥이 없었다. 그러나 훨씬 뒤 조선어학회 사건으로 옥살이를 하게 되었을 때, 나는 그 아들이 어린 것을 아쉬워한 일이 있다. 다른 동지들은 모두 장성한 자식을 두어 뒷걱정을 덜고 있는데 비해 나는 그때 겨우 중학생인 코흘리개를 남겨 마음이 무거웠던 것이다.

그 아들 교웅은 지금 나이 오십이 되어 명륜동에서 개업의(開業醫)로 일하면서 나의 뒤를 보살펴 주고 있다. 그리고 보면 이 회고는 꽤나 오래된 일들을 술회하고 있는 것이다.

다시 예과 시절을 돌이켜본다면 관동팔경(關東八景)을 걸어서 탐승한 일을 빼놓을 수 없다. 예과 2학년 여름방학 때 나는 문과 B반의 김형철 군, 한재경(韓載經) 군과 함께 원산(元山)에서 울진(蔚珍)·평해(平海)까지 천리길을 도보로 답파했다.

당초 이 일은 1학년 여름방학 때 계획된 것이었으나 그해가 바로 을축(乙丑) 대수해가 있었던 해여서 뜻을 이룰 수 없었다. 당시 젊은 이들 사이에는 "관동팔경을 무른 메주 밟듯 하지 못하면 사나이가 아니다"라는 말이 있었고, '만고 동방 조화 신공 어데에 시설했노. 죽장 망혜 대활보로 관동팔경 찾아가세'로 시작되는 〈관동팔경가〉를 중학부터 배우고 외며 가고 싶어들 했다.

우리는 경원선(京元線)으로 철령(鐵嶺)까지 가 유명한 삼방(三防) 약수를 마시고 이성계(李成桂)의 개국 전설에 얽힌 안변(安邊) 석왕사(釋王寺)를 둘러보는 것으로 여행을 시작했다. "팔경(八景)을 모두 답파하기 전에는 절대로 차를 타지 말자"는 약속 아래 원산 송도원(松濤園) 해수욕장을 출발, 통천 총석정(叢石亭), 고성 삼일포(三日浦), 간성 청간정(淸澗亭), 양양 낙산사(洛山寺), 강릉 경포대(鏡浦臺), 삼척 죽서루(竹西樓), 울진 망양정(望洋亭), 평해 월송정(越松亭)까지를 동해안 모래톱과 언덕을 넘으며 걸어서 갔던 것이다. 포항·경주를 거쳐 서울로 돌아온 것은 25일 만의 일이었다.

대학 제복을 입고 다녔기 때문에 무전여행 치고는 비교적 융숭한 대접을 받았다.

강릉과 경주에서는 동급생 박용익(朴容益), 김영준(金榮俊) 군의 집에서 신세를 지기도 했고, 삼척에서는 연희전문 수물과(數物科) 때의 학우 손재명(孫在明) 군의 도움을 받았다.

나는 이 여행에서 보고 느낀 것을 기행문으로 써서 예과 학생 동인지 《문우(文友)》에 실었는데, 그 책을 지금 구할 길이 없어 글 또한 다시 볼 수 없음이 유감이다.

예과를 수료하고 학부로 올라간 것은 1927년 봄이었다. 동숭동의 학부는 그때만 해도 판자로 급조한 가교사에 들어 있었다. 원래 도립 경기상업학교가 자리잡고 있던 것을 경성제대가 차지하고 도상(道商)은 지금의 청운동 자리로 옮겨간 것이었다.

학부의 규모는 도상 때부터 쓰던 붉은 벽돌집에 대학 본부가 들어 있었고, 단층 가교사[얼마 전까지 학훈단(學訓團) 본부 건물이 있던 자리]에는 5개의 강의실이 있을 뿐이었다. 그때 한창 구 대학원 건물, 중앙도서관, 그리고 의대(醫大) 건물이 세워지고 있는 중이었는데, 이 건물들은 학부 2학년 때 준공되었기 때문에 우리는 새 건물에서 공부할 수 있었다.

조선어급 문학과에는 학생이 단 둘이었다. 1회인 2학년에는 도남(陶南) 조윤제(趙潤濟) 군이 혼자 있었고, 우리 학년에는 내가 역시 혼자였다. 학부로 처음 들어갔을 때 조군(趙君)은 나를 무척 반겨주었다. 나는 어학이 전공이고, 조군은 문학이 전공이었다. 서로 전공은 달랐으나 유일한 후배였으니 우선은 외롭지 않아 반가왔던 것이다.

그때 조선문학연습(朝鮮文學演習)의 교재로 퇴계 선생의 사단칠정(四端七情)에 관한 왕복문(往復文)이 쓰이고 있었다. 성리학에 관한 변론(辯論)을 내용으로 하는 이 교재는 무척 어려운 것이었는데, 그때까지 조군은 혼자서 준비를 하느라고 고생이 많았다. 그러나 나의 출현으로 하여 그 부담이 반감되었으니 반가움을 가중시킨 것이다. 당시 우리 과(科)의 제1강좌[문학]는 일본인 타카하시(高橋亨) 박사가 담당했고, 제2강좌[어학]는 오구라(小倉進平) 박사가 맡고 있었다. 오구라 선생은 〈이두(吏讀) 및 향가(鄕歌)의 연구〉라는 박사학위 논문을 비롯하여 《조선어학사(朝鮮語學史)》《조선어를 위하여》《조선어의 방언(方言)》등 저술을 남겨 우리 국어학 연구에 공헌한 분이다.

그는 도쿄 제국대학 언어학과를 나와 우리말을 연구하기 위해 처음 총독부 학무국 편수과에 발을 디뎠고, 경성고보에서 일어 회화를 가르치기도 했는데, 내가 외국어학교를 졸업하고 경성고보에 잠시 편입했을 때 그 분에게서 배운 적이 있는데, 성대(城大)에서의 만남은 두 번째인 셈이었다. 후에 내가 이화전문 교수로 있으면서 도쿄대학 대학원 언어학과에 유학했을 때, 또 그 분을 만나 배웠으니 필생(畢生)의 인연이었다고 할 것이다.

일본의 동북지방 출신인 그는 마치 우리나라 동북인(東北人)들처럼 끈질긴 기질을 갖고 있는 지독한 노력형의 학자였다.

낭만도 좋지만 아차선을 넘지말라

내게도 다방과 카페에 출입하면서 낭만을 즐긴 한때가 있었다. 조선어 문학과에 2명의 후배가 들어온 학부 2학년 때부터였다.

당시 서울 시내에는 다방이 대여섯 군데밖에 없었고 카페는 제법 많아서 수십 군데를 셀 수가 있었다. 1회 조윤제 군, 2회에 나, 이렇게 둘 뿐이던 조선어 문학과에 1928년 김재철(金在喆) 군과 이재욱(李在郁) 군이 함께 들어왔는데, 이들 중 김재철 군이 상당한 풍류랑이었다.

김군은 "영감, 공부만 할 것이 아니라, 좋은 데나 갑시다" 하며 가끔 나를 꾀었다. '영감'이란 그들 후배가 나이 많은 내게 붙인 별명이었다.

별로 싫지가 않아 따라 나서면 처음 들르는 곳은 낙원동 멕시코 다방이거나 이상(李箱)이 경영하던 소공동 낙랑 다방이었고, 다시 싸구려 대포집을 거쳐 카페로 가는 것이었다.

나는 물론 카페라는 고급 술집이 처음이었으나 그들은 예과 시절부터 자주 다닌 듯했다. 돈이 넉넉할 리 없는 대학생 형편이었으니 질펀하게 퍼마시는 것은 아니었고, 청주 한 잔이나 형편 좋을 땐 양주 한 잔을 시켜 놓은 뒤 여급들과 노닥거리며 인생이 어떻고 학문이 어떻고 예술이 어떻다는 식의 고담준론(高談峻論)을 펴는 것이었다.

한 집에서 기껏해야 한두 잔, 또 다른 집으로 옮겨 여급들에게 말수작을 걸다가 다시 다른 집으로 옮기고 이런 식으로 10여 집을 순례하고 나면 으레 자정이 넘었다. 우리는 이때쯤 술에 가득 취하게 마련이었는데, 그럴 때마다 김군은 갈짓자로 활보하면서 "자정 후의 종로 거리는 내 거리"라고 고래고래 소리치곤 했다.

나는 그때나 지금이나 술이 약했다. 술을 즐기는 것이 아니라 분위기를 즐기는 것이어서, "술을 들지 않는다"고 그들이 나를 몰아세우거나 하면 단득주중취(但得酒中趣) [술의 기분만 얻으면 된다는 뜻]라는 말로 응수했다. 도연명(陶淵明)의 시(詩) 〈무현금(無絃琴)〉 가운데 하로현상성 단득금중취(何勞絃上聲 但得琴中趣) [구태여 거문고 줄을 퉁겨 소리를 내야만 맛이랴, 거문고의 기분을 맛볼 수만 있다면 그만이 아니랴]에서 '금(琴)'을 '주(酒)'로 바꾸어 꾸며댄 것이다. 다만 술 마시는 분위기를 즐기면 그만이 아니냐는 뜻이었다.

내가 술을 처음 마신 것은 중앙을 졸업하고 얼마 되지 않은 25세 때 겨울이었다. 그때 오랜 만에 만난 친구들과 어울려 밤새도록 소주를 마시고는 불도 넣지 않은 냉방에 그대로 곯아떨어졌다가 단단히 병이 들어 10여 일을 앓았었다. 이 일이 있은 후로는 술을 거의 입에 대지 않은 채 분위기만을 즐기는 체했던 것이다.

그 시절의 카페는 대학생, 전문학생들이 고객의 주류였고, 시인·작가·화가 등 이른바 선구적인 문화인들이 많이 드나들었다. 아름답고 교양 있는 여급이 있어 소문난 카페에는 대학과 전문학교의 술꾼들이 매일처럼 몰려들었다. 술꾼들만 드나든 것이 아니라 점잖고 공부만 아는 군자(君子)들도 심심찮게 출입을 하곤 해서 화제를 만들어냈다.

한 번은 군자(君子)로 소문난 동양철학과의 후배 민태식(閔泰植) 군[전 성균관대 교수]을 카페에서 만나 놀란 일이 있었는데, 민군 역시 '영감'의 카페 출현을 경이로 받아들인 눈치였다. 나는 이·김 양 군을 따라 카페에 드나들면서도 늘 수신선생연(修身先生然)해서 "낭만도 좋으나 아차선은 넘지 말라"는 충고를 했다. 그런데 김재철 군은 나의 충고에도 아랑곳 없이 '아차선'을 자주 넘었다. 그는 명석하고 활달한 성격이었지만 술을 너무 좋아했었다. 대학을 졸업할 때 학위 논문으로 냈던《조선연극사(朝鮮演劇史)》는 아직도 우리 연극 학도들에게 이 방면의 선구적인 저서로 꼽히고 있다.

졸업 후 평양사범(平壤師範)에서 교편을 잡으며 최덕현(崔德鉉)[전 서울시 교육감 최복현 씨의 친동생]과 어울려 평양의 술을 모두 말리는가 싶더니 27세의 아까운 나이로 요절(夭折)하고 말았다. 술이 죄였다. 나의 충고대로 '아차선'을 지켰던들 아직 살아 단단히 한몫을 했을 터인데 애석한 일이다.

이재욱 군은 워낙 착실한 사람이었으나 해방 후 국립도서관장을 지내다 6·25 때 납북당했는데, 그 또한 애통한 일이다.

그 무렵 성대(城大)의 술꾼으로는 김재철 군 외에도 고유섭 군 등이 있었다. 유진오·이효석·이재학 군들도 술을 즐기는 편이었으나 그들 같지는 않았다.

우현(又玄) 고유섭(高裕燮) ―그는 지독한 애주가였다. 나와는 술자리를 같이한 적이 없지만 좋은 술벗을 만나면 말술[두주(斗酒)]을 사양 않고 통음했다.

그렇게 마시고도 그는 늘 뒤가 깨끗하기로 소문났었다. 술잔을 든 채 제자리에 고꾸라지는 일이 있어도 주정을 하거나 추태를 보이는 일은 없었다.

그는 나와 같은 문과 B반의 동기로, 예과를 마치고 미학(美學)을 전공했다. 미학으로 말하면 그 당시는 이름조차 생소한 학문이어서 미학 전공은 전교에서 그 혼자뿐이었다. 훨씬 뒤에 일본인 학생이 한 사람 들어오기는 했으나 미학도로서는 당시 그가 유일한 존재였던 것이다.

졸업 후의 취직 문제 따위는 그에겐 관심거리가 아니었다. 그의 학문하는 태도야말로 조문도석사가의(朝聞道夕死可矣)[아침에 도를 배우면 저녁에 죽어도 한이 없다는 뜻]의 경지인 듯이 보였다.

그는 졸업 후 1930년대 말에 설립된 개성박물관 관장으로 일했다. 이때 그는 우리나라 곳곳의 고대 유적지를 탐사하며 고미술 연구와 고고학의 토대를 쌓는 데 진력했다. 특히 〈조선 탑파(塔婆)의 연구〉 같은 것은 그의 많은 업적 중에서도 특기할 만한 것이다. 내가 1945년 광복으로 함흥형무소를 나와 보니 그는 조국 광복도 보지 못하고 먼저 저 세상으로 가버리고 없었다. 그 후 서울대학교가 창립되고 문리대에 미학과를 설치했을 때 우리는 그가 이 세상에 없음을 사무치도록 아쉬워 했었다.

관료주의적 분위기에 회의를 품다가

조선어 문학과는 제4회 때는 단 한 사람의 입학생도 없었고, 내가 졸업하던 해인 5회 때는 이숭녕(李崇寧)·방종현(方鍾鉉) 두 사람이 입학했다.

그 무렵 국어학계에는 주시경 선생의 제자들이 많은 활약을 하고 있었다.

선생은 일찍부터 보성중학교(普成中學校)[지금의 조계사(曹溪寺) 자리]의 교실을 빌어 조선어강습소(朝鮮語講習所)를 차리고 일요일마다 강습회를 열었고, 나중엔 상동(尙洞) 예배당에서 밤마다 한글을 가르쳤다. 선생의 제자로는 김두봉과 권덕규(權悳奎)·최현배(崔鉉培) 씨 등을 꼽을 수 있다.

그 밖에 이윤재(李允宰)·김윤경(金允經)·이병기(李秉岐)·이세정(李世禎)·이규영(李奎英)·이만규 등의 활약도 컸다. 이 중에서도 특히 잊을 수 없는 이는 애류(崖溜) 권덕규 씨다. 평소부터 술이 과했던 그는 외아들을 잃고 난 후부터는 홧김에 폭음을 거듭하다 해방 후 자

취를 감추고 말았다. 어디에선가 객사를 했으리란 짐작뿐 끝내 유해
도 찾지 못하고 말았다.

씨는 현저동(峴底洞)의 집과 책들을 모두 외상 술값에 넘기고 남은
몇푼의 돈도 몽땅 술을 마셨다. 그리곤 넘어가 버린 집앞에 와선 "이
놈 이제까진 내가 네 속에서 살았지만, 이젠 네가 내 속으로 들어왔
다"고 호통을 쳤다. 씨다운 유명한 일화다.

1930년 4월 나는 35세의 나이로 대학을 졸업했다. 졸업 논문은
〈·음고(音考)〉였다.

처음에 나는 '조선어의 음운 변천사'를 쓸 생각이었으나, 오구라
(小倉進平) 선생이 너무 방대한 테마라고 반대해서 '·음'에 대한 연
구로 축소시켰던 것이다.

졸업을 앞둘 즈음이 되니 이때까지 별로 신경을 쓰지 않았던 취직
문제가 다급할 수밖에 없었다. 나는 제1강좌 주임 타카하시(高橋亨)
선생을 찾아가 의논했다. 어학 담당인 오구라 선생을 찾는 것이 도리
였지만, 그런 문제에는 타카하시 선생이 적임자였다.

타카하시 선생의 주선으로 나는 졸업과 동시에 취직이 되었다. 경
성사범학교 교유(教諭) [가르친다는 의미인데, 일제 때 중등학교의 교
원을 가리킴] 자리였다. 지방의 중학이 아니면 서울의 사립학교에 가
는 것이 고작이라 생각할 수밖에 없었던 그 시절로는 좋은 자리였다.
그러나 1개월 근무를 하고 받아든 월급은 나와 함께 부임한 일본인의
반밖에 되지 않았다. 나는 정식 교유가 아니라 강사 자격이란 것이었
다. 나는 타카하시 선생을 찾아가 의논했다. 선생은 곧 와타나베(渡邊
信治) 교장에게 연락해서 정식 교유 발령을 받았다.

나는 1, 2, 3학년 일본인 학생과 4, 5학년 한국인 학생들에게 조선
어를 가르쳤다. 이 학교에는 유근필(柳根珌), 안익선(安益善) 씨와 일
본인 테리타(寺田)라는 조선어 선생이 있었지만, 국어를 전문으로 공

부한 사람은 내가 처음이었다.

일본인 1, 2, 3학년 과정이야 '가갸거겨'의 단계였지만, 한국인 4, 5학년 시간에는 제법 국어다운 국어를 가르쳤다. 학생들의 반응도 상당히 민감했다.

어느 날 그들은 나에게 과외활동으로 '조선어 연구부'를 조직해 달라고 요구했다. 다른 과목은 모두 과외활동 클럽이 있는데 유독 조선어만 없다는 것이었다.

우리말을 좀더 열심히 배우겠다는 열의가 가상하고 대견스러워 나는 그들의 요구를 흔쾌히 받아들였다.

4, 5학년 한국인 학생들에게 우리말을 열심히 가르치고, 또 과외시간에도 좀더 전문적인 지식을 전수하는 것은 정말 큰 즐거움이었다.

그러나 그런 보람도 오래 가지는 못했다. 엄격한 규율과 통제로만 이루어진 관료주의적 분위기에 대한 회의를 품기 시작한 것은 어쩔 수가 없었고, 연구활동의 제한은 더욱 견디기 어려웠다.

재학 시절부터 조선어학회에 부지런히 드나들며 연구발표도 해왔던 나는 졸업과 동시에 학회의 정회원이 되고 곧 간사가 되었는데도 연구발표의 기회를 차단당하고 있었다. 경성사범에서는 교유들의 어학회 활동을 금지시키고 있었기 때문이다. 신문이나 잡지에서 원고청탁이 와도 글을 발표할 수가 없었다.

게다가 그 무렵 나는 학교 몰래 중동학교에 출강하고 있어서 가시방석에 앉은 것과 같은 나날이었다.

졸업을 하고 취직을 한 뒤에 나는 중동 때부터의 은사 최규동 선생에게 인사를 갔었는데 선생은 중동에 와서 1주일에 2시간씩만 우리말을 가르쳐 달라고 요청하는 것이었다. 관립 사범학교 교유의 신분이었던 나는 일제가 온 신경을 쓰는 사립학교에 내놓고 출강하기가 두려워 학부 당국에는 비밀로 한다는 조건으로 백농(白農) 선생의 청을 받아들였던 것이다.

머리가 큰 한국인 학생들에게 존경받는 국어 선생인데다 조선어연구회 활동에 정열을 쏟으며 사립학교에 몰래 출강하고 있던 내가 학교 당국의 경계를 받기 시작한 것은 당연한 일이었다. 특히 교두(敎頭)[학감(學監)] 카와노(河野)는 나를 꼭꼭 "이 선생"이라 호칭하며 "요즘 조선어연구회 잘 해 가나? 노파심에서 말하는데 주의해서 잘 해주어야겠어" 하고 노골적인 경계 태도를 보이곤 했다.

불쾌하고 불안한 나날을 보내던 어느 날 낭보(朗報)가 날아들었다.

이화여자전문학교의 교수로 초빙을 받은 것이다.

아름답고 자유스런 복장이 좋아요

1932년 4월 이화여전 교수로 부임한 나는 마치 새장 속에서 풀려난 한 마리 새와 같은 해방감을 느꼈다. 이화는 경성사범과는 비교도할 수 없을 만큼 자유분방한 분위기였다.

우선 판에 박은 듯 딱딱한 규율에 얽매이지 않아도 좋았고 무엇보다 사냥개 같은 카와노(河野) 교수를 보지 않게 된 것이 즐거웠다. 또조선어학회 등 각종 연구, 발표활동에 제약을 받지 않게 된 것도 큰기쁨이었다.

경성사범 시절인 1931년 여름에는 어학회와 동아일보 공동 주최로 하기대학을 개설하고, 각 지방을 순회하며 한글 강습을 열었는데, 이때도 나는 관립 학교에 몸담고 있다는 한 가지 이유로 참여하지 못하고 혼자 애만 태웠던 것이다.

더구나 발랄하고 아름답고, 그리고 총명한 학생들에게 마음 놓고우리말을 가르친다는 것은 실로 인생삼락(人生三樂)의 한 가지를 얻은 것과 같았다.

그 당시의 이화여전은 정동(貞洞) 현재의 이화여고 캠퍼스에 있었다.

교문을 막 들어서면 눈앞을 가로막는 붉은 벽돌 2층 건물, 연전에 불타 버린 그 건물이 바로 전문학교 교사였다.

그때의 교장은 배재학당(培材學堂) 설립자의 딸인 아펜젤러 여사였는데, 여자답지 않게 넓은 도량을 지닌 분이었다.

후에 우리들 보수파 교수 몇명이 학생들의 화려한 옷차림을 규제하기 위해 제복을 만들자고 주장한 일이 있었는데, 이때 아펜젤러 여사는 "아름답고 자유스런 복장이 좋지 않느냐"고 우리를 설득했었다.

그 당시 이화여전은 문과, 가사과(家事科), 음악과 등 3개 학과뿐으로 학생 수는 200명도 채 못 되었다.

문과에는 상급반에 노천명(盧天命)·최예순(崔禮順)·유용녀(柳龍女) 등이 있었고, 모윤숙(毛允淑)은 막 졸업한 뒤였다.

2학년에는 김갑순(金甲順)·최순(崔舜) 등이 있었으며, 1학년에는 백국희(白菊姬)·홍복유(洪福柔)·김정옥(金貞玉)·장영숙(張永淑) 등이 재학 중이었고, 김옥길(金玉吉)·정충량(鄭忠良)·전숙희(田淑禧), 조경희(趙敬姬)·원선희(元善姬)·이봉순(李鳳順) 등은 그 뒤에 입학한 인물들이다. 실로 한국의 여류명사록을 방불케 하는 쟁쟁한 인물들이었다.

이들은 대개 여학교 시절에 제대로 국어교육을 받지 못해 입학 때에는 표현력, 특히 작문 실력이 보잘것 없었으나 고학년에 올라가면서 놀라운 수준으로 자라곤 했다. 그들 중 가장 문재(文才)가 있던 학생은 노천명이었다.

그는 공부 시간에도 곧잘 강의는 듣지 않고 창 밖을 바라보며 시상(詩想)에 잠기곤 했는데, 가끔씩 잡지나 신문에 구슬 같은 시를 발표하고 있었다.

진명(進明) 출신인 그는 일찍 부모를 여의고 홀로 사는 언니집에서 학교에 다녔다. 성품이 원래 조용한데다 불우한 환경 탓으로 그의 모습은 언제나 애수와 고독에 젖어 있는 듯이 보였다.

졸업 후 보성전문의 김모 교수와 단 한 번의 연사(戀事)에 빠져들었던 천명(天命)은 그것이 실연으로 끝난 데 실의했음인지 독신으로 시작(詩作)에만 몰두하더니 끝내 짧은 천명을 다 못 하고 말았다. 가엾고 아까운 인물이다.

최순은 그 당시 이화의 유일한 단발낭(斷髮娘)으로 학생들에게뿐만 아니라 교수들에게도 관심의 대상이었다. 그때까지만 해도 대부분의 이화여전 학생들은 머리를 길게 땋아내리고 있었지만, 최순은 비록 한복 차림이면서도 머리를 자른 모던 걸이었던 것이다.

그는 후에 검찰총장을 지낸 한격만(韓格晚) 씨의 부인이 되었는데, 내가 조선어학회 사건으로 영어(囹圄)의 몸이 되었을 때 한씨가 변호를 맡아준 것도 이화 때의 인연 때문이었다.

정충량은 학교 시절 여자의 몸으로 검도를 했던 여검이었는데, 검도의 도복차림으로 곧잘 거리를 활보한다고 해서 유명했다. 그를 비롯한 조경희·김정옥·정영숙 등은 이화의 '악동' 들이었다. 그들은 영학관(英學館)에 단체 기숙을 할 때도 일부러 규칙을 어기거나, 혹은 몰래 숲 속에 숨었다가 서양인 사감을 놀래주고 하는 장난질을 치곤 깔깔대며 재미 있어 했다.

예고 없이 우리집을 습격해 오는 일도 많았다. 그 무렵 나는 서대문 밖에 집을 장만, 시골의 처자를 데려다 살림을 하고 있었는데, 저녁식사를 할 무렵이면 한 패씩 떼를 지어 쳐들어와 집사람과 나를 당황케 했다. 지금도 그들은 그때의 그런 일들을 추억으로 간직하고 있음인지 모이기만 하면 그때 일들로 화제를 삼는다고 한다. 그들 모두가 지금은 사회 각계에서 유능한 일을 하는 훌륭한 여류들이 되어준 것만도 고마운 일인데, 나를 스승이라고 두고두고 찾아주고 떠받들어 주니 이에서 더 고마울 일이 어디 있겠는가. 더구나 20년 전 나의 회갑연 때 그들이 나에게 베풀어 준 인정은 아무래도 잊혀지지 않는 감격으로 남아 있다.

운현궁(雲峴宮) 예식장에서 회갑연을 하는데, 그들은 고운 치마 저고리 차림으로 잔치상 앞에서 사배(四拜)를 올려주었던 것이다. 나는 그 때 매우 감격에 겨운 나머지 얼굴이 화끈거리고 가슴이 뭉클하여 견디지를 못하였다.

내가 한평생 교단에 몸담아 오는 동안 느꼈던 가장 큰 영광이었다. 실제로 그 모습을 본 나의 동료들은 나를 무척 부러워했던 것이다.

통역도 잘하고, 술도 잘마시는 만능쾌남아

정동(貞洞) 시절의 이화여전 교수진은 여자가 많았고 남자 교수는 몇명 되지 않았다.

남자 교수로는 문과에 월파(月坡) 김상용(金尙鎔)과 한치진(韓稚振)[철학], 김인영(金仁泳)[성경], 그리고 나, 이렇게 넷뿐이었고, 가사과에 장기원(張起元)·김호직(金浩稙), 음악과에 성악가 안기영(安基永)이 있었다. 상허 이태준은 나보다 2, 3년 뒤에 들어왔다.

여자 교수로는 박마리아[이기붕(李起鵬) 씨의 부인], 김신실(金信實), 서은숙(徐恩叔), 김애마(金愛麻), 윤성덕(尹聖悳)[윤심덕(尹心悳)의 언니] 등이 있었고, 나머지는 서양사람들이었다.

월파 김상용은 나의 문학 공부와 습작에 많은 자극과 영향을 준 인물인데다 성품이 원만하고 소탈해 나와는 오랫동안 친교를 맺어 온 사이였다.

도쿄(東京) 릿쿄대학(立教大學) 영문과와 보스턴대학에서 공부한 그는 일찍 《망향(望鄉)》이라는 시집을 발표해서 문명을 날리고 있었는데, 철봉·등산·보디빌딩 등의 운동으로 체력을 단련했기 때문에 체구는 땅딸막했지만 힘이 장사였다. 한 번은 그가 백계(白系) 러시아인과 팔씨름을 한 일이 있었다. 그 러시아인은 키도 골격도 건장한 사람으로 양복감을 팔러 이화에 드나들고 있었다.

아무리 힘이 장사라 해도 그를 당해 낼 수 없다고 생각했는데, 월파는 돈 5원까지 건 팔씨름에 나선 것이었다.

뜻밖에도 월파의 일방적인 승리로 게임은 끝났고, 러시아인은 꼼짝없이 5원을 내놓았지만 월파는 돈을 되돌려 주고 말았다.

그는 영어에 능숙해서 외국인 손님이 학교에 와서 강연이라도 하면 도맡아 통역을 해내어 만능이라는 찬사를 듣곤 했으며, 술 마시는 솜씨도 남에게 지지 않는 쾌남아였다.

그토록 건강하고 재주 좋고 사람 좋던 인물이었으나 6·25 피난처에서 지천명(知天命) [50세를 뜻함]의 고개를 오르기도 전에 타계(他界)하고 말았으니 아까운 말을 다 어떻게 할 수 있겠는가.

상허는 월파와는 달리 술은 그리 즐기지 않았으나 얼굴 모습이 유난히 준수한 사람이었다. 그의 문장은 섬세하고 깨끗해서 특히 여성 독자들에게 대단한 인기를 끌던 당대의 작가였다.

골동품 수집 취미에 탐닉했던 그는 진고개 골동품상에 자주 다녔는데, 그의 권유로 나와 월파도 한때 고미술에 취미를 붙였었다. 그는 좋은 물건을 발견할 때면 분수도 모르고 욕심을 냈고, 힘이 미치지 못하면 김활란(金活蘭) 선생을 졸라 사들이곤 했다. 학교에 방 하나를 얻어 그렇게 사들인 물건들을 진열하곤 박물실이라 했는데, 이것이 오늘날 이화여대 박물관의 밑천이 된 것이다.

미남인데다 당대의 유명작가이던 그에게 그럴싸한 연사(戀事)가 없을 리 없었다. 그에겐 처자가 있었지만 공교롭게도 제자의 짝사랑을 받아 요란한 소문의 주인공이 되었던 것이다.

맹랑한 질문과 반항 기질로 나를 당황케 하던 문과 학생 신진순은 그를 열렬히 따랐는데, 후에 상허가 월북하자 그도 결국 상허를 따라 넘어가고 말았다.

작품의 경향에서나 사람됨에서나 상허는 철저한 민족주의자였을 뿐이었는데, 그가 월북까지 하게 된 것은 아마도 임화(林和)의 영향이 아니었던가 나는 생각하고 있다.

해방 후 종로 한청빌딩에서 조선중앙문화위원회라는 좌익단체가 결성되었을 때 상허는 그 위원장직을 맡았었다. 그 단체는 임화가 주동이 되어 만들었던 것으로 임화는 엉뚱하게도 그에게 위원장을 시켰던 것이다.

6·25 때 나는 창경원 앞에서 우연히 상허를 만난 일이 있었다. 월북했다가 6·25로 서울에 왔던 그에게 나는 "언제까지 그쪽에 가담하겠나? 상허는 '찰민족주의자'가 아니었나?" 하고 물었다.

그는 "이형, 지금은 그때와는 세상이 달라졌소" 하고 말없이 사라져버리고 말았다.

후에 풍문에 들은 얘기지만 그는 저들이 정해주는 테마로는 흡족한 작품을 쓰지 못했기 때문에 함흥 어떤 신문에서 교정을 보며 어렵게 살아가고 있었다는 것이다. 임화도 숙청을 당했으니 그 또한 제대로 대우를 받지 못한 것이다.

6·25 때 사라진 정지용(鄭芝溶) 등과 함께 아까운 인물들이다.

1935년 이화여전은 정동을 떠나 신촌으로 이사를 했다. 그해에 지금의 본관, 음악관, 기숙사, 법인관 등 4동의 건물이 준공되었다. 당초에 전문학교 대지를 물색할 땐 북아현동 지금의 중앙여고 자리가 유력한 후보지였다. 그런데 미국의 기독교 연합 재단측은 장차 연희전문과 이화여전을 통합할 계획을 세우고 연희전문 옆자리로 결정을 했던 것이다. 그 당시 두 학교의 통합 계획은 꽤 구체적으로 추진되었던 것 같다. 이화여전의 대강당을 연희전문과의 중간 지점에 짓는다는 등의 계획까지 섰던 것이다.

그러나 재단측의 이러한 계획은 김활란 박사 등의 집요한 반대에 부딪쳐 끝내 실현을 보지 못했다.

김 박사는 "이화는 우리나라의 여성교육을 위해 세워진 학교이니 그 건학정신에 따라 순수한 여성 교육기관으로 발전해야 한다"고 적극 반대했던 것이다.

통합설이 잠잠해지자 우리는 "그럴 바에야 당초 계획대로 북아현 동에 자리잡았으면 좋았을 걸" 하고 아쉬워했지만 지금에 와선 신촌으로 택한 것이 오히려 잘 된 일인 것 같다.

호는 일석(一石), 별명은 대추씨

　　나의 호는 '일석(一石)'이고, 별명은 '대추씨'다.

　　일석이란 호는 내가 중학 3학년 때 스스로 지었던 '석천(石泉)'을 뒤에 고친 것이다.

　　과학적인 점에서는 사람마다 한 개의 이름만 가지는 것이 좋을 것이다. 그런데 우리는 종래에 여러 가지 이름을 가져 왔다. 아잇적에는 아명(兒名), 어른이 된 후에는 관명(冠名)과 자(字), 그리고 별호(別號)를 가졌다. 호와 같은 것은 한 사람이 하나만에 한하는 것이 아니라, 여러 개를 가진 일도 있었다.

　　고려의 문신 이제현(李齊賢)은 익재(益齋)와 역옹(櫟翁)이란 두 호를 가졌고, 조선왕조의 거유(巨儒) 이황(李滉)·이이(李珥) 두 선생은 각각 퇴계(退溪)와 도산(陶山), 율곡(栗谷)과 석담(石潭)이란 두 호를 가졌었다. 이 밖에도 명종 때의 영상(領相) 상진(尙震)은 범허정(泛虛亭)과 송현(松峴), 성종 때의 화가 이상좌(李上佐)는 인재(仁齋)와 학포(學圃)란 두 호를 각각 가지고 있었다. 그리고 세종대왕의 제3자 안평대군 용(瑢)은 명필로 유명한 분인데, 비해당(匪懈堂), 낭간

거사(琅玕居士), 매죽헌(梅竹軒)이란 세 개의 호를 가졌으며, 문재(文才)와 기지(機智)가 표일(飄逸)하여, 이름을 당세에 날리던 오성 부원군 이항복(李恒福)도 백사(白沙), 필운(弼雲), 동강(東崗)이란 세 가지 호를 사용하였다. 그뿐 아니라, 순조 때의 명필 김정희(金正喜)는 완당(阮堂)과 추사(秋史), 과로(果老) 등 수십 개의 호를 가진 일도 있다.

이러한 것은 개호(改號)로 인하여 하나는 버리고 새로 택한 다른 하나를 전용하였는지, 혹은 두 개나 세 개, 네 개를 동시에 병용하였는지는 알 수 없으나, 추사와 같은 이는 동일한 시대에 마음 내키는 대로 아무것이나 사용한 듯하다.

그렇던 것이 개화의 바람이 불어 온 후로, 우리의 머리도 매우 과학화된 듯, 아이를 낳아서부터 아주 관명을 붙이고 자는 아예 생각도 않는다. 호와 같은 것은 없는 이가 대부분인 듯하다.

나도 이 점에서는 고물[일 푼의 골동 가치도 없는]이라 할는지, 비과학적인 잔재라 할는지, 여러 가지 이름을 다 가져보았다. 아명을 가졌던 것은 물론이요, 관례를 이룬 후 선고(先考)께서 관명[지금의 이름]과 자[성세(聖世)]를 지어 주셨으나, 자는 한 번도 사용하여 본 일이 없다. 그러나 웬일인지 호는 지어 주시지 않으셨다.

그도 그럴 것이 호라는 것은 나이깨나 먹고 인간으로서 틀거지가 잡혀서 사람다운 일을 좀 입내라도 낼 만한 시기가 되어야 하나 가져 보는 것이 그럴 듯하고, 또 이런 나이가 되면 친구끼리 서로 이름을 부르는 것보다는 피차간에 호를 부르는 것이 점잖다 할까, 고상하다 할까, 정답다 할까, 풍류적이라 할까, 무어라고 꼭 때려서 말할 수는 없지만, 그저 그럴 듯하다고 하여 두는 것이 좋을 것 같다.

그런데 나는 '못된 송아지 엉덩이에서 뿔 나는' 셈으로 중학교 3, 4학년 시대에 벌써 무슨 호라고 하는 것을 가지고 싶어하였다. 말하자면 나는 호에 대하여 너무 조숙하였던 것이다.

그 당시 은사 이중화(李重華) 선생님[동운장(東芸丈)이 아니요, 중앙학교의 금초(今初) 선생님]과 숙소를 함께 한 일이 있었다. 그리하여 저녁을 먹은 후 쉴 때면 선생님 방에 가서 노는 일이 많았다.

하루는 이 얘기 저 얘기 끝에 호 얘기가 나와서, "자네 호가 있나?" 물으시기에, "석천(石泉)이란 호를 하나 가져 보려고 생각 중입니다"고 여쭈었다. 돌과 샘이란 뜻이 아니라, 돌 틈에서 나오는 샘물이란 것으로 의미하였다.

돌 틈에서 솟는 샘, 나는 그것을 좋아하였다. 까닭이랄 것이 별로 없지만, 첫째 맑고, 둘째 끊임이 없고, 셋째 작고, 넷째 그렇지만 먼 앞에는 양양(洋洋)한 대해가 목적지로 되어 있는 듯싶은 생각이 들어서, 석천이란 호를 가져 보려고 하였던 것이다. 선생님께서는,

"그것 못 쓰겠네. 맑아. 너무 맑아. 사람이란 텁텁하고 수더분하고
어수룩한 맛이 있어야지. 너무 맑으면 못 써. 쌀쌀해⋯⋯"

라고 말씀하시더니,

"자네 고향이 풍덕군 남면이 아닌가? 풍남(豊南)이라고 하게. 어떤
가? 푼더분하고, 둥글둥글하지 않은가? 수수하지?"

라고 하셨다. 그 당장 나는,

"예, 고맙습니다."

하고 대답은 하였지만, 그 후 암만해도 석천이란 호에 마음이 끌리어 풍남으로 고치고 싶지는 않았다. 은사가 지어 주신 호를 간직하는 것이 도리이고 당연하지만, 웬일인지 내가 지은 호에 자꾸 비위가 당기었다.

그런데 그 후 차차 알고 보니, 이 석천이란 호는 너무 흔해빠졌다. 고인 중에서도 이 호를 더러 발견할 수 있지만 현대인 중에 더욱 많았다. 석천이란 이름으로 쓰여진 글도 볼 수 있었고, 이 호를 지닌 사람을 직접 만나기도 몇번 하였다.

나는 같은 호가 많은 데 마음이 뜨악하여졌다. 이름이든지 호든지, 고유명사라는 것은 성질상 한 사람이 하나를 전유(專有)하지 않으면 안 될 것이다.

이 세상에는 동명이인(同名異人)도 없는 배 아니나, 이것은 부득이 한 사정이요, 결코 환영할 성질의 것은 못 된다. 내가 이 동명이인에 대하여 불쾌감을 느끼게 된 것은 다음과 같은 이야기도 있었기 때문이다.

한 번은 친구를 따라서 어떤 부잣집에를 가게 되었다. 이 집 주인공은 수천 석을 추수하는 조업(祖業)을 받아서 사업이라고 별로 하는 일이 없이 친구를 청하여 미주가효(美酒佳肴)[맛이 좋은 술과 맛 있는 안주를 뜻함]에다가 앵가접무(鶯歌蝶舞)[꾀꼬리의 노래와 나비의 춤을 뜻함]까지 곁들여서, 주지육림(酒池肉林)에 가까운 호탕한 생활을 일삼는 것이 그의 일과였었다.

방 치장도 우리네와 같은 궁조대(窮措大)[곤궁하고 청빈한 선비]의 눈을 휘둥그렇게 했고, 주련(柱聯)[기둥이나 벽에 장식으로 써서 붙이는 한시(漢詩)의 대(對)를 맞춘 시의 글귀]과 화폭(畵幅)도 여러 개 걸어 놓았다. 잠깐 고개를 들어 방문 위의 횡액(橫額)[그림이나 글씨를 방문 위에다 옆으로 걸어 놓은 액자]을 쳐다보니, 석수천자헌(石壽泉滋軒)이란 다섯 자가 무호(無號) 이한복(李漢福)의 글씨로 묵흔(墨痕)이 생생하게 쓰여 있었다. 그런데 그 주인공의 호가 석천인 것이다.

나는 이것을 보고 깜짝 놀랐다. 내가 단문(短文)하여 해석을 잘못했는지 몰라도, 석천이란 두 글자에 대하여, 나와는 상당히 거리가 있는 의미를 내포시키고 있다는 것을 느꼈다.

나는 맑고, 깨끗하고, 꾸준히 쉬지 않고 솟아오르는 것을 취하였으나, 그는 돌같이 오래 살고, 샘처럼 재산이 솟아 나오라는 것을 의미하였다. 결국 이 석천이란 호는 욕심 많은 소원을 걸어 놓은 발원문(發願文)같이도 해석이 되는구나 하는 생각이 들었다. 그 순간 나는 이 석천이란 호를 단연 포기하기로 결심했었다.

그러나 나는 이 두 글자를 전연 단념할 수는 없었다. 은사가 지어 주신 호와도 바꾸지 못하던 이 두 글자를 그렇게 창졸지간에 떼어버릴 수는 없었다. 그리하여 그 중의 한 글자만이라도 그대로 지니고 싶었다. 그러면 어느 글자를 버리고 어느 것을 취할까. 이것이 또한 용이한 문제가 아니었다. '샘'이 좋으냐, '돌'이 좋으냐. 나에게는 둘 다 같은 정도로 좋았다. 암만 저울질을 하여도 넘고 처지는 것이 없었다.

최후로 나는 자기 반성을 하여 보았다. 내가 과연 샘과 같은가. 같을 수가 있나. 작은 점으로는 혹 모르되, 난 샘과 같이 맑지 못하고 꾸준하지 못하다. 샘과 같이 되기를 바라서 자계(自戒)를 삼는다 해도 성취할 가망이 없다. 생각다 못하여, '석(石)'자를 취하기로 했다. 둔하고 무재(無才)한 것이라든지, 모양이 곱지 못한 것, 활동성이나 탄력성이 전연 없는 것, 이 모든 점이 나 자신과 방불(彷彿)[거의 비슷하다]하여, 오리알에 제 똥 묻히기로 내 격에 맞는다고 생각하였다. 그렇다. 나는 돌이다. 꾸어다 놓은 보릿자루같이 변통성 없는 한 개의 돌이다.

'석'자를 취하기로 확정한 다음에, 또 한 자는 무엇으로 할까. '외자 호는 좀 거북하고, 무엇이든지 한 자 더 붙여야지' 이렇게 생각한 나머지 나는 '한 개의 돌'에 지나지 못하는 존재이므로, '일(一)'자를 빌어다가 '일석(一石)'으로 결정했다. 이것이 아마 내가 경성사범학교를 떠나서 이화여자전문학교로 가던 해[1932년]라고 기억된다.

그랬더니 말 좋아하는 친구 중에서는 이 호가 일석이조(一石二鳥)에서 나온 것이 아니냐고 야유하는 이도 있었으나, 내가 호를 고친 동기를 보더라도, 그런 욕심에서 나온 것이라고는 꿈에도 생각지 않는다. 또 어떤 친구는 "너는 동양의 아인슈타인이냐?"고 힐난(詰難)도 한다. 천만에 그도 아니다.

이러구러 나는 〈나는 한 개의 돌이로다〉라는 제목으로 지은 시를 졸저(拙著)인 시집 《박꽃》에 실었다. 또 그 책에는 〈이 한 개의 돌로〉라는 제목의 시 한 편과 역시 〈돌〉이라는 제목의 시조 3수도 함께 들어 있다. 이것으로써 나의 호변(號辯)은 마친 셈이 될는지, 또는 안 될는지 모르나 《여씨춘추(呂氏春秋)》란 책에 보면 이런 글이 있다.

단가마이불가탈기적(丹可磨而不可奪其赤)
　[단사를 갈더라고 그 빛은 빼앗을 수 없고]
석가파이불가탈기견(石可磨而不可奪其堅)
　[돌을 깨뜨려도 그 굳음은 빼앗을 수 없다.]

이 뜻이 또한 내가 '천(泉)' 자를 버리고 '석(石)' 자를 취한 이유 중의 한 가지가 된다고 하겠다. 호 이야기를 하려다가 여러 가지 이름이 과거에 있었다는 것을 들추어 내고 보니, 따라서 한 가지 더 생각되는 것은 나의 별명이다.

본래 선생의 별명이란 것은 학생들이 그의 특징을 묘하게도 꼬집어 잡아서 유머러스하게, 또는 놀리는 뜻으로, 혹은 증오의 감정 같은 것을 담아서 지어내는 것이 보통이지만, 나의 경우는 이와 달라서, 학생 아닌 선생이—당시 이화여전의 동료이던 고 김상용 형이—붙여 준 것이다. 김형은 나의 일생을 통하여 둘도 없을 가장 막역(莫逆)하던 친구로서 호를 월파(月波)라 일컬었으며, 때로는 월파(越波)로도 행세했었다. 고 월파의 재주는 대단히 다방면이어서, 술에 소리에 말에 운동에 팔씨름에 등산이나 하이킹에, 그리고 그의 전문(專門)인 시에, 영문학에 있어서, 누구든지 군(君)을 압도할 사람이 없었으며, 성격은 바늘끝만큼이라도 모나는 데가 없어서, 대인접물(待人接物)에

극히 원만하였다. 팔방미인이라고 오해를 받을 만큼 너무 둥글어서, 나에게 항상 '아이싱 아이싱' 한다는 퉁을 쏘이는 일이 많았다.

'아이싱'이란 영어의 ice+ing=icing, 우리말로 '어름어름한다'는 우리끼리만 통하는 일종의 슬랭(slang)이었다. 그는 이화에서 남자로는 최고 책임자로 있었으며, 인물을 통어하는 데 또한 비범한 재간과 덕망을 가졌었다.

또 그 체격으로 말하면, 아래위를 툭 찍은 듯 앙바틈하고 똥똥하며, 앞가슴이 딱 바라지고, 몸집과 두 팔의 근육이 다부지게 발달되어, 천지가 뒤집힌다 하여도 오뚜기처럼 버티고 있을 완강체(頑强體) 그것이었다. 그리하여 키가 나보다는 좀 크면서도, 몸집의 탓으로 내 키나 마찬가지로밖에 보이지 않았다. 나를 쭉정 밤송이라 하면, 그는 톡톡히 여문 회리밤톨이라 할 것이었다.

그리하여 나는 놀림조로 별명을 하나 지어서 그에게 선사하였다.

"여보게, 내 자네 호 하나를 지어 줌세. 월파(月坡)보다는 훌륭한 것을 생각하였네."

월파는 내가 또 무슨 농담이나 걸어 붙일까봐, 나의 얼굴과 눈치를 유심히 살피다가,

"어디 말이나 하여 보게."

하는 것이었다.

"자네 호가 '월파(月坡)'인데, 아마 달을 사랑하나보지? 그러나 '파(坡)'가 틀렸어. '일년명월금소다(一年明月今宵多)'란 싯구가 있지 아니한가. 나는 '일년금소만지월(一年今宵滿地月)'이라고 고치고 싶으이. 그러니 자네 호를 '지월(地月)'이라고 고치게. 아주 존대해서 '지월공(地月公)'이라고 불러줄 테니, 어떤가? 그뿐 아니라, 내 더 싯적으로 설명함세. 소동파(蘇東坡)의 '후적벽부(後赤壁賦)'를 보면, 동파가 임술년 시월 보름에 손을 데리고 다시 적벽강(赤

壁江)에 가서 놀려고, 설당(雪堂)으로부터 황니(黃泥) 비탈을 지날 적에, 달이 무척 밝더란 말야. 그래서 '인영(人影)이 재지(在地)어늘 앙견(仰見)하니 명월(明月)이라'고 감탄적 문구를 썼단 말야. 이 인영재지(人影在地)[사람 그림자 땅에 있거늘]의 '지(地)' 자와 앙견명월(仰見明月)[쳐다보니 달이 밝도다]의 '월(月)' 자를 합하면 '지월(地月)'이 아닌가. 어떤가? 얼마나 싯적인가? 출저가 훌륭하지?"

월파는 나의 설명을 듣더니, 한참 동안 낙(諾)도 부(否)도 없다가, 다소 마음이 솔깃하는 듯한 태도로,

"호 하나쯤 더 가져도 괜찮지."

하는 것이었다. 그런 다음 나는 진짜 설명을 해주었다.

"그런 게 아냐. 이 호는 자네 체격을 보고 지은 게야. 지(地) 자는 땅 아닌가. 월(月) 자는 달이거든. 즉 '땅딸보'란 뜻이야. 어떤가? 훌륭하지 않은가?"

이 소리를 듣더니, 이 좌석에 모였던 여러 사람이 박장대소(拍掌大笑)를 하는 것이었다.

지월공(地月公)은 얼굴이 발개서 한참 앉았다가, 보복으로 나에게 넘겨 씌우는 별명이 '조핵공(棗核公)'이었다. 대추씨와 같이 작은 놈이란 뜻이다. 콧구멍에 낀 대추씨란 말이 있지만, 내가 과연 콧구멍으로 들어갈 수 있을 만큼 작은 놈인지, 큰 놈인지 내사 모를 노릇이다. 어쨌든 내게는 조핵공이란 별명이, 내가 이미 가진 여러 개 이름 외에 하나 더 붙게 되었다. 나는 월파더러,

"이 별명을 내가 승인하든지 거부하든지는 막론하고, 도대체 문학적인 맛이 없네. 출저도 물론 없고……"

라고 항의조로 말했다. 월파와 나는 별명을 가지고, 항상 서로 놀리곤 했다. 그러던 월파는 나보다 나이 4, 5년 아래요, 또 지금으로부터 20

여 년 전 부산에서 천상(天上)으로 우화등선(羽化登仙)하여 버렸다. 쪽정 밤송이는 아직 이 땅에 남아서 이 글을 쓰고 있고, 아람 밤톨같이 오달지고 단단하던 월파는 지금 천상백옥경(天上白玉京)에서 이것을 굽어살피는지 모르겠다.

　"월파, 여보게! 지월공(地月公) 대신에 천월공(天月公)이란 호를 경건히 지어 올릴까나?"

서나앉으나마찬가진데앉아서 하게

　

공교로운 것은 나의 호나 별명이 모두 '작다'는 뜻을 가진 점이다. 사실 나의 키는 작다.

연령과 성별을 가리지 않고, 사람의 유형을 두 가지로 나눈다면, 아마 대인(大人)과 소인(小人)으로 구별될 것이다. 그리고 또, 대인이든지 소인이든지 이것을 각각 두 가지로 다시 나눈다면, 대우주 개체에 육체와 심령이 있고, 인생에 물심 양면이 있으며, 대우주 자체에 물질면과 정신면이 있듯이, 대인에도 정신적인 대인과 육체적인 대인이 있을 것이요, 소인에도 또한 마찬가지일 것이다.

그런데 소인이란 말을 사전에서 찾아보면, 육체적인 것에 대하여는 별로 주석이 없으며, 오직 정신적인 소인에 대하여서만 아래와 같이 규정되어 있다.[중국 사서 사원(辭源)에 의함]

① . 세민(細民)

② . 불초(不肖)한 사람

③. 스스로 겸손하는 말[자겸지사(自謙之詞)]

세민이라 함은 빈천한 사람을 의미하고, 불초한 사람이라 함은 학덕이 없고 성질이 사악한 사람을 가리킴이요, 셋째로는 상대자를 존경하기 위하여 자기를 낮추어서 소인이라 일컫는다는 것이다.

그런데 선조 때 사람 이수광(李睟光)의 《지봉유설(芝峰類說)》 제16권 '해학(諧謔)' 조를 보면, 다음과 같은 기록이 있다.

난장이[단소자(短小者)]가 비대한 사람을 향해 비웃는다.
상마즉수각, 입문선타두. 연제감작촉, 월족가탱주
(上馬卽垂脚, 入門先打頭. 燃臍堪作燭, 月足可撑舟)
말을 타니 다리가 땅에 끌리고,
방으로 들어가다 이마부터 부딪는도다.
배꼽에 불을 켜면 양초 대신이 될 것이요,
다리는 잘라서 삿대를 삼을 만하도다.

이번에는 비대한 사람이 난장이를 비웃는다.
착립난간족, 천화이몰두. 노봉우적수, 욕도개위주
(着笠難看足, 穿靴已沒頭. 路逢牛跡水, 欲渡芥爲舟)
갓을 쓰니 발이 보이지 않고,
신을 신으면 정수리까지 들어가고 마는도다.
길을 가다 쇠 발자국 물만 보아도,
겨자씨 껍질로 배를 삼아 건너려는도다.

여기서 대인이니 소인이니 하는 것은 정신면이 아니라, 온전히 육체를 가지고 한 말이다.

그러면 대인과 소인은 육체면과 정신면에 있어서 정비례하느냐. 그렇지 않으면 절충이 되느냐. 어느 한 가지 경우라고만 우겨댈 수가 없다. 육체의 대소와 정신의 대소와의 관계는 매우 착잡하여, 이 세 가지 경우가 다 있을 것이요, 이 밖의 경우도 한두 가지가 아닐 것이다. 이 사실에서만 보더라도 절대 무차별 평등이란 꿈도 꿀 수 없는 노릇이요, 형형색색, 다종다양이란 것이 인생이나 우주의 실태인 듯싶다.

이 다양다채성(多樣多彩性)의 구색을 갖추기 위함인지, 나는 가장 단소(短小)한 체구를 타고 났다. 이 사실은 나에게 비극이 되는 일도 있고, 희극이 되는 일도 있으며, 때로는 희비 교차의 혼성극이 되는 일도 있다.

어떤 친구는 이수광 볼 쥐어지르게 나를 놀려댄다.

"웬 안경이 하나 걸어오기에 이상도 하다 하였더니, 가까이 닥쳐 보니까 아 자넬세그려."

이런 말은 우선 약과로 들어야 하고[6·25 사변 전까지는 근시로 말미암아 안경을 썼었다.], 무슨 회합에서 불행히 사회를 맡아보게 되거나, 목침돌림 차례가 와서 일어나게 되면,

"자네는 서나 앉으나 마찬가지니, 앉아서 하게."

하는 반갑지 않은 고마운 말도 가끔 듣게 된다. '대추씨'라는 탁호(卓號)를 받게 된 것은 단단하다는 의미 외에, 작다는 뜻이 더 많이 내포되었다는 것을 빤히 짐작하게 되었고, 일찌기 소인구락부(小人俱樂部)[주로 교원으로 성립됨]의 패장을 본 일이 있었으나, 내 위인이 겪져서가 아니라 키가 가장 작았기 때문이다.

이런 것은 다 말로만인지라 그다지 탓할 것도 없고, 마음에 꺼림칙할 것이 조금도 없다. 그저 마이동풍격(馬耳東風格)으로 흘려만 보내고 받아만 넘기면 뱃속은 편할 대로 편하여 천하태평이다.

그러나 가장 질색할 노릇은 무슨 구경터 같은 데서 서서 볼 경우에 키가 남보다 훨씬 크다면 사람우리 테 밖에서 고개만 넘성거려도 못 볼 것이 없을 터인데, 나와 같이 작은 키로는 구경꾼들의 옆구리를

뻐기고 두더쥐처럼 쑤시고 들어가서, 제일선에 진출하지 않으면 안 된다. 그러나 우리 현대의 공중도덕의 수준에 있어서는, 나로서 이러한 모험을 감행하려면, 우선 건곤일척(乾坤一擲)의 결심과 대사일번(大死一番)의 노력이 필요하므로, 대개는 애당초부터 단념하고 말게 된다. 내가 만일 구경을 즐기는 벽(癖)이 있었더라면, 그보다 더 큰 불행은 없었을 것이다.

어떤 추렴을 내서 먹는 자리가 있다고 하자. 체소(體小)한 나는 본래 먹는 분량도 적거니와 먹는 템포조차 이 세상에 그 유례가 다시 없을 만큼 느리기 때문에 내 젓가락이 음식 그릇에 두 번째 들어가기 전에, 한 두럭이 다 달아나고 말게 된다. 돈은 돈대로 내면서도 음식은 맛도 채 못 보고 물러나게 되니 억울하기가 한이 없다.

먹는 데뿐만이 아니다. 입는 데도 마찬가지다. 옷감은 키 큰 사람의 것보다 절반쯤밖에 아니 들 터인데, 값은 언제든지 전액에서 일 푼의 에누리도 없다. 구두를 사도 한 모양이다.

내가 일찌기 모 회사에 근무하고 있을 적의 일이다. 선우전(鮮于全) 씨라는 분이 지배인으로 있었는데, 이 분의 키는 푼치[분촌(分寸)] 틀림없이 나의 갑절은 되었었다. 한 번은 양복장수를 불러서 한 벌 맞추기로 하고 절가(折價)를 하여 놓았다.

나의 칫수를 다 잰 다음, 누구에게든지 한값이냐고 따졌더니, 양복집 주인은 두말 없이 '오케이'를 하였다. 그때에 선우 선생이,

"나도 한 벌 맞춥시다."

하고 일어서니, 양복점 주인은 입을 딱 벌리고 한참 쳐다보다가,

"선생님만은 특별 예외로 해주십시오."

하는 것이었다. 그러나 우리들이 우겨대서 같은 값으로 한 일이 있었다.

이렇듯 키 큰 이가 나의 덕을 본 일이 있었지만, 내가 키 큰 이의

덕을 입은 일은 꿈에도 없다. 요컨대 나는 결국 양복에 있어서나, 구두에 있어서나 항상 키 큰 이를 보조하여 주면서 살고 있다.

신언서판(身言書判)이라는 말 중에서도 '신(身)'이 가장 중요한 것은 글자의 순위로 보아서도 알 일이다. 천군만마(千軍萬馬)를 호령하는 장군이나 민족을 이끌어 가는 정치나, 수많은 부하를 거느린 회사, 단체의 장(長)이나, 혹은 뭇여성들의 환심을 끄는 난봉꾼에게조차 키는 가장 중요한 요소라 하겠다.

그러니 한평생 분필가루를 마시며 교단을 지키는 나로서는 참으로 키에 알맞는 운명을 타고 난 것이 아니겠는가.

'고추가 작아도 맵다'든지 '제비가 작아도 강남 간다'는 따위의 속담, 혹은 '키 크고 싱겁지 않은 사람 없다'는 등의 말들은 모두 키 작은 사람들의 자위(自慰)를 위해 지어낸 말일 뿐이다. 뭐니뭐니해도 우선 산이 커야 골이 깊은 법이다.

그렇다고 나는 키 작은 것을 비관한다거나 작게 낳아 준 부모를 원망한 일은 없다. 나 나름대로 위안이 되는 사실들이 있기 때문이다.

이러한 넋두리를 듣고―아니 읽고―나를 동정하는 사람이 있어, "네 키가 작다 하니, 대체 몇자 몇치나 되느냐?"고 물어주는 사람이 있다면, 나는 다음과 같이 정확하게 대답하여 두겠다.

대학 예과에 입학할 무렵, 잠방이 하나만 입고 양말까지 벗어버리고 재어보니, 꼭 5척 0촌 2분이었다.

어쨌든 5척 이상이니까, 군인이 되는 데 키로써는 우선 합격권을 확보하고 있다는 것이었다. 이것으로 의기양양할 것은 없어도, 또한 자포자기할 필요가 있다고는 꿈에도 생각해 본 적이 없다.

내가 체소(體小)하기 때문에 관심은 키 큰 사람에게보다 키 작은 사람에게 더 많이 간다. 어떤 기회에 혹은 거리를 다니다가 키 작은 사람을 발견하면, 기어이 따라가서 내 키와 넌지시 견주어 보는 버릇이 생겼다. 난장이 아니고는 내 키보다 더 작은 이가 있을 리 없지만, 그러나 전연 없는 바도 아니다.

우리나라에서 '키 크고 싱겁지 않은 사람이 없다'는 말이 속담화 되어 있지만, 진정이지 김부귀(金富貴)와 같은 멋없이 늘씬한 키는 눈 곱만큼도 부럽지 않다.

병자호란 때 바람 앞에 촛불[풍전등화(風前燈火)]과 같은 국운을 두 어깨에 둘러메고 나서서 용하게도 난국을 돌파하여 나간 희세의 외교가인 오리대신(梧里大臣) 이원익(李元翼) 선생은 두루마기 길[장(丈)]이 자 여덟 치였다는 말이 전하고 있는데, 이 자[척(尺)]는 오늘 날 우리가 쓰고 있는 자가 아니라, 필시 침척(針尺)이었겠지만, 무던 히 작은 키라고 아니 할 수 없다.

옛날 이야기는 덮어두고, 현대의 예를 들기로 한다. 초대 부통령이 시던 성재(省齋) 이시영(李始榮) 선생과 우연한 기회에 가까이 서본 일이 있는데, 나보다 두어 주먹 노리는 없을 만큼 무던히 작은 키의 주인공이었다.

용기백배라고 할 것까지는 없지만, 키 작은 것을 비관하여 염세자 살(厭世自殺)과 같은 쑥스러운 연극을 벌여 놓을 필요는 조금도 없다 는 생각이 일층 강화되었다는 것을 솔직이 고백하여 둘까?

1955년 여름이었다고 기억된다. 어느 날 저녁 구 관립 영어학교 동창들의 만찬회를 미장(美莊) 그릴에서 베푼 일이 있었고, 이 자리에 는 객원 격으로 미국사람 두 분이 참석한 일이 있었다. 시장기가 해소 되고, 주기가 돌고 한 연후에 탁상일화(卓上一話)를 돌려가며 한 마 디씩 하게 되었다. 나의 차례에 와서는 미국에도 다녀오고 하였으니 영어로 이야기를 하라는 것이었다. 나는 서툰 영어로 다음과 같은 일 절을 나의 이야기 중에 끼워 넣었었다.

"……한국에서는 나의 키가 작은 줄만 알았더니 미국에 가서 그렇지 않은 사실을 발견했습니다. 그 이유로는 한국에서는 나보다 키 작은 사람을 좀처럼 찾아낼 수가 없었는데, 미국에 가보니 나보다 작은 사람이 얼마든지 있었습니다. 특히 동부지방 뉴욕 근처에 가서는 더욱 그러했습니다……"

이 이야기를 듣고 일동이 박장대소하였지만, 미국친구 두 사람은 이해가 잘 안 된다는 듯이 어리둥절하고 있었다.

나와 영어학교의 동기되는 해공(海公) 신익회(申翼熙) 군이 일어서더니, "그대의 이야기를 듣고 나도 한 마디를 하겠다"고 다음과 같은 말을 했다.

"1916년부터 1922년까지 대영 제국의 총리대신을 지냈으며, 제1대 듀포 백작[1st. Earl df Dufor]의 영위(榮位)를 받은 세계적인 대정치가 로이드 조지(David Lloyd George, 1863~1945)씨는 키가 작기로 유명한 분인데, 일찍기 정견 발표를 하기 위하여 순회 연설차 스코틀랜드 어느 지방을 가게 되었습니다. 그 지방에서는 그를 환영하기 위하여, 또 연설을 듣기 위하여 수만 군중이 모인 가운데 큰 기대를 가지고 모두 긴장하여 기다리고 있었습니다. 그런데 그 위대한 로이드 백작이라고 생각될 만한 사람은 온데 간데 없이 그림자를 감추고, 어디서 난장이됨 직한 조그만 사람이 단상에 나타나는 것이었습니다. 일반 군중은 너무도 의외의 광경에 긴장이 일시에 탁 풀리고, 크게 실망하는 빛이 장내에 떠돌았습니다. 대정치가인 로이드 백작이 이 낌새를 못 차릴 리가 만무했습니다. 그는 첫 허두에서 다음과 같은 말을 했다 합니다. '여러분은 키의 대소를 가지고 사람을 평가하나 보지만, 키를 측정하는 방법이 고금이 같지 않소. 옛날에는 정수리에서 발뒤꿈치까지 재는 것이었지만, 현대의 방법으로는 정수리에서 턱부리까지

머리의 장단을 재는 것이오. 여러분 어디 내 머리를 좀 재보시오'
로이드 씨의 머리는 과연 길었습니다. 이 한 마디에 군중은 그만
감심을 하지 않을 수 없었고, 불을 내뿜는 듯한 그의 웅변에 다시
탄복하지 않을 수 없었다 합니다."

　이상이 해공의 이야기다. 나를 위로하기 위한 이야긴지, 그저 유머
로 한 이야긴지 알 수 없으나, 두 가지가 다 겸한 것이 아닌가 하여,
나는 새삼스럽게 내 정수리부터 턱 끝까지를 쓰다듬어 보았다. 그다
지 짧지는 않은 듯하다.

고집통이들의 위대한 모임

내가 조선어학회 활동에 본격적으로 참여한 것은 이화여전으로 옮겨간 **1932**년부터였다.

그해 여름 학회와 동아일보의 공동 주최로 열린 하기대학 한글 순회강습에서 나는 호남지방을 맡아 광주·여수·순천·논산 등지를 돌았다.

그러나 이것도 다음해 여름 관서(關西)지방 강습 때는 강제로 중단되는 운명을 겪었다. 해주(海州)에서 강습을 마치고 평양으로 떠나려는데, 총독부에서 수해를 핑계로 중지령을 내린 것이다.

조선어학회 일로 빼놓을 수 없는 사건은 뭐니뭐니해도 사전 편찬작업과 이른바 조선어학회 사건이다.

그 중에도 우리말 사전을 만들자는 움직임은 원래 학회 이전부터 있었던 일로, 우리는 한글이 세계에서 으뜸가는 소리글이라는 자부심만은 가졌을 뿐, 사전 한 권도 갖지 못한 것을 부끄러워 했던 것이다.

오히려 외국인들이 우리말 사전을 먼저 만들었다는 사실은 더할 수 없는 수치였다. 1880년 프랑스 외방(外邦) 선교회 신부들이 《한불자전(韓佛字典)》을 만들어 낸 데 이어, 영국인 게일이 《한영자전(韓英字典)》을, 언더우드가 《선영사전(鮮英辭典)》을, 심지어 총독부에서까지 조선어사전을 만들어 냈었다.

그것들은 외국인들이 선교사용으로, 혹은 통치를 위한 수단으로 우리말을 배우기 위해서 우리말의 뜻을 각각 자기네의 말로 주석(註釋)하여 만들어 낸 것이기 때문에 내용이 별로 신통하지 않았지만, 그나마도 만들지 못한 우리의 부끄러움과 자책은 대단히 컸던 것이다.

최초의 움직임은 1924년 주시경 선생이 타계한 후 광문회(光文會)를 중심으로 일어났었다. 주 선생의 제자인 김두봉·권덕규·이윤재 등이 주동이 되어 '말광[사전]을 편찬한다'고 광고까지 내고는 부산히 서둘렀던 것인데, 결국은 경비 문제에 막혀 빛을 보지 못하고 말았다.

그러다 1921년 조선어연구회가 조직됨으로써 사전 편찬의 논의는 다시 일기 시작했고, 1929년에 가서는 좀더 구체화되었다.

조선어연구회는 장지연(張志淵)·이병기(李秉岐)·권덕규·이상춘, 신명균(申明均)·김윤경(金允經)·최두선(崔斗善) 등 당시 사립학교 교사들이 중심이 되어 조직되었다. 그러나 1931년 1월 일본인 이토(伊藤韓堂)가 태평로에다 같은 이름의 기관을 세우고 《조선어(朝鮮語)》라는 잡지까지 발행하는 바람에 부득이 조선어학회라 개칭한 것이다.

수표동 조선교육회관에 자리잡고 있던 학회 회관에서 각계 인사 108명으로 구성된 '조선어사전 편찬위원회'가 조직된 것은 1929년의 일이었고, 이로써 사전사업은 활기를 띠기 시작했다. 자금은 서민호(徐珉濠)·김도연(金渡演)·김양수(金良洙)·최순주(崔淳周) 등이 이끌던 흥업(興業) 구락부의 지원과 독지가 이우식(李祐植) 씨의 희사로 그런 대로 해결했다.

맨 먼저 김두봉을 데려오기 위해 이윤재를 상하이로 보내는 일부 터 시작되었다. 김두봉은 광문회 때부터 경험이 있는 사람인데다 그 때 모은 자료를 가지고 있었기 때문에 누구보다 필요한 인물이었다.

그러나 얼마 후 이윤재는 혼자 돌아왔다. 김두봉은 상하이에 남아 할일이 있어 못 가겠다면서 돈을 좀 만들어 보내 주면 돌아올 수도 있겠다고 여운을 남겼다. 우리는 200원에 가까운 거금을 구해 보내 주었으나 끝내 사람도 자료도 오지 않았다. 얼마 후에 들으니 그는 옌 안(延安)으로 가버렸다는 것이었다. 하는 수 없이 처음부터 시작하지 않으면 안 되었다.

사전 편찬을 위해선 무엇보다 맞춤법의 통일과 다음으로 표준어사 정 및 외래어표기법 통일이 급선무였다.

우리는 1930년 12월 총회에서 맞춤법통일안 제정위원 18명[이 윤재・권덕규・장지영・이희승・최현배・이극로・정인섭・김윤 경・김선기(金善璂)・신명균・이상춘・이만규 등]을 선출, 기초작 업에 들어갔다.

그 당시 학회의 간사장은 이극로였는데, 독일 유학에서 돌아온 그 는 어찌나 학회 일에 열심이었던지 '물불'이라는 별명이 붙었다. 학회 일이라면 물불을 가리지 않고 일한다는 뜻에서였다. 혹은 '소'라고 불 리기도 했다. 이런 별명이 말해 주듯이 경비 조달을 위한 섭외활동에 서부터 학문적인 작업에 이르기까지 극성스러울 정도로 열성이었다.

맞춤법통일안 제정을 위한 제1독회는 1932년 12월 26일부터 개 성에서 열렸다. 개성 유지 공성학(孔聖學) 씨의 경비 지원으로 고려청 년회관에서 열흘 동안이나 계속한 이 작업에서는 일화도 많이 생겼 다. 그 일화들이란 대개 위원들의 고집에서 비롯된 것들이었다.

학자는 원래 고집이 세게 마련이지만, 그 중에서도 유명한 고집통이는 최현배·신명균·이만규·김선기·정인섭 등을 꼽을 수 있다.

최현배와 정인섭은 '경상도 고집'으로 특히 유명했는데, 나는 대한 민국에서 가장 고집 센 두 사람을 대라면 서슴지 않고 최현배와 이승 만(李承晩)을 들 것이다.

나 역시 학문적인 면에서는 보통을 넘는 고집이어서 외솔과 나는 자주 대립을 하곤 했다. 정인섭과도 자주 싸웠다. 우리뿐만 아니라 18 명의 위원 간에도 사사건건 난마처럼 고집이 얽히곤 했다.

회의의 결론은 언제나 다수결에 의한 표결로 매듭을 짓는 것이었 는데, 일단 표결로 결정된 사항에 대해서는 누구나 뒷말 없이 따랐다. 토의가 끝나면 언제 삿대질을 했더냐는 듯이 깨끗하게 화해가 되는 것이었다.

우리의 회합을 방청하던 사람들도 이런 모습에 감동하여 "모든 모 임의 회의는 조선어학회처럼 해야 한다"고 말하곤 했던 것이다.

우리 둘은 두터운 우애를 나누었다

세상에서 나와 외솔 최현배와의 사이를 견원지간(犬猿之間)쯤이나 되었던 것으로 잘못 알고 있는 듯하여 이 기회에 그런 오해를 해명해 두고자 한다. 결론부터 말하면 우리 둘의 사이는 전혀 그렇지 않다. 오히려 인간적으로 두터운 우애를 나누어 왔다.

외솔과 내가 학문적인 이론 면에서 대립되어 온 것은 사실이지만, 학문을 떠나서는 참으로 다정한 친구였던 것이다. 우리 사이를 그렇듯 세상에 잘못 알린 것은 매스컴이 책임을 겨야 할 일이라고 믿는다.

맞춤법통일안 제정작업을 하면서 나와 외솔은 이론적으로 극심한 대립을 보였는데, 그때마다 신문은 두 사람의 사진을 크게 게재하고는 의견을 좀처럼 접근하지 못한다고 보도했다. 이런 일이 잦았으므로 세상에서는 외솔과 나 사이를 나쁜 쪽으로만 인식한 것이다.

외솔이 타계하기 훨씬 전의 일이니까 10년 가까이 되었을 것이다. 이런 일이 있었다.

동국역경원(東國譯經院)에서 불교 용어의 통일을 기하기 위해 불교용어 제정위원회를 만들어 해인사(海印寺)에서 작업을 했는데, 이때 나와 외솔은 함께 위원이 되었다. 우리는 어느 찌는 듯이 더운 날 점심식사를 마친 뒤 둘이서 단짝이 되어 계곡 물을 찾아 알몸으로 목욕을 즐겼다. 이때 서로 장난질을 치곤 하는 모습을 본 다른 위원들은 도무지 이해가 가지 않는다는 표정을 지었다. 그 중 운허(耘虛) 스님과 김동화(金東華) 씨가 "처음 두 분을 같이 위원으로 위촉하면서 우리는 두 분 사이에 일대 격투가 벌어질 것을 예상했는데, 그토록 다정하시니 어쩐 일입니까?" 하고 묻는 것이었다. 그때 왜 우리 사이가 그토록 철저하게 오해되고 있는지 다만 의아스러울 뿐이었다.

이야기가 다시 거슬러오르지만 한글 맞춤법통일안을 위한 개성에서의 제1독회는 10일간의 격론 끝에 끝났다.

이 동안 우리는 그곳 사람들로부터 융숭한 대접을 받았다. 그들 개성사람들은 민족의식이 강했다. 공성학(孔聖學) 씨는 18명 위원 전원의 숙식비 등 경비 일체를 부담해 주었고, 고려청년회관 이사장 황중현(黃中顯) 씨 등 그곳 유지들은 우리를 요리집에 초대하여 성대한 위로연을 베풀어 주었다.

이 회의에서 1) 맞춤법은 표준말을 소리나는 대로 적되 어법에 맞도록 하고, 2) 표준말은 대체로 중류층에서 쓰는 서울말로 하며, 3) 문장의 각 단어는 띄어 쓰되 토는 윗말에 붙여 쓴다는 등 64조에 달하는 원칙을 만들었다.

세부적인 사항은 그 후 소위원회에서 손질을 했고, 제2독회[인천제일보통학교], 제3독회[화계사(華溪寺)]를 거쳐 통일안이 완성되었다. 만 3년 동안 연 1,500명이 동원되어 141차례의 회의 끝에 이룩된 통일안은 1933년 10월 29일 한글날을 맞아 명월관(明月館) 기념식 석상에서 발표되었다.

한글날은 원래 1926년 11월 4일 학회와 신민사가 공동으로 한글

반포 8회갑(480년) 기념잔치를 열면서 이 날을 '가갸날'이라고 칭한 것이 기원이다. 국어학계는 이때부터 해마다 음력 9월 29일에 기념식을 가져왔었다.

이것은 왕조실록(王朝實錄) 세종 28년 9월 조에 시월훈민정음성(是月訓民正音成)[이 달에 훈민정음이 이루어짐]이라고 되어 있는 기록에 근거하여 9월의 끝날인 29일을 반포일로 추정한 것이었다. 그 뒤 1932년부터는 음력을 양력으로 고쳐 10월 29일을 한글날로 정했고, 오늘날의 10월 9일로 수정된 것은 그로부터 훨씬 뒤의 일이다.

맞춤법 다음의 작업은 표준어 사정(査定)이었다.

1934년 여름 표준어 사정위원회가 구성되었다. 위원 구성은 40명이었던 것으로 기억되는데, 이번에는 맞춤법 때와 좀 사정이 달랐다. 방언과 전문용어, 특수용어까지 사정해야 했기 때문에 국어학자가 아닌 사람도 상당수 포함되었다.

우선 서울사람으로 50%, 나머지는 지방 출신으로 하되 인구 비례에 따르기로 했다. 음식, 바느질 등 가정생활과 관련된 특수용어 사정을 위해 이화여전 가사과 교수 방신영(方信榮) 씨와 이숙종(李淑鍾) 씨 등 여자 위원도 두어 명 포함시켰다.

제1독회는 1935년 1월 온양온천에서 열렸다. 제2독회는 우이동 봉황각(鳳凰閣)에서 열렸는데, 이때는 사정위원이 30명으로 더 늘어났다.

이 표준어 사정작업은 1936년 7월 열린 제3독회를 끝으로 마무리되었다.

제3독회 후 이숙종 씨가 근무하던 경성여자상업학교의 기숙사인 금화료(錦華寮)[을지로 2가]에서 수정작업을 한 일이 있었는데, 이때 경찰의 단속을 받았던 일은 잊을 수 없는 에피소드이다.

밤 11시가 넘어 한창 숙의를 계속하고 있는데 옆방에서 잠들었던 여학생들이 갑자기 비명을 지르는 것이었다.

우리가 신고 없이 집회를 하고 있다는 정보를 잡은 경찰이 담을 넘어 들어와 여학생들이 잠든 방으로 쳐들어간 것이다. 잠시 후 우리가 집회하는 방을 찾아 낸 그들은 불법집회라며 모두 연행하겠다고 얼러댔다. 정기적인 독회 때는 언제나 집회 허가를 얻었는데, 이 날만은 신고를 하지 않았기 때문에 당시 학회의 간사장이던 나의 입장은 난처하기 짝이 없었다.

어쩔 줄 몰라 난감해 있을 때 이숙종 씨가 가로맡아 나서더니 "여학생들이 잠든 기숙사에 담을 넘어 들어온 것도 불법이니 이를 반드시 문제삼겠다"고 항의를 하자 그들은 결국 물러가고 말았다.

이튿날 나는 본정서(本町署)에 출두하여 시말서(始末書)를 쓰고 나왔지만 사나이 체면이 말이 아니었던 것은 물론이요, 여장부의 기개에 감탄을 하지 않을 수 없었다.

우연하게 실현된 21년 만의 꿈

외래어표기법에 이르러서는 맞춤법이나 표준어의 경우보다 더 오랜 시간과 우여곡절이 요구되었다.

1931년 정인섭·이극로·이희승 등 **3명**의 책임위원이 기초작업에 착수했던 것인데, 최종안이 확정된 것은 **8년** 만인 **1938년**이었다. 그 동안 위 세 사람 외에 최현배·정인승·이중화·김신기 등도 이 작업에 참여한 것은 물론 국내 각계의 의견이 고루 참작되었으며 해외 학자들의 협조도 많이 받았다.

이렇게 방대한 작업 끝에 이루어진 통일안이었다. 그러나 이 외래어표기법 통일안은 한동안 세상에 발표될 행운을 갖지 못하다가 **1940년 6월**에야 몇 가지 수정을 덧붙여 겨우 발표되었다.

이 무렵은 일제(日帝)가 우리 민족의 혼마저 짓밟아 버리려는 가공할 문화 말살정책을 쓰기 시작한 때였다.

모든 학교에서는 국어 과목이 폐지되었고, 공부시간에는 우리말을 쓰지 못하도록 강요되었다. 그런데 아이러니컬하게도 일제의 이러한 탄압책이 나에게 뜻하지 않았던 보너스를 가져다 주었으니 그것이 바로 도쿄 유학이다.

수업시간에 일본어로 강의를 하도록 발악하던 저들은 한국인 교수들의 일본어가 너무 서툴다는 이유로 교수들에게 일본 여행을 강요하고 있었다. 이화여전도 예외일 수 없었다.

월파 김상용이 1938년부터 1년 동안 도쿄에 다녀오자 내 차례가 되었다. 이화에서는 원래 서양인 교수들에게 안식년(安息年)이라 하여 7년마다 1년씩 휴가를 주어 왔는데, 학교 당국은 일어교습이라는 명목을 붙여 우리에게도 휴가 출장을 주었다.

나의 언어학 연구를 위해선 안성마춤의 기회였다.

나는 1940년 초 도쿄에 건너가자 바로 도쿄제국대학으로 은사인 오구라(小倉進平) 교수를 찾아갔다.

대학원 언어학과에 시험을 치르겠다고 했더니 오구라 선생은 "이 군이야 내가 가르친 제자인데 새삼스레 무슨 시험이야"면서 학기 초부터 등록을 하라고 했다.

중학 졸업 때 입지(立志)한 나의 도쿄 유학은 이렇게 해서 21년 만에 참으로 우연하고도 아이러니컬하게 실현된 것이다.

도쿄제대 대학원에는 경성제대 1년 선배인 김계숙(金桂淑) 씨가 철학과에 있었고, 몇해 후배인 김수경이 언어학과에, 장후영(張厚永)이 법과에 재학 중이었다.

학부에서는 김상협(金相浹) · 유기천(劉基天) · 황수영(黃壽永) · 신도성(愼道晟) 등 당대의 수재(秀才)들이 공부하고 있었다.

우리는 같은 학교에서 공부한다는 동문(同門) 의식보다는 같은 민족이라는 혈연으로 더욱 친하게 지냈다. 물론 나는 40이 넘은 늙은 학생이었으면서도 스스럼 없이 그들과 어울렸다.

휴일이면 등산과 여행을 함께 즐기곤 했는데, 이즈(伊豆)반도의 아타미(熱海), 코마무라(高麗村), 쿠사쓰(草津) 등을 구경할 수 있었던 것도 모두 이들과 어울린 덕분이었다.

그해 겨울방학, 동료들이 모두 귀성하고 혼자 남게 되었을 때 나는 혼자 관광선을 타고 오지마(大島) 관광을 했다.

오지마는 휴화산(休火山)으로 그때까지도 가끔씩 분화구에서 연기가 솟아나곤 했다. 이곳은 일본 청춘 남녀들의 이른바 신쥬(心中)[연인끼리의 동반 자살] 장소로 유명한 곳이었다.

도쿄 유학은 1년 만인 1941년 3월에 끝났다. 나는 이화여전에 복직을 하자마자 문과 과장이 되었다. 그때까지 과장으로 있던 월파가 학감으로 승진하고 내가 그 뒤를 이은 것이다.

그 무렵은 학무 당국의 간섭이 하도 극성스러워 과장이란 직책은 거추장스럽고 귀찮은 자리였으나 마다할 수도 없는 노릇이었다.

1941년 12월 8일 일본이 진주만을 기습 공격함으로써 발발한 제2차 세계대전은 우리 민족에게 극도의 간난(艱難)과 신고(辛苦)를 더해 주었다.

이화의 학생들도 예외일 수 없어 숫제 여공 신세, 혹은 빨래꾼 신세로 전락하고 말았다.

저들은 군복을 만드는 이에서부터 병사들의 속옷을 세탁하는 일에까지 여학생들을 동원했다. 4~50대의 재봉틀이 있는 가사실은 군복 제조창으로 변했다. 공부란 어쩌다 일진이 좋을 때 한두 시간씩 뿐이요, 대개는 그런 전쟁놀이에 쫓겨야 했다.

문과 과장으로서의 나는 트럭에 싣고 들어오는 일감들을 일일이 세고 확인하고 반납하는 일에 온 신경을 다 써야 했는데, 웬일인지 가끔 일감에 축이 나게 되면 일본 군부로부터 학교 당국이나 책임자인 나나 그 일에 종사했던 학생들에게 가혹한 책임 추궁을 하는 일이 많았다. 또 이화여전의 외국인 교수들을 비롯하여 국내의 외국인 선교사들은 본국으로 추방당해야 했다.

이화의 본관에 달렸던 십자석(十字石)도 떨어져 달아났다. 문과에서 해마다 공연해 오던 영어 연극도 중지당했다. 대신 일어극(日語劇)을 하라는 것이었다.

나중에는 학생들까지 이른바 센닌바리(千人針) 운동에 동원되어 길거리에 나서야 했다. 센닌바리란 긴 무명천에 여자 1,000명이 한 땀씩 바느질을 한다는 뜻이었는데, 이것을 출전하는 병사가 배에 두르면 총알을 막아 낸다는 것이었다. 말하자면 수많은 여성의 정성이 담긴 일종의 부적인 셈으로, 온 국민의 정신을 전쟁에 집중시킨다는 허황된 수작이었다.

또한 온 국민을 저들의 신사(神祀)라는 곳에 강제로 참배를 시키기도 했으며, 진주만을 공격한 12월 8일을 기념한다고 매달 8일을 '애국일'인가 해서 각 직장과 단체에서는 억지 기념식을 해야 했다.

여학생들에게 '몸뻬'라는 해괴한 옷을 입힌 일제는 물자절약을 이유로 1942년에는 졸업식마저도 6개월이나 앞당겨 버렸다. '이화여전 여자청년연성소(女子靑年鍊成所) 지도자 양성과'라는 긴 이름으로 교명조차 바뀌고 수업연한과 교과과정까지 대폭 단축되었던 것은 내가 어학회 사건으로 검거된 이후의 일이다.

그야말로 단말마적인 발악이었다.

이번 사냥에는 소득이 몇 마리냐?

'잠깐'이 뼈를 깎는 고통스런 3년간의 옥살이로 변했다.

1942년 10월 1일 새벽 우리집에 들이닥친 2명의 형사는 "잠깐만 같이 가자"고 했다. 무엇을 물어볼 것이 있다는 것이었다.

이렇게 그들을 따라 나선 것이 이른바 조선어학회 사건의 시작이었다. 그 날은 월파(月坡) 등 이화의 동료들과 등산을 가기로 한 날이었다.

학무 당국의 지시에 따라 1943년 3월에 졸업할 학생들이 그 해 9월 25일에 졸업을 했고, 번거롭고 까다로운 졸업식을 치르고 나자 심신의 긴장이 한꺼번에 풀려 푹 쉬고 싶던 참이었는데, 마침 10월 1일이 공휴일이어서 그렇게 약속했던 것이다. 그 날은 또한 일제가 이른바 반도 통치를 시작한 시정(施政) 기념일이기도 했다.

날이 채 밝기도 전에 요란하게 대문을 두드리는 소리에 잠이 깨어 대문을 열어 주었더니 뜻밖에도 서대문서(西大門署)에서 왔다는 고등계 형사 두 사람이 버티고 서 있었다. 그 중 신(申)모라는 한국인 형사가 "누군가 했더니 바로 이 선생이군!" 하고 아는 체를 했다. 신촌 지역 담당이어서 나를 알아보겠다는 것이었다. "무슨 일이냐" 했더니 잠깐 서(署)까지 같이 가자는 것이었다. 가보면 알 것이라고 했다.

40이 넘도록 경찰서에 가야 할 일을 저질러 본 일이 없는 나로서는 궁금하기 짝이 없었다. 양친과 집사람, 그리고 중학에 다니는 아이까지 모두 잠에서 깨어 불안에 떨고 있었다.

나는 "죄진 일이 없으니 별탈이야 있겠는가"고 식구들을 안심시키고 그들을 따라 나섰다. 내가 채비를 갖추는 사이에 그들은 내 방을 샅샅이 뒤져 일기장과 국어에 관한 책들을 챙겼다.

서대문서 고등계에 연행된 나는 몇 시간 동안 아무런 조사도 받지 않은 채 사무실에 갇혀 있다가 상오 11시쯤에야 그들을 따라 전차를 탔다. 도무지 궁금하고 답답하여 견딜 수 없었지만, 그들도 "모르겠다"고 했다. 세종로 네거리에서 전차를 갈아 타고 중앙청 앞에서 내렸다. 내 평생에 공짜 전차를 타보기는 처음이었다.

그들은 나를 경기도청[현 문화관광부 옆 공원자리] 안에 있는 경기도 경찰부 유치장에 처넣었다.

난생 처음 들어가 본 유치장이었다. 똥통 옆에 엉거주춤 앉아 있는데 저 안쪽 상좌에 앉았던 사람이 "아니 이 선생 아니십니까?" 하고 반색을 했다. 양정(養正)의 김교신(金敎臣) 선생이었다. 나도 반가왔지만 그는 더욱 반갑고 의아스런 양 나를 끌어다 자기 옆자리에 앉게 했다. 무교회주의 종교 철학자 우치무라(內村鑑三)의 제자이던 그는 무슨 민족운동을 했다는 혐의로 잡혀 들어왔다고 했다.

나중에 안 일이지만 이때 그를 만나지 않았더면 나는 첫날부터 큰 수모를 당할 뻔했다.

감방의 세계란 그때나 지금이나 마찬가지여서 신입자에 대한 '고참'들의 행패란 여간 심하지가 않았다. 두말 할 것도 없이 나는 맨 말석 똥통 옆자리에 쭈그리고 앉아 '신고'라는 꼭두각시 놀음으로 그들의 심심풀이가 되었을 것이다.

그러나 그 방에서 가장 고참인 김교신 선생의 특별 배려로 일약 차석에 진출했던 것이다.

몇 시간 뒤 장지영·최현배·김윤경 등이 차례로 옆방에 들어왔다. 이런 사실은 간수의 호명 소리를 듣고 김 선생이 옆방과 '통방(通房)'을 하여 확인했다.

나는 그제서야 "아하, 조선어학회에 무슨 동티가 났구나" 하고 짐작했다. 그러나 아무리 생각해 보아도 문제가 될 일이 없었다.

사전 편찬사업이 그들의 신경을 자극할 만한 일이긴 하나 이렇게 무더기로 사람을 잡아 가둘 수가 있을까 싶었다.

별일 아니겠지 하고 억지로 자위하는 동안 그 날이 가고 새 날이 밝았다. 그 날도 종일 아무런 조치가 없더니 밤늦게야 덜커덩거리는 소리와 함께 우리들의 이름을 부르는 것이었다.

"그러면 그렇지. 석방이구나."

나는 마음속으로 쾌재를 불렀다.

그러나 형사들은 우리들의 손에 수갑을 채우고는 포승줄로 수갑을 묶었다. 마치 우리를 비웃두름 엮듯 묶고 나서 한국인 형사 한 녀석이 "이번 사냥에는 소득이 몇 마리야?" 하고 떠들어대는 것이었다.

세상에 태어나 이토록 모욕적인 언사를 당하긴 처음이었다.

'몇 마리'라니? 분하고 억울하기 이를 데 없었지만, 우리는 그들에 의해 행선지도 모르고 또 끌려가야만 했다.

우리들 외에도 같은 날 본정서(本町署)와 종로서(鍾路署)에 잡혀왔던 이윤재·이극로·정인승·권승욱(權承昱)·한징(韓澄)·이중화·이석린(李錫麟) 등 7명이 우리처럼 묶인 채 끌려 와 있었다. 우리까지 모두 11명이었다.

전차에 탔다. 승객들이 의아스런 눈길로 쳐다보았다. 고개를 들 수가 없었다.

경성역(京城驛) 앞에서 내려 기차에 올랐다.

"어디로 가는 거냐?"는 물음에 그들은 시종 가보면 안다고만 했다.

그들은 우리에게 단 한 마디도 말을 나누지 못하게 엄중히 경계하며 저희끼리 차 내에서 자축연을 벌였다.

심란하고 지리한 밤이 가고 날이 밝았을 때 나는 기차가 신고산역을 지나고 있음을 알았다. 비로소 함경도 쪽으로 간다는 것을 알았다.

그러나 원산을 지나고 영흥을 지나도 아무 소식이 없더니 함흥에 도착하자 이극로 · 권승욱 · 정인승 등 3명이 끌려 내렸다. 우리는 그대로 남았다. 도무지 알 수 없는 일이었다.

기차가 전진(前津) 정거장에 이르렀을 때에야 우리는 비로소 홍원(洪原)이 우리의 종점임을 알게 되었다.

족쇄를 풀고 칠불당으로 가다

홍원경찰서 유치장은 일반 잡범들과 어학회사건과 관련되어 끌려온 함흥 영생(永生)여학교의 여학생들로 만원이었다.

경찰은 마치 만원버스의 차장이 손님들을 밀어넣듯 우리를 비좁은 감방으로 우겨 넣었다.

그래도 8명밖에 들어가지 못하자 나와 이윤재·한징 등 3명은 유치장 앞 복도에 남아 있어야 했다.

그들은 어디선가 3인용 족쇄를 가져오더니 우리 세 사람의 발목을 족쇄 구멍에다 넣고 자물쇠를 잠갔다. 족쇄는 커다란 작두처럼 생겨, 보기만 해도 끔찍한 것이었다. 우리는 말 한 마디도 나누지 못하도록 감시를 받았다.

때가 되면 음식이라는 것을 주었으나 보리·옥수수·귀리 등을 제대로 익히지도 않은 주먹밥이었다. 그토록 험한 밥을 먹어본 일이 없는 터였으니 제대로 먹힐 리도 없었고, 생명의 부지를 위해 억지로 먹는 음식이었으니 소화가 될 리 없었다. 당장 배탈이 났다.

가장 곤란한 일은 용변을 보는 것이었다.

용변을 보게 해달라고 청하면 간수들은 처음 한두 번은 들은 체도 않았다. 하도 급해서 5, 6차례 애걸을 해야 그들은 짜증과 거드름을 피우며 족쇄를 풀어 주었다.

이 같은 곤경은 얼마든지 있었다. 잠잘 때도 족쇄에 발목이 잠긴 채였으므로 고통이 이루 말할 수 없었고, 마음대로 옷을 벗고 이를 잡을 수 없는 고통 또한 대단한 것이었다. 세 사람이 같은 족쇄를 차고 반듯이 누웠다고 상상해 보면, 당해 보지 않고는 알 수 없는 고통을 조금은 짐작할 수 있을 것이다. 게다가 가려운 것을 참아내는 일이란 또 얼마나 괴로운 것이었겠는가.

그들은 잠잘 때면 낡은 담요 자락을 한 장씩 내주었는데, 이것이 이가 들끓는 더러운 것이어서 삽시간에 온몸에 이가 스멀거렸다.

감방 안에 든 사람들은 자유롭게 옷을 벗어제치고 이를 잡을 수도 있지만, 감방에서 여학생들이 지켜보고 있었기 때문에 복도에 있는 우리에겐 그 한 가지의 자유도 허용되지 않았다. 발목이 잠기지 않았고 자유롭게 용변을 볼 수 있으며, 마음대로 이를 잡을 수 있는 감방 안이 마치 불당(佛堂)이나 되는 것처럼 부러웠다. 어쩌다 우리끼리 소곤거리기만 해도 간수가 달려와 발길질을 했다. 몰래 말을 나누던 영생학교 여학생들에게 냉수를 퍼붓는 일도 있었다.

그러나 아무리 말려도 말을 하지 않고 견딜 수는 없었다. 이윤재는 간수가 안 보는 틈을 타 "이 선생, 풀려 나가거든 광나루 건너 우리 과수원에 놀러오슈" 하고 소곤거렸다. 10여 일을 이렇게 지내고 감방 안의 잡범들이 하나 둘씩 송국(送局)[검찰로 송치]당하고 나서야 우리는 '불당(佛堂)' 안으로 옮겨졌다.

이 감방에서 우리는 함흥형무소로 옮길 때까지 만 1년을 지냈다. 처음에는 이윤재·한징 등과 함께 들었으나 최후까지 함께 있었던 사람은 나와 김윤경·이병기·정인승·이은상·김선기·이석린 등 7명이었다.

그래서 우리는 이 감방을 '칠불당(七佛堂)'이라 했다. 족쇄에서 풀려나 용변을 마음대로 볼 수 있는 자유를 누리게 된 데다 종일토록 입을 다물고 부라질이나 하고 앉았으니 부처님이나 다를 바 없어 칠불당이라 이른 것이다. 관계자들이 모두 검거될 때까지 경찰은 우리에게 아무 조치도 없이 내버려 두었다. 실로 무료하고 답답한 세월이었다.

이은상(李殷相)은 말재주가 좋아 우리의 큰 위안이 되었다. 그는 은근한 재담과 음담을 잘 들려 주어서 우리는 심심하면 그에게 얘기를 조르곤 했다. 가장 나이 어린 이석린은 특히 근심이 많았다. 결혼한 지가 얼마 되지 않아 부인과 어린 자식을 무척이나 보고 싶어했다. 그럴 때마다 이병기는 "전화위복이 될 터이니 너무 걱정 말라"고 낙천적으로 타이르곤 했다. 걱정으로 말하면 나도 이석린 못지 않았다.

그를 제외하고 다른 동지들은 대개 자식을 일찍 두어 그 무렵 모두 장성했지만, 나는 70세가 넘은 양친을 모시던 터에 외아들 교웅(敎雄)은 겨우 중학에 다니는 코흘리개였으니 뒷걱정이 안 될 수가 없었다. 제2차 세계대전으로 인한 각종 물자난이 혹심하던 때라 가족들이 모두 굶어 죽지나 않았을까, 방정맞은 생각이 들기도 했던 것이다. 우리들에 대한 본격적인 조사는 그해 12월 말부터 시작되었다.

10월 1일 처음으로 우리 11명이 검거된 데 이어 10월 20일을 전후하여 제2차로 이병기·이만규·이강래·김선기·정열모·김법린(金法麟)·이우식(李祐植) 등 7명이 검거되었고, 12월 23일부터 1943년 1월 초에 걸쳐 제3차로 서승효(徐承孝)·안재홍·이인(李仁)·김양수·장현식·정인섭·윤병호(尹炳浩)·이은상·김도연·서민호 등이 차례로 검거되어 들어왔다.

이듬해 3월 초에 검거된 신윤국(申允局), 김종철(金鍾哲) 등을 합하여 피의자로 검거된 사람은 모두 33명이요, 50여 명이 증인으로 연행되었다. 권덕규·안호상은 신병으로 구속을 면했다.

처음 조사를 시작할 때는 제법 신사적으로 나왔다. "사회적으로 명망 높은 분들이니 신사적으로 대접해 주겠다"고 제법 공손하게 대했다.

그러다가 얼토당토 않은 질문에 사실이 아니라고 대답하자 드디어 손찌검을 해왔다. 안경이 떨어져 나가 박살이 났다.

사상범을 다르는 데는 자칭 백전노졸(百戰老卒)이라는 고등계 형사의 마각이 드러나기 시작한 것이다.

사건의 발단

한 여학생의 일기장

조선어학회 사건은 참으로 우연하고 사소한 데서 발단이 되었다.

이미 잘 알려져 있는 바와 같이, 이 사건은 한 여학생의 일기장 속에 있던 근거 없는 글 한 구절로 비롯된 것이며, 거기에 한 가지 덧붙인다면 홍원경찰서의 한국인 형사 한 사람의 끈덕진 공명심으로 사건이 가능했다는 점이다.

1942년 한여름 어느 날 함경남도 홍원읍의 전진(前津) 정거장 대합실에서 홍원서(洪原署) 고등계 형사 후카자와(深澤)라는 자가 한국인 청년 한 사람을 불심 검문했다.

"자네 어디서 온 사람이야?"

모든 사람이 힘을 짜내 전쟁을 수행해가는 마당에 이 청년은 국방복 대신 한복 차림으로 머리에는 기름을 발라 멋지게 빗어 넘겼으니 한눈에 '불순분자'로 보였던 것이다.

"홍원읍에 사는 박병엽(朴炳燁)이오."

청년은 퉁명스레 대답했다.

홍원 육영학원의 설립자요 어업조합장의 아들인 박병엽은 메이지 대학(明治大學) 상과를 졸업한 지식 청년이었고 반일(反日)감정 또한 강했다. 지장일(池章逸)이라는 친구를 마중 나왔다는 말에도 형사는 쉽사리 물러서지 않았다.

잠시 후 지(池) 청년이 기차에서 내려 박(朴) 청년과 해후하고 나자 형사는 다시 지 청년을 검문했다. 그리고는 아무런 꼬투리를 잡을 수 없었으면서도 형사는 그들을 경찰서로 연행했다. 이들은 곧 풀려났지만 고등계 형사 3명은 다시 박 청년의 집으로 찾아가 가택수색을 했다. 그러나 박 청년의 방에서는 책을 모조리 뒤져봐도 별것이 없었다.

그런데 3명의 형사 중 야스타(安田)라고 창씨를 한 안정묵(安正默)이라는 한국인 형사가 박의 조카 박영옥(朴英玉) 양의 일기장을 찾아냈다. 사건의 발단이 된 일기장이었다.

그때 박영옥은 함흥 영생여학교 4학년 학생으로 여름방학을 맞아 집에 와 있었다.

안정묵은 무엇이라도 한 가지 꼬집어 낼 욕심으로 "일기장이 재미난다"며 빌려가는 형식을 취했다. 그리고 그 날 밤의 일이었다. 박양의 일기장을 읽던 안정묵은 무릎을 쳤다. "국어(國語)를 상용하는 자를 처벌하였다"는 한 구절을 발견한 것이다.

국어라면 일본어가 아닌가. 일본어 상용자를 학교에서 처벌했다니 이런 반국가적인 행위가 어디 있는가.

안(安)의 눈동자는 공명심(功名心)으로 빛났다. 더욱 담임교사의 검인까지 찍혀 있으니 영생여학교의 공식적인 확인까지 된 셈이다.

이튿날 안은 주임에게 이 사실을 보고하고 입건해야 한다고 주장했다. 사실 문제의 구절 중 '국어'란 우리말을 뜻하는 것으로 반항 심리에서 나온 표현이었으며, 담임 선생은 내용을 읽어 보지도 않고 사무적으로 검인을 찍어 준 것뿐이었다.

박영옥 양은 당장 경찰서에 끌려와 닦달을 받았다. 그러나 구체적인 혐의를 잡지 못했다.

"그까짓 아이들의 장난이니 그만 두는 게 좋지 않을까?"

다른 형사들은 덮어 두자고 했지만 안정묵은 꼭 배후가 있으니 두고 보라고 했다.

박양의 친구 이성희(李城姬)·이순자(李順子)·채순남(蔡順南)·정인자(鄭仁子) 양 등이 차례로 불려 왔다. 매질과 회유로 여학생들은 정태진(丁泰鎭)·김학준(金學俊) 두 교사의 이름을 대지 않을 수 없었다.

김학준은 도쿄의 어느 대학에서 경제학을 한 사람이고, 정태진은 콜럼비아 대학에서 철학과 교육학을 공부한 사람으로 수업시간에 학생들에게 세계정세와 일본의 불안한 장래, 우리 민족의 우수성 등을 곧잘 설명해 주었던 것이다.

그 무렵 정태진은 영생여학교를 그만 두고 조선어학회에서 사전 편찬 실무를 맡고 있었다.

그는 경찰에 불려 와 "학생들에게 민족의식을 고취한 사실이 없다"고 했지만, 끝내 그들이 요구하는 대로 불지 않을 수 없었다. 온갖 고문과 회유에 굴복한 그는 조선어학회가 민족주의자들의 단체라는 억지 자백을 한 것이다.

그리하여 그들은 어학회 간부들과 회원들, 그리고 사전 편찬사업을 지원하던 사람들을 모조리 검거하기에 이르렀고, 어학회 사무실에서 거의 정리되어 가던 어휘 카드 등 자료를 압수했다. 이 사건만 없었던들 사전은 곧 만들어졌을 것이다.

그 무렵 조선어학회는 독지가 정세권(鄭世權) 씨가 지어준 화동(花洞)의 회관에서 본격적인 사전 편찬작업을 착착 진행 중이었다. 이중회·권승욱·한징·이석린·정태진·김병제 등이 어휘를 뽑아 주석을 달고 카드를 작성하는 등 실무를 전담하여 거의 완성 단계에 이르렀던 것이다.

이 사건을 두고 경찰에서도 한때 고민이 많았다고 한다.

안정묵의 마구잡이 수사로 사건을 벌여놓고 보니 이른바 피의자들 진술 내용에는 구체적인 범죄 사실이 없었고, 더욱 물증이 없어 당황했다는 것이다.

홍원경찰서는 물론 함경남도 경찰부의 간부들도 긁어부스럼이 아닌가 해서 입건이 무리하다는 판단을 하고 있었다는 것이다.

이 무렵 총독부 경무국 외사과장(外事課長)이 현지 시찰을 왔을 때 그들은 사건 처리에 대한 자문을 구했으나 그도 즉석에서 판단을 하지 못하고 "상부에 물어 지시하겠다"고 했다.

그 뒤 총독부는 "요시찰인(要視察人) 중에서 위험분자는 모두 검거하여 엄중히 처벌하라"는 예비 검속령을 내렸다. 현지 경찰은 이 명령이 어학회 관계인사들을 엄중 조치하라는 뜻으로 해석하고는 본격적인 고문으로 사건을 조작하기 시작한 것이다.

사람백정이 벌이는 다양한 고문

조사를 받는 동안 우리가 당한 고문은 필설(筆舌)로는 이루 다 표현할 길이 없다. 잡혀간 지 두어 달이나 지난 12월 중순 어느 날 경찰은 우리를 한 사람씩 불러냈다.

조선어학회에서 한 일을 조목조목 들어가며 상세히 쓰라는 것이었다. 사실대로 자술서라는 것을 써냈더니 그들은 "이 따위 것을 쓰라고 예까지 데려온 줄 아느냐?"며 다시 쓰라고 했다.

더 좀 구체적으로 써내면 또 찢어발기며 다시 써라, 이렇게 얻어터지며 다시 쓰기를 10여 차례 계속했다. 나중에는 저들이 유도와 검도를 수련하는 무덕전(武德殿)이라는 방으로 끌고 갔다. 널찍한 곳에서 본격적인 고문을 하겠다는 뜻이었다

"조선의 독립을 획책하기 위하여, 상하이(上海) 임시정부의 지령에 따라 사전을 만들고 있었다"는 사실을 자백하라고 다그쳤다.

저들의 표현에 의하면 고문에는 육전(陸戰)·해전(海戰)·공전(空戰) 이렇게 세 가지 종류가 있다.

육전이란 각목이나 목총이나 무엇이든 닥치는 대로 집어 아무 데나 마구 후려치는 것이었다. 목총이 뎅겅뎅겅 부러져 달아났고 머리가 터져 피가 흘러내렸다. 처음 몇대를 맞을 땐 견디기 어려울 정도로 고통스러웠지만 나중에는 별 감각이 없어진다. 그러면 그들은 해전이나 공전으로 들어간다.

길다란 나무 판대기 걸상에 반듯하게 뉘고 묶은 뒤에 커다란 주전자로 콧구멍에 물을 붓는 것이 이른바 해전이란 것이다. 콧구멍으로 들어간 물은 기관을 따라 폐부에 스며들고, 입으로 들어간 물은 위로 들어가 삽시간에 만삭의 여자처럼 배가 불러지면 누구든 기절을 하고 만다. 그러면 감방에다 처넣고 주사를 주고 약을·먹여 정신이 들면 공전에 내보낸다.

두 팔을 뒤로 묶어 팔 사이에 작대기를 지르고는 양쪽 끝을 밧줄로 묶어 천장에 달아맨다. 처음에는 짚단을 발 밑에 괴어 주지만 저들이 지어낸 물음에 "모른다"고 대답하면 짚단을 빼버린다. 그리고는 달아맨 두 줄을 마치 그네줄 꼬듯 한참 꼬았다간 풀어놓는다. 팔이 떨어져 나갈 듯한 고통과 심한 어지러움으로 누구든 10분도 못 되어 혀를 빼물고 기절을 하고야 만다.

지금 생각해 봐도 치가 떨리며 등골이 오싹한 일이다. 나는 재수없게도 가장 악독하기로 이름난 안정묵의 담당이어서 더욱 혼쭐났다. 그때의 담당 형사 중 가장 악독한 고문의 명수라 해서 그는 '사람 백정'이라 불렸었다.

이극로는 조선어학회의 대표라 해서 독방에 갇혔고 남보다 심한 고문을 당해야 했다.

이윤재는 상하이에 갔다 온 사실로 더 고초를 겪었다.

김두봉을 데려오기 위해 상하이에 갔던 일을 저들은 임시정부의 지령을 받고 온 것이라 우겨댔던 것이다.

가장 감내하지 못할 일은 동료들이 고문당하는 것을 목격하는 일이었다. 당하고 있는 동료가 불쌍하다고만 하는 뜻에서가 아니라 '곧 나도 저 꼴을 당하겠구나' 하는 본능적인 공포심 때문이었다. 실제로 당하는 게 차라리 낫지, 그 꼴은 정말 못 볼 노릇이었다.

그들은 어휘 카드에서 '태극기는 대한제국의 국기' '창덕궁은 대한 제국 황제 순종이 거처하던 궁궐'이라 주석한 것을 내놓고 "민족정신을 함양하기 위한 것이 아니냐"고 물었고, 심지어 '서울'에 대한 주석이 '도쿄'보다 길고 자세하다고 트집을 잡기도 했다.

그들의 요구대로 "민족정신 함양을 위해서였다"고 시인하면 "그것은 곧 조선 독립을 궁극적 목적으로 한 것이 아니냐?"고 물었다. 그렇다고 하면 '반국가적'이라고 결론을 내리는 것이었다.

말하자면 3단논법이다. 예정된 결론으로 이끌어가기 위한 유도심문이었던 것이다.

이윤재와 김윤경은 수양동우회(修養同友會) 사건에 연루되어 이러한 3단논법에 걸려들었다가 무죄 판결을 받았던 경험이 있어 "간접목적에서 한 행동은 범죄가 되지 않는다"고 우리의 무죄를 예언하기도 했다.

경찰의 조사가 끝난 것은 1943년 3월께였다. 우리는 하루속히 검찰에 송국되는 날을 고대했으나 그들은 몇달이 지나도록 그냥 내버려두었다. 결국 송국이 생략되었고 대신 검사가 경찰서로 출장을 나와 조사를 시작한 것은 8월부터였다. 담당 형사가 배석한 자리에서 진술 내용을 부인하면 검사는 벽력같이 소리를 질렀다.

아오야기(青柳五郎)란 이 검사는 경성고상(京城高商)을 거쳐 큐슈 대학(九州大學) 법과를 나와 검사가 된 사람으로 낭인(浪人) 아오야기 남메이(青柳南溟)의 아들이어서 성미가 고약했다. 그뿐 아니라 경찰 조서를 부인한 사람은 영락없이 그 날 밤 담당 형사에게 불려가치도곤을 당하곤 했다.

검사에게조차 혹독한 고문으로 억지 자백을 했다는 진술을 하지 못한 우리의 홍중은 너나 없이 착잡했다. '미리 짜여진 각본대로 착착 진행되는구나' 하는 생각이 들 뿐이었다.

고분고분 고백하는 게 신상에 좋다구?

1년을 끌어온 조사의 결과는 이른바 치안유지법 제1조의 내란죄에 저촉된다는 것이었다.

이극로·이윤재·최현배·이희승·정인승·정태진·김양수·김도연·이우식·이중화·김법린·이인·한징·정열모·장지영·장현식 등 16명은 기소, 이강래·김윤경·김선기·정인섭·이병기·윤병호·서승효·이은상·서민호·이만규·권승욱·이석린 등 12명은 기소유예가 되었다.

우리가 함흥형무소로 이감된 것은 9월 12~13 양일간이었다. 행선지도 모르는 채 홍원으로 끌려온 지 만 1년 만이었다.

용수를 쓴 채 함흥으로 이송되는 기차 안에서 '사람 백정' 안정묵은 "이희승, 신문 보고 싶어?" 하며 읽던 신문을 던져 주었다. 그 신문에는 제2차 세계대전의 3추축국(三樞軸國)의 하나인 이탈리아가 항복했다는 놀라운 기사가 실려 있었다.

그렇다면 일본의 운명도 얼마 남지 않았음은 자명한 일이 아닌가.

나는 너무도 기쁘고 놀라와서 함흥역에서 형무소로 끌려가는 동안 이윤재 등 동료들에게 이 사실을 귀뜸해 주었다.

함흥형무소에선 모두 독방에 들었다. 경찰서 감방에서 입었던 한복을 벗고 푸른색 미결수의를 입었다. 미결수 번호 646번, 이것이 그 속에서의 내 이름이었다.

기소유예 처분을 받은 동료 12명도 일단 형무소 감방에 갇혔다가 며칠 후(9월 18일) 모두 석방되었다.

곧 시작된다는 예심은 한 달이 넘도록 기척이 없었다. 경찰서에서 형사들이 하던 말이 사실임을 알았다.

형사들은 우리에게 "빨리 조사를 받고 넘어가는 게 신상에 좋다"고 공갈을 쳤었다. 예심이란 몇년 몇달이 걸릴지 모르는 것이니 고분고분 자백을 하고 하루빨리 넘어가는 게 좋다는 뜻이었던 것이다.

그 무렵 예심제도란 사상범에 한해 적용하던 것인데, 표면상으론 신중을 기하기 위한 것이라 했으나 사실은 사상범들을 더 오래 형무소에 묶어 두기 위한 양두구육(羊頭狗肉)의 제도였다.

2개월이 지난 11월 중순께부터 예심이 시작되었다. 예심 시작 며칠 전 예심 판사는 우리를 한곳에 모아 놓고는 "진정할 사항이 있으면 기탄 없이 말하라"고 했다. 우리는 이미 그들의 술수에 면역이 되어 있는 터여서 그들의 말은 들은 체도 않고 2개월여 만에 서로 얼굴을 맞대게 된 기쁨을 나누었다.

그런데 한징이 번쩍 손을 들었다. "형무소에서 주는 정량 미달의 주먹밥만으론 배가 고파 살 수 없다"고 항의하는 것이었다. 그의 얼굴모습은 무섭도록 수척해 있었다. 그것이 그의 마지막 모습이 될 줄은 몰랐다.

예심에서도 마찬가지였다.

조선어연구회를 조선어학회로 개칭한 것에서부터 이윤재의 상하이행(上海行), 사전 편찬사업 등 일련의 움직임이 상해 임시정부의 지령에 의하여 조선의 독립을 획책하기 위한 것이 아니었느냐는 판에 박은 물음의 되풀이에 불과했다.

고문에 의한 허위자백이었다는 사실을 검사에게조차 진술할 기회를 갖지 못했던 우리는 일루의 희망을 걸고 나카노(中野虎雄)라는 예심 판사에게 그 사실을 말했다. 그러나 그도 마찬가지였다. 경찰과 검찰에선 시인하고서 왜 지금 와서 부인하느냐고 꽥꽥 소리를 질러댔다.

사전 편찬의 의도에 대해 내가 고대 그리스 어와 아라비아 어 등을 예로 들어 "문자란 인류의 문화적 업적이므로 영원히 남길 가치가 있는 것이다"라고 설명하자, 그는 "그래애?" 하면서 비꼬는 듯한 표정을 지었다.

예심은 1944년 9월 30일에야 종결되었다. 장지영·정열모는 면소가 되었고, 이윤재·한징 등 두 동지는 옥중 원혼이 되었기 때문에 12명만이 기소가 확정되어 재판에 넘겨졌다.

그해 겨울은 유난히도 추웠다. 게다가 전황(戰況)이 날로 급박해 가고 있었기 때문 식량난 등 각종 물자난도 심해갔다. 귀리·옥수수·감자·수수·피·기장 등 잡곡을 쪄서 뭉친 주먹밥만으로, 혹은 썩은 콩깻묵 한 덩이씩으로 연명해야 하는 우리는 극도의 영양실조와 운동부족으로 건강이 말이 아니었다.

많은 수인(囚人)들이 죽어 나갔다. 한밤중 나막신 소리가 저벅저벅 울려 오고 옆 감방 문이 덜컹 열리는 소리가 들린 뒤 다시 나막신 소리가 멀어져 가는 소리는 예외 없이 기한(飢寒)으로 죽은 시체를 실어내는 것이었는데, 그해 겨울 함흥형무소에선 270여 명의 동사자가 나왔다고 했다.

1943년 12월 8일 이윤재도 그렇게 죽었고, 1944년 2월 22일 한징 동지도 그렇게 옥중 원혼이 되었던 것이다. 나와 한 족쇄에 발이 묶여 감방 안을 부러워하던 그들, 풀려나거든 자기 과수원에 놀러오라던, 예심에 가선 철저히 부인하자고 옆구리를 찌르던 그들은 그렇게 원통하게 갔다.

함흥지방법원에서의 1심은 1944년 11월 말부터 시작되었다. 북원(北原)의 겨울, 제대로 먹지도 입지도 못한 우리는 맨발에 짚신을 신은 채 손목이 사슬에 묶여 걸어서 출정을 해야 했다. 호송 차량은 모두 전쟁터로 징발당했다는 것이었다.

형무소에서 법원까지는 상당히 멀었다. 가는 길에 우리는 B29 몇 대가 함흥 상공에 까맣게 높이 떠오는 것을 자주 목격했다. 그럴 때마다 호송 간수들은 우리를 방공호에 대피시키곤 했다. 곧이어 성천강(城川江) 하구의 고사포 진지에서 대공 사격을 하는 포성이 들렸다.

일본이 다급하다는 상황은 우리들의 안테나이던 한국인 간수들을 통해서도 잘 알 수 있었다. 솔로몬 군도에서 일본 군함 10여 척이 침몰했다. 미군이 이오(硫黃) 섬과 오키나와에 상륙했다. 공습으로 도쿄 시가지가 쑥밭이 되었다. 이런 뉴스들을 그들은 수시로 전해 주었다.

독립의 축배를 들자!

1945년 1월 18일 함흥지방법원은 어학회사건으로 기소된 12명에 대해 전원 유죄를 판결했다.

이극로 징역 6년, 최현배 4년, 이희승 2년 6개월, 정인승·정태진 각 2년의 실형이 선고되었고, 김법린·이중화·이우식·김양수·김도영·이인·장현식 등 7명은 각각 징역 2년에 집행유예 3년을 선고받아 즉시 석방되었다.

실형 선고를 받은 우리는 서로 통방(通房)하여 상고(上告)하기로 합의했다. 한격만(韓格晚)·박원삼(朴元三)[작고], 유태설(劉泰卨)[납북] 등 변호인들과 의논을 해보니 상고를 할 경우 1개월 정도밖에 안 걸린다는 것이었다.

5명 중 정태진만은 상고(上告)를 포기했다. 가장 먼저 잡혀든 그는 구류일을 통산하면 얼마 남지 않았기 때문에 1심 판결을 승복하기로 한 것이다.

상고를 한 뒤 얼마 안 되어서 주심 니시타(西田勝吾)는 어느 날 우리를 재판소로 호출해서 한 사람씩 개별적으로 상고 취하를 종용하더니 뜻대로 되지 않으니까 우리 네 사람을 한자리에 모아 놓고 상고 취하를 강력히 요구했다. 그는 최대한으로 관대히 판결한 것이니 그대로 복역하는 게 좋을 것이라며 "잘 의논해 보라"고 했다. 그러나 우리의 결심에는 변함이 없었다.

우리가 위압적인 취하 종용에도 불구하고 상고를 강행한 것은 서울로 이감될 것을 기대한 때문이었다.

재판은 원래 삼심제(三審制)이지만 그 무렵은 전시체제로서 사건 처리 간소화를 이유로 복심법원(覆審法院)을 폐지하고 지방법원에서 직접 고등법원[지금의 대법원 격]으로 공소하는 이심제였다. 우리는 서울로 이감이 되면 우선 마음으로나마 큰 위안이 될 것이요, 더욱 가족들의 면회도 수월할 것이라고 생각했다.

그 동안의 가족 면회는 정말 갇혀 있는 사람이 더 미안할 지경이었다. 전황이 날로 다급해지자 일제는 차량 기타 물자가 전선으로 동원되었기 때문에 면회 오기 위해 철도를 탄다는 것은 무척 어려운 일이었다.

돈도 돈이지만 기차표를 구하기가 하늘의 별따기였다. 그래도 어찌어찌 수를 써서 천리길을 달려온 집사람이나 그를 맞이하는 나는 서로 얼굴만 쳐다볼 뿐이었다. 일본말로 대화를 하라는 것이었는데 집사람은 일본말에 벙어리였던 것이다.

1월 22일 상고를 했으나 몇달이 지나도록 아무 소식도 없었다. 2년이 넘도록 감방살이를 해왔지만 그때처럼 지리할 때는 없었다. 궁금증을 달랠 길이 없어 간수들에게 물어보았더니 서울 이감은 어려울 것이라는 대답이었다.

6월 중순에 접어들었을 때 고등법원에서 상고 신청서류를 접수했다는 통보가 왔다. 접수에만 5개월이 걸렸다는 것은 고의라고밖에 볼 수 없었다.

그러나 저러나 이제는 서울로 가게 되었구나 하고 기다리고 있던 7월 20일께 '8월 12일 재판을 연다'는 통보가 왔다.

피고인들이 출두하지 않는 재판은 있을 수 없는 일이니 그 날은 서울고등법원으로 출정하리라 기대했다. 그러나 그것도 그대로 끝났다. 변호사들이 찾아와 피고인은 물론 변호인도 출정하지 못하게 되었다고 알려 주는 것이었다. 변론도 서류상으로 하라는 지시에 따라 변론서를 보냈다고 했다.

사실상 궐석재판과 다름없는 판결이 있은 그 날 변호사들이 또 찾아왔다. 결과를 문의하기 위해 서울로 몇 차례 장거리 전화를 걸었는데도 전화가 통하질 않아 전보를 쳤는데, 다음날쯤에 답전이 오리라고 생각했으나, 그것도 아무런 회신이 없다는 것이었다.

우리는 일본의 패망이 눈앞에 다가온 것을 그로써 실감했다. 간수들로부터 8월 6일 히로시마(廣島)에, 9일에는 나가사키(長崎)에 원자폭탄이 투하되었다는 사실을 들어 알고 있던 터였다.

나중에 알게 된 일이지만 경성고등법원에서는 우리의 상고를 기각하고 함흥지방법원에서 판결한 원심대로 형 집행을 하라는 것이었으나, 벌써 혼란기에 빠져 그 통지가 함흥에 도착되지 않고 해방이 되었던 것이다.

또 8 · 15 직후 일본사람이 철수할 무렵에 총독부 각 기관의 기밀서류는 전부 그들이 불태워 버렸는데, 평안도 · 함경도 국경지대와 강원도 산간지방의 경찰서에서는 도망하기에 급급해서 미처 태워 버리지 못한 기밀서류 중에서 다음과 같은 것이 발견되었다.

1. 8월 18일을 기해서 우리 민족의 전문학교 출신 이상 정도의 사람은 전부 예비검속을 할 일.

2. 그 당시 형무소에 재감 중인 사상범은 전부 총살할 일.

이러한 놀라운 사실의 서류가 발견되었다. 해방이 사흘만 늦었어도 많은 동료와 함께 우리는 이미 죽은 사람이 되었을 뻔하였다.

8월 15일 하오 1시께였다. 형무소 의무실에 근무하던 한국인 의무관이 감방으로 달려와 문을 열더니 나오라는 것이었다. 일본이 항복했으니 만세를 부르자고 했다.

그때의 감격을 어찌 말로 다할 수 있을 것인가. 이극로·최현배·정인승 그리고 나 네 사람은 부둥켜안고 목이 터져라 만세를 외쳤다. 만세라기보다 차라리 피울음이었다.

잠시 후 의무관은 무질서하게 석방시킬 수 없으니 다시 감방에 들어가는 게 좋겠다고 했다. 그의 말대로 다시 감방 안에 들어앉았는데 저녁에 간수 한 사람이 의무실에서 약품으로 쓰는 에틸알콜 한 컵을 개구멍으로 들이미는 것이었다. "독립 축배를 들라"고 했다.

석방작업은 일본인 간부들과 직원들이 모두 달아났기 때문에 16일부터 한국인 간수장이 전옥(典獄) 대리가 되어 시작했다. 그런데 우리는 내보내는 대상에서 제외되었다는 것이었다. 미결수이기 때문에 석방 근거가 미비하다고 했다.

이 사실을 안 모기윤(毛麒允) 씨 등 함흥 유지들이 함흥지방검사국 엄상섭(嚴尙燮) 검사를 찾아가 출옥 명령서를 받아왔고, 이렇게 해서 우리는 17일 하오에야 출옥했다. 함흥 유지들은 형무소 정문 앞에 대기시켜 놨던 자동차에 우리 4명을 태워 시내 퍼레이드를 벌였다. 그들은 만세교(萬歲橋) 부근에서 우리를 하차시키더니 "이 분들이 조선어학회 사건으로 3년 동안 옥고를 치른 분들입니다" 하고 군중들에게 알렸다. 삽시간에 만세의 물결이 함흥 시가를 뒤덮었다.

석방이다, 나가라!

함흥형무소 생활 중에 겪은 일들이 많지만 함흥 대파옥(大破獄) 사건을 빼놓을 수 없겠다. 더욱 이 사건은 아직껏 국내에선 단 한 줄의 기록이 남아 있지 않은 것이니 이번 기회에 기록으로 남겨 두는 뜻이 클 것이다.

1945년 4월 29일 미명(未明)이었다.

잠결에 "쾅" 소리와 함께 "와아 와아" 하는 함성이 들려 왔다. 잠에서 깨어 일어난 나는 무슨 변이 났구나 싶어 같은 방에 있던 두 사람의 얼굴만 쳐다보고 있었다. 지금까지는 줄곧 독방에 있었으나 이 무렵에는 재판이 끝나 딴 사람과 한 방에 있었던 것이다.

곧 복도 한쪽 끝에서부터 감방 문이 열리는 소리와 함께 죄수들이 쏟아져 나가는 발소리가 들려 왔다. 얼마 안 있어 우리 감방도 열렸다.

놀랍게도 문을 열어 준 사람은 간수가 아닌 죄수였다. 그는 "석방이다, 나가라!" 하고 소리쳤다.

영문도 모르고 감방을 나왔다. 형무소 한가운데의 기결수 감방과 작업소 건물에서 불길이 맹렬히 솟구쳐오르고 있었다. 지진이나 태풍 같은 천재지변이 일어난 줄만 알았다. 그러나 군중 속에서 누구인지 "뒷문으로 도망쳐 나가라"고 소리쳤다.

그제서야 나는 파옥사건이라는 것을 알았다. 뒷사람들에게 떠밀리다시피 하여 뒷문 쪽에 이르자 콩볶듯 하는 요란한 총성이 울렸다.

우르르 쫓기어 물러났다가 또 정문 쪽으로 밀려갔다. 그곳에서 또 총격을 받자 다시 반대편 쪽으로 밀려갔다.

이런 북새통 속에서 날이 밝았을 때, 첫눈에 띈 것은 형무소 담 위에 삥 둘러 총구를 겨누고 있는 무장경찰들이었다. "모두 옷을 벗어라" 경찰 지휘자가 명령을 했다. 적수공권의 수인들은 일시에 발가숭이가 되었다. 그리고는 명령에 따라 마당으로 모여들어 두 팔을 머리에 얹은 채 앉았다.

곧 직원이 나타나 한 사람씩 이름을 불렀다. 즉시 소속 감방으로 호송되었다. 이렇게 모든 '폭도(?)'들을 진압시켜 감방에 되돌려 넣은 것은 날이 저물었을 때였다.

그 날은 일본 천황의 생일인 천장절(天長節)이었다. 이런 국경일에는 형무소 안에서도 모든 노역이 중지되고 하루를 쉬며 게다가 꿈에만 보아오던 흰쌀로만 지은 주먹밥 한 덩이씩을 특별히 수감자들에게 나누어주는 법이다. 때문에 수감자들은 며칠 전부터 쌀밥 한 덩이를 얻어먹는 기대로 어린아이처럼 이 날을 손꼽아 기다려 왔었다. 그런데 그해의 천장절에는 이 같은 대파옥 소동으로 쌀밥은커녕 세 끼 잡곡밥 한 덩이씩도 못 얻어먹었다. 형무소측은 깜깜한 밤중이 되어서야 찬밥 한 덩이씩을 나눠 주었다.

일본의 행형사상 유래가 없었던 이 대파옥 사건은 바로 천장절 전야에 몇명의 장기수들에 의하여 주도되어 일어났다. 주동자는 절도와

상해죄로 장기형을 선고받고 복역 중이던 정종명(鄭鍾鳴)이라는 사람이었다. 그는 오래 전부터 탈옥을 기도해 온 것으로 알려졌는데, 전에도 목공소에 작업을 나가서는 단단한 나무로 감방 열쇠를 만들어 천장에 숨겨 두었으며 그때마다 매일 있는 철저한 방 검사에 걸려 뜻을 이루지 못했었다.

그는 직원들과 비번 간수들이 휴무에 들어가는 공휴일을 노렸다. 천장절 전날인 28일 밤 10시께 정종명은 기결수 감방의 당번 간수 P에게 은근한 말투로 수작을 걸었다.

"간수 선생, 나는 사회에서 오랫동안 요술을 배웠는데 한번 구경하시겠수?"

공휴일 전야에 당번에 걸려 따분하고 무료했던 간수 P는 귀가 솔깃하여 그러마고 했다.

정은 감방 안에서 한참 동안 요술을 부리는 체하다가는 "여기는 너무 좁아서 제대로 실력 발휘를 할 수 없소. 북도에 나가면 한번 깜짝 놀랄 솜씨를 보일 수 있겠는데……" 하고 계략을 부렸다.

정직하고 사람 좋은 P는 별 의심도 하지 않고 감방 문을 열었다. 그때를 노렸던 정과 동료 두어 명은 재빨리 그의 손목을 잡아 감방 안으로 끌어들이고 주먹으로 머리를 후려갈겼다. 뜻하지 않았던 일격에 쓰러진 P에게 그들은 표범처럼 날랜 동작으로 입에 재갈을 물리고 손발을 결박했다. 그러곤 그의 제복과 제모, 그리고 칼까지 벗겨 정이 입었다.

정을 선두로 한 그들은 중앙 망대(望臺)로 살금살금 다가가 하품을 하고 있던 간수를 다시 때려누이고 제복과 모자를 빼앗아 입었다.

다음에는 숙직 간수들이 잠들어 있는 계호과(戒護課) 사무실을 습격했다. 간수장을 포함한 10여 명의 간수들은 잠이 들었거나 잘 준비를 하고 있던 터여서 맥없이 당하고 말았다. 사무실 벽장 안에서 38

식 보병총과 권총·칼·목총 등과 실탄을 있는 대로 집어냈다. 혼비백산한 간수들을 닥치는 대로 찌르고 후려쳤다. 사무실은 삽시간에 피범벅이 되었다.

엉겁결에 쌀가마 속에 머리만 처박은 간수의 엉덩이는 일본도(日本刀)에 찔렸고, 밖으로 달아나 맨홀 속으로 뛰어든 간수는 칼을 맞았다. 이 습격으로 일본인 간수장이 죽고 나머지 간수들은 모두 중상을 입고 쓰러졌다.

정종명 등은 모든 사무실의 전화선을 끊어 버렸다.

작전의 1단계가 성공한 것이었다. 그들은 대담하게도 취사장으로 달려가 밥을 지어먹은 뒤 간수들로부터 빼앗은 열쇠로 차례차례 감방 문을 열어젖히고 소리를 질러댔다.

"석방이다, 달아나라."

또 다른 한패는 3동의 작업장과 의무실, 그리고 죄수들이 모두 빠져나온 기결수 감방에 불을 질렀다.

함흥형무소는 삽시간에 죄수들에게 장악되었다.

한 시간여 만에 함흥형무소를 장악한 정종명 등 주동자들은 곧 정문으로 진출했다. 소동의 현장과는 상당한 거리에 떨어진 탓으로 정문 간수는 미처 사실을 알아채지 못하고 있었다.

정은 간수에게 문을 열라고 명령했다. 그러나 간수는 녹녹히 응하지를 않았다. 이때 주동자 가운데 한 사람이 "개새끼" 하며 총을 쏘았다. 간수는 풀썩 쓰러졌다.

그들 '폭도?' 들은 기세 높게 달려들어 문을 열어젖히려 했으나 특수장치가 달린 정문은 꼼짝도 하지 않았다. 육중한 철문이라 깨부술 수도 없었다.

정문을 포기할 수밖에 없었다. 쓰러진 간수는 기척이 없는 것으로 보아 죽은 것으로 여겨졌다. 아무도 그에게는 신경을 쓰지 않았다.

그들은 뒷문으로 몰려갔다. 그곳에는 간수도 없이 문만 잠겨 있었다. 그 한쪽 문을 부수는 데 1시간이 걸렸다. 이미 자정이 지나 있었다.

정은 밀려닥치는 재소자들에게 "질서 있게 한 사람씩 나가라"고 외쳤다. 그러나 제일 처음 문을 빠져나간 죄수는 얼굴이 하얗게 질려 되돌아 들어왔다. 문 밖을 무장경찰이 둘러싸고 있어 탈옥이 불가능하다는 것이었다.

재소자들은 동요하기 시작했다. 정은 그들을 후정으로 물러가게 한 뒤 무장한 동료들과 구수회의을 열었다. 나갈 곳은 없었다. 작업소와 기결수 감방에 지른 불은 하늘을 삼켜버릴 듯 기세 높게 타오르고 있었다.

그때 경찰은 속속 도착하는 증원부대로 하여 물샐 틈 없는 포위망을 구축하고 있었다. 경찰이 이처럼 재빨리 손을 쓸 수 있었던 것은 총에 맞아 쓰러진 정문 간수의 죽음을 확인하지 않은 단 한 가지 '실수' 때문이었다.

정문 간수는 총소리가 나자 일부러 쓰러졌었다. 털끝 하나도 다치지 않았던 그는 짐짓 죽은 체 엎드려 있다가 그들이 뒷문으로 몰려간 뒤 정문의 경비전화로 경찰서에 신고를 했던 것이다.

신고를 받은 야마모토(山本武雄) 경부보는 서원을 비상소집하여 서둘러 현장으로 출동했다. 또 연안(沿岸) 경비를 위해 그 무렵 특별히 조직된 경찰경비대도 긴급 동원했다.

경찰 1진이 현장에 도착한 것은 정 등이 뒷문을 부순 것과 거의 동시였다. 단 몇분이라도 출동이 늦었던들 상황은 훨씬 달라졌을 것이다.

경찰은 울 안의 상황을 두고 고민했다. 담을 넘어 들어가 무장죄수들과 정면으로 대결할 것인가, 아니면 날이 밝기를, 화재가 자연 소진

되기를 기다렸다가 일제 공격을 가할 것인가.

정 등은 탈옥을 포기한 대신 머리에 수건을 동이고 미결수 감방 앞에 있는 목재로 토치카를 만들어 만만찮은 대결 태세를 갖추고 있었다.

날이 밝았다. 야마모토(山本) 경부보는 단안을 내렸다. 소만(蘇滿) 국경 경비대 출신 노병(老兵) 20명으로 돌격대를 조직했다. 나머지 수백 명이 일제사격을 가하는 것을 신호로 경찰 돌격대는 형무소 안으로 돌진했다.

우세한 화력(火力)과 훈련된 병원(兵員)들 앞에 반란 수인들은 순식간에 흩어지고 말았다. 혹은 도망치다 총에 맞아 쓰러졌고, 혹은 토치카 안에서 총탄 세례를 받았다.

무기를 가진 자들이 맥없이 쓰러지자 1,000여 명의 군중들은 '양떼'로 변하고 말았다. 몇해를 두고 끈질기게 대탈옥을 기도했던 정종명 등은 성공 일보 직전에서 끝내 뜻을 이루지 못한 것이다.

주동자들은 모두 총에 맞았으나 다행하게도 죽은 사람은 없었다. 일본인 간수장 1명이 죽고 간수 10여 명이 중상을 입었으며, 4동의 기결수 감방과 3동의 작업장, 그리고 의무실 1동 등 8동의 건물이 전소된 함흥 파옥사건은 이렇게 끝났다.

이 같은 대대적인 파옥사건은 일본 역사상에서도 전례가 없는 일이었다. 흥미 만점의 영화에서나 유례를 찾아볼 수 있을 대사건이었다.

총독부는 물론 일본 정부는 이 사건에서 큰 충격을 받았다. 오랜 진상조사가 진행된 끝에 8월 초 함흥형무소의 간부들은 대거 좌천되었고, 정종명을 비롯한 주동자 10여 명은 상처가 치유되자 곧 기소되어 재판에 넘겨졌다.

그러나 그들도 곧 8 · 15를 맞아 풀려났을 것이다.

주모자 정종명이 어떤 인물인지, 그리고 주동자 10여 명이 누구누구인지, 또 그들의 봉기 원인과 모의 경위가 어떠했는지 자세한 것을 알 수 없음이 유감이다. 이들이 일으킨 함흥 파옥사건은 10여 년 전 일본 《문예춘추》지에 아오기(靑木淸三郎)란 사람에 의해 '천장절의 형무소 폭동'이란 제목으로 소개되어 있을 뿐이다.

당시 총독부의 보고서를 조사해서 쓴 듯한 아오기는 장기간 복역해 온 정종명 등이 식사 문제와 간수들에 대한 개인적인 원한, 그리고 밖에서 들려 오는 소식으로 일본의 패망이 임박했음을 알아챈데다 때마침 천장절이란 좋은 기회를 타서 거사한 것이라고 지적하고 있다. 그는 또 만일 정 등이 같은 감옥에 있던 반일운동가, 민족운동가[어학회사건 관련자들을 말한 듯]들의 두뇌 지원을 얻어 거사했더라면 사태는 훨씬 어려웠을 것이라는 의견을 덧붙였다.

30년이 넘도록 이와 같은 사실이 우리 역사에 단 한 줄의 기록조차 남아 있지 않음을 안타까워 하면서 직접 보고 겪은 사람으로서 이제야 일본인의 글을 빌려 짧은 기록을 남기는 것을 부끄러워 하면서 함흥 파옥사건의 소개를 마칠까 한다.

감격 뒤에 찾아온 동족상잔의 비극

함흥형무소에서 8월 17일에 풀려난 우리 일행 4명은 다음날인 18일 상경길에 올랐다. 함흥역에는 함흥 유지들이 배웅을 나와 주었다.

그런데 청진(淸津)을 떠나 서울로 가는 열차는 예정시각보다 10여 시간이나 늦게 함흥에 도착할 정도로 대혼란이었다. 일본인 없이 우리나라 사람들만으로 운행된 이 열차는 차내는 물론 객차 지붕 위까지 승객들로 메워져 있었다. 승강구로는 도저히 탈 수 없어 쩔쩔매는 판인데 배웅 나왔던 함흥 유지들이 우리를 번쩍 들어 차창 안으로 밀어넣는 것이었다. 그리고는 "이 분들은 어학회사건으로 옥고를 치룬 아무개 아무개"라고 큰소리로 소개를 했다. 그랬더니 차 중의 승객들은 다투어 자리를 양보했다. 덕분에 우리는 서울까지 편히 올 수 있었다.

뒤에 한 가지 아찔했던 일은 우리가 타고 온 이 열차가 함경도에서 서울까지 직행한 마지막 열차였다는 사실이다. 38선이 막혀 더 이상의 남북 열차 통행이 끊겼던 것이다.

서울역에 도착한 것은 8월 19일 해질 무렵이었다.

그런데 우리들 네 사람의 가족은 단 한 사람도 마중 나온 이가 없었다. 뒤에 알고 보니 네 집 가족이 8월 15일 오후부터 17일까지 날마다 종일 서울역에 나와 기다리다 기다리다 못해 그만 단념하고 말았다는 것이었다.

3년 만에 서대문 집에 돌아오자 식구들은 반가움에 울기만 했다. 양친도 그랬다.

"나라도 되찾았고 나도 풀려 나왔는데, 왜 웁니까? 우리 만세를 부릅시다."

나의 제안으로 우리 식구들은 대청에 모여 감격의 만세를 불렀다.

우리는 멍들고 지친 몸을 쉴 새도 없이 이튿날 선학원(禪學院)[안국동 풍문여자중고등학교 뒤쪽]에 모였다. 10·1동지 거의 전원과 관계학자들이 자리를 함께 했다. 이야기를 나눌 것도 없이 우리 국어학자들이 해야 할 일은 정말 태산 같았다.

우선 사전 만드는 일을 계속해야 했으며, 그 밖에도 당장 발등에 떨어진 급박한 일들이 많았다.

우리말을 뿌리째 뽑아 없애려던 일제의 국어말살정책이 10년 가까이 계속된 터였다. 때문에 우리는 잃어버린 말부터 되찾아야 했다. 그러자면 우리말을 가르쳐야 할 교사를 양성하는 일과 교과서를 만드는 일이 화급한 문제였다.

진지한 토론 끝에 우리는 정치운동에 가담하지 말 것, 철자법을 보급하고 사전 편찬을 계속할 것, 국어 교과서를 편찬하고 국어교사를 양성할 것 등 세 가지 방침을 정했다. 그런 일들을 하기 위해선 화동의 회관은 너무 좁았다.

마침 일제에 협력하여 돈을 번 이(李)모 씨가 청진동의 구 경성보육학교(京城保育學校) 건물을 회관으로 내주었다.

사전 편찬작업을 재개하려 했으나 10년 동안의 각고(刻苦) 끝에 이룩한 어휘 카드의 행방이 묘연했다. 일을 착수하기도 전에 망연자실(茫然自失)할밖에 없는 일이었다.

어휘 카드는 왜경(倭警)이 학회의 모든 서류와 함께 증거물로 압수해 갔다. 어딘가 있을 것이련만 서울에서도 함경도에서도 단서는 쉽게 잡히지 않았다. 처음부터 다시 시작해야 할 처지를 한탄하던 어느 날[9월 8일] 서울역 조선통운 창고 한구석에서 우연하게도 카드가 발견되었다. 그때의 기쁨은 마치 죽었던 자식이 되살아 온 것과도 같았다.

우리가 1심에 불복하여 고등법원에 상고했을 때 함흥지방법원에서는 우리의 조사기록과 함께 증거물인 카드를 열차편으로 탁송한 것이었다. 전쟁 말기의 혼란으로 인해 미처 카드는 고등법원으로 전달되지 않은 채 그대로 창고 속에 내버려져 있다가 광복을 맞은 것이었다.

카드 발견으로 사전사업은 급진전을 보았다.

경무국 도서과 직원으로 있던 김영세(金榮世)라는 사람이 일제 때 한국인 관리들의 월급 중에서 징수한 국방 헌금 820,000원을 보관하고 있다가 학회에 희사한 것도 큰 도움이 되었다.

큰사전 제1권은 1947년 10월 9일 한글날을 기해 을유문화사(乙酉文化史) 발행으로 발간되었다. 전6권 중 제1권이었으나 실로 우리 역사상 우리 국민이 갖게 된 첫번째 우리말 사전이었다. 그것은 우리 학자들의 기쁨일 뿐 아니라 온 사회의 기쁨이었다.

사전 편찬사업은 그 뒤 1948년 12월 미국 록펠러 재단으로부터 4,500달러에 해당하는 원조를 받아 계속 활기를 띠었다. 이듬해 5월 5일에는 제2권이 나왔고, 1950년 6월에는 제3권의 제본 및 제4권의 조판작업을 끝냈으나 6·25로 속간이 중단되었다.

한편 학회는 광복 직후인 1945년 9월 사전 편찬사업과는 별도로 국어교사 양성을 위한 '사범부'를 설치했다. 사범부에서는 1946년 1월까지 4차에 걸쳐 연 1,800여 명을 배출했는데, 이들은 전국의 중등학교로 배치되었다. 보름 동안의 짧은 기간이었으나 김윤경·최현배·김선기·장지영·이희승·이승녕·이병기·정인승 등 15명의 강사진이 15과목을 담당하여 집중적인 강습을 폈다.

그러나 우리는 이와 같은 미봉책의 교육에 만족할 수 없었다. 제대로 실력을 갖춘 교사를 길러내려면 보다 장기적이고 본격적인 교육이 필요했다.

때마침 군정청 문교부에서는 이런 필요성에 눈을 떠 1948년 6월에는 학회에 6개월 과정의 '세종 중등 국어교사 양성소'를 설치하고 문교부 위촉기관으로 인가했다.

양성소는 1949년 9월에 120명의 첫 입학생을 맞아 개강했다.

양성소의 교수진은 사범부 시절과 비슷했다. 학생층은 현직 교사를 비롯 대학 재학생, 6년제 중등학교 졸업자들로 꼭 훌륭한 국어 선생이 되어 보겠다는 청년들이어서 수업 분위기도 매우 진지했다.

그러나 1950년 제1기 졸업생을 배출한 것이 마지막이었다. 6월 24일 하오 제1기 졸업생을 배출한 다음날 6·25 사변이 터진 때문이었다.

국립서울대학교 설립

교과서를 만드는 일도 사전 간행이나 국어교사 양성사업에 못지 않게 화급했다. 1945년 9월 말 전국의 초등학교와 중학교는 문을 열었으나 우리글로 된 교과서는 단 한 권도 없었다.

미 군정청에 의해 학회 안에는 국어 교과서 편찬위원회가 설치되었다. 편찬위는 학회 회원 20명으로 구성되어 우리말의 아름다움과 우수성, 우리 문화와 민족의식을 담뿍 담은 글, 그리고 기본적인 어문학론들로 꾸며진 국어 교과서를 만들기 시작했다.

11월 6일 《한글 첫걸음》이 탄생한 데 이어 《초등국어교본》《중등 국어교본》 등 7종의 교과서가 발행되었으니, 매우 빠른 템포였던 셈이다.

학무 당국은 1946년 초 공민 교과서 제작을 학회에 의뢰해 와 5종의 공민책까지 만들어 내야 했다.

우리는 이렇게 바쁜 일 속에서도 각종 한글 강습회 연사로 끌려다녔다. 그 무렵 국어를 배우겠다는 국민의 열의는 마치 요원의 불길처럼 번져 전국 각지의 관청·직장·단체·학교 등에서는 다투어 우리를 부르는 것이었다.

나는 한글학회의 회원으로서 국어 부활운동에 눈코 뜰새가 없었다. 게다가 경성대학(京城大學)의 교수로서 대학 재건운동에도 바쁘게 뛰어야 했다.

1945년 9월 서울에 진주한 미군의 군정이 시작되자 경성제국대학은 경성대학으로 문을 열었다. 하지 사령관은 군목 앰스테드를 총장으로 임명했다.

그 무렵 백낙준(白樂濬) 씨는 경성대학 재건 문제를 의논하자며 나를 방문한 일이 있었다. 하지 중장이 통역 원한경(元漢慶)[언더우드] 씨를 통해 백씨와 접촉을 가졌고, 백씨는 다시 나를 청한 것이었다.

백씨는 조선어학회에 관여한 일로 증인이 되어 홍원서(洪原署)에 불려 와 잠시 나와 함께 고생한 일이 있었다. 나는 "그토록 중요한 문제라면 여러 사람과 힘을 합해야 한다"며 이상백(李相佰)·이병도(李丙燾), 조윤제(趙潤濟)·김상기(金庠基) 등 5, 6명을 추천, 함께 의논하는 게 좋겠다고 했다.

이렇게 하여 우리들은 서울대 병원 시계탑 건물 2층에서 우선 교수진부터 구성하기 시작했는데, 백씨는 나에게 법문학부장을 맡아달라고 했다.

솔직히 말해 나는 그 자리에 자신이 없어서 "그 자리는 배짱과 고집이 있는 사람이어야 한다"고 사양하고, 조윤제 군을 추천했다. 결국 그렇게 낙착이 되었다. 당시의 경성대학은 제국대학 때 그대로 의학부, 법문학부, 그리고 1938년에 신설된 이공학부를 합쳐 3개 학부로 되어 있었다.

이때 한 가지 문제의 싹이 텄다. 이른바 경성대학 자치위원회라는 것이 조직되어 그들은 그들대로 학교를 재건한다고 나섰다. 미 군정의 시책에 불만을 품고 있던 제국대학 시절의 강사, 교직원 등이 교수진을 구성하고 총장을 뽑는다고 설쳤던 것이다.

이 세력은 결국 1946년 8월 22일 군정청 학무국이 '국립 서울대학교 설립에 관한 법령'을 발표하고 서울과 그 부근에 있는 각종 관립 고등교육기관을 경성대학에 병합시켜 거대한 종합대학을 세운다고 했을 때 격렬한 반대 세력으로 등장했다. 이른바 국대안(國大案) 반대의 근거는 이 조치가 결과적으로 고등교육기관의 축소를 뜻한다는 것이었으나 군정측에서는 일제시대의 유물인 기존 고등교육기관을 그대로 존속시킬 수 없고, 민주교육을 실현하기 위해서는 서구식 이념과 제도를 채택해야 한다는 명분으로 강행하려 했다.

국대안 파동은 처음 다소간의 이론적 근거와 교육적 신념에서 찬반이 거론된 것이었다. 그러나 군정의 시책을 무조건 반대해 온 좌익 세력이 편승하면서부터는 파괴적 양상으로 변모하기 시작했다.

대학 구내에는 물론 창경원 담벼락과 시내 요소에 격렬한 격문이 나붙었다.

미 군정 당국 및 백낙준 씨에 대한 갖가지 중상모략과 가슴이 섬뜩할 정도의 악랄한 문구가 커다랗게 씌어 있는 벽보들은 뜯어내기가 무섭게 다시 나붙곤 했다.

무수히 많은 단체들은 매일처럼 집회를 열고 판에 박은 듯한 성토와 비난을 되풀이했다. 심지어는 자기들끼리 모여 총장을 선출하기까지 했다. 극심한 혼란 속에서도 국대안은 확정되어 그해 10월 국립 서울대학교가 설립되었다.

대학원과 문리대(文理大)·법대(法大)·공대(工大)·상대(商大)·의대(醫大)·농대(農大)·치대(齒大)·사대(師大)·예술대(藝術大) 등 9개 단과 대학의 규모였다.

문리대는 경성대 법문학부 문과 계통과 이공학부 이학 계통을 통합했고, 법대는 법문학부 법과계와 법학 전문을, 공대는 이공학부 공학계와 공업전문 및 광산전문(鑛山專門)을 통합하였다. 의대는 경성대 의학부와 경성의전(京城醫專)을, 사대는 경성사범과 경성여자사범을 통합하여 이루어졌으며, 농대는 수원고농(水原高農)을, 상대는 경성고상(京城高商)을, 치대는 경성치전(京城齒專)을 각각 흡수하여 이루어졌고, 예술대는 경성음악학교를 흡수, 미술부를 신설함으로써 이루어졌다.

이토록 주로 각 관립 고등교육기관을 경성대학에 통합하는 형식으로 단과 대학이 구성되었기 때문에 거기에 따른 알력과 반목은 대단했다.

우선 의대의 경우만 해도 6년제 대학 시스템의 의학부로서는 4년제 의학 전문학교와의 통합을 환영할 리 없었고, 법학부와 법전(法專)의 관계, 공학부와 광전(鑛專) 및 경전(經專)의 관계 등도 이와 비슷했던 것이다.

서울을 벗어나지 못한 죄

초대 문리대 학장으로 취임한 이태규(李泰圭) 씨는 나에게 교무과
장을 맡아달라고 요청했다.

혼란기에 그런 직책을 맡고 싶은 생각은 없었으나 전에도 법문학
부장 자리를 굳이 사양한 일이 있어 또 다시 마다할 수가 없었다. 그
래서 나는 제2대 최윤식(崔允植) 학장이 취임할 때까지 교무과장 일
을 보아야 했다.

신생 서울대의 행로는 험난했다. 좌익 학생들은 등록 방해공작, 동
맹휴학 등으로 계속 대학측을 괴롭혔다. 사소한 문제 한 가지로 며칠
씩 데모를 했다.

법대(法大)의 좌익 학생들은 성대(城大) 시절 법문학부 교수들이
사용하던 본부 연구실을 내놓으라고 요구, 본부에 몰려와 연일 농성
을 벌이기도 했다. 대학측은 하는 수 없이 일부 연구실을 내주어야 했
다.

이런 분위기였으므로 학사가 제대로 될 리 없었다. 그런 중에도 문

리대 국문학과에서는 제1회 졸업생으로 이명구(李明九) 군을 배출했고, 뒤이어 장덕순(張德順)·정병욱(鄭炳昱)·전광용(全光鏞) 군 등이 졸업했다.

그 무렵 나는 이화여대에도 시간강사로 출강을 했기 때문에 무척이나 바빴었다. 이화에서는 해방이 되자마자 다시 전임으로 복직해 줄 것을 요청해 왔었지만, 서울대 재건의 일을 맡았던 나로서는 응하기가 어려웠다. 그렇다고 10년 이상 인연을 맺고 있던 학교를 완전히 절연할 수도 없는 노릇이어서 시간강사로 출강을 했던 것이다.

나중에 이화가 대학으로 발전하자 김활란(金活蘭) 총장은 우리집으로 세 번이나 찾아와 문리대 학장을 맡아 줄 것을 요청했었다. 나는 그것도 끝내 응할 수 없었다.

김 총장으로서는 나의 '배은망덕'이 못마땅했으리라 생각되는데, 나 또한 두고두고 미안하게 생각해 오고 있다.

그러나 시간강사로는 부산 피난 시절까지 계속 출강, 후에 이화 근속 17년의 표창까지 받았으니 어느 정도는 신세 갚음을 한 셈이라고 자위할 수 있을 것 같다.

한글학회의 3대 사업, 그리고 두 학교의 강의 등으로 한창 분망하게 일할 때 6·25 사변이 터졌다. 그것은 학회의 사업이나 학문 연구에도 상당한 공백을 가져 왔다.

1950년 6월 24일에는 세종 중등 국어교사 양성소 제1회 졸업식이 있었다.

다음날 6월 25일, 이 날은 일요일이었다. 아침부터 주룩주룩 비가 내리고 있었다. 서울 장안의 분위기가 이상하게 술렁대더니 38선에서 교전이 벌어지고 있다는 소문과 함께 은은한 포성이 울려 오는 것이었다. 다음날 포성은 더욱 커졌다. 그때 우리집은 서대문 둥구재[금화산(金華山)] 중턱에 있었기 때문에 의정부 쪽 포성이 더 크게 들려 왔다.

　도대체 교전이 어떤 정도의 규모인지도 모른 채 학교에 갔더니 손진태(孫晉泰) 학장이 교수들을 모아 놓고는 돈을 나누어 주며 "비상시에 필요할 것이니 이제부턴 각자 자유행동으로 방도를 찾으라"고 했다. 그 당시에는 등록금 외에 학생들로부터 후원회비를 거두었는데, 이 돈은 교수들의 후생용으로 쓰였던 것이다. 아마도 월급의 2~3배는 될 만한 돈을 받아쥐고 아무런 대책 없이 집으로 돌아왔다.

　라디오에서는 똑같은 내용의 대통령 담화가 되풀이되고 있었다.

　"국군이 어디어디에서 괴뢰군을 격퇴시켰다. 서울은 사수할 것이니 서울 시민들은 각자 직장을 지키라"는 것이었다.

　이웃사람들의 피난 채비를 멍청히 '구경'하는 사이 상당히 많은 사람들은 이미 서울을 벗어나고 있었다.

　그러나 나는 피난갈 엄두도 내지 못했다. 위로는 80 고령의 양친을 모신데다 아래로는 이제 막 백일이 된 맏손녀 옥경(玉卿)이가 딸려 있었기 때문이다.

　27일 밤이었다. 요란한 사이렌 소리가 계속 울렸다. 무엇을 뜻하는 심야의 사이렌인지 알 수 없어 불안하기만 했다. 사이렌이 길게 꼬리를 끌며 멀어져가는가 했더니 "꽝" 하고 지축을 뒤흔드는 폭음이 울려 왔다. 이젠 꼼짝 없이 앉아서 당하는구나 싶었다.

　나중에 알고 보니 그 폭음은 한강 다리를 폭파하는 소리였다.

　그 날 그 시간에 지프로 한강교를 건너려던 친척 한 사람이 구사일생으로 살아 와 그 아비규환의 현장을 말해 주었다.

　그 시간 서둘러 서울을 벗어나기 위해 많은 차량과 인파가 한강교를 메웠다. 그때 폭음과 함께 한강 다리가 동강이 났다. 많은 피난민이 폭사했고, 다투어 다리를 건너기 위해 달리던 차량들은 강물 속으로 굴러들었다. 그도 차에 탄 채 강물에 빠졌는데 천신만고 끝에 헤엄쳐 살아났다는 것이었다.

다리가 끊겼으니 이젠 정말 꼼짝할 수가 없게 된 것이다. 앉아서 운명만을 기다릴 수밖에 없었다.

30일 아침엔가 학교에 나오라는 통지가 왔다. 웬일인가 싶어 나가 봤더니 북에서 온 사람들이 학교를 인수하고 있었다.

서울대학책이라는 자가 "이제 조선 민주주의 인민공화국 천하가 되었으니 혁명과업을 완수해야 한다"고 일장 연설을 하는 것이었다. 아찔하고 난감한 생각뿐이었다.

동무, 평양으로 가야겠소

적치하(赤治下)의 3개월은 정말 길고 고통스러웠다. 수모와 치욕과 재난이 겹친 나날이었다. 저들은 서울대를 개교한다면서, 미처 피난을 가지 못한 교수들과 교직원들을 불러모았다.

신상진술서라는 것을 쓰라더니 매일처럼 출근을 강요했다. 마치 포로나 다름없는 신세가 되었으니 저들이 하라는 대로 할 수밖에 없었다.

새로운 이데올로기에 맞는 교과서를 만든다고 했다. 내게는 국어학자랍시고 교과서용으로 프린트할 등사 원지의 철자법 교정작업을 맡겼다. 며칠 동안 그 일을 하고 있는데, 어느 날 내 이름을 불러내더니 별실로 데려가는 것이었다.

젊은이 한 사람이 나의 신상진술서를 앞에 놓고는 경력 등을 몇 가지 캐묻더니 불쑥 "동무, 평양으로 가야겠소" 하고 청천벽력 같은 한 마디를 내뱉었다.

그러지 않아도 누구누구가 평양으로 끌려갔다는 소문을 들어 불안

했던 터였는데, 드디어 내 차례가 오고 만 것이다.

"갔으면 좋겠지만 나는 치질이 있어서 앉아서 하는 일밖에는 할 수 없으니 어쩌겠소? 거기까지 가려면 상당히 걸어야 할 텐데 큰일이오."

나는 밑져봐야 본전이라는 생각으로 칭병(稱病)을 했다. 그랬더니 그 친구는 "그러면 다음 기회로 미루기로 하겠소" 하고 내보내 주었다. 실로 조마조마한 순간이었다.

나중에 알고 보니 구자균(具滋均)[전 고려대 교수] 씨도 치질을 칭병하고 납북을 면했다는 것이었다. 그 말을 듣고 나는 가슴이 덜컹 내려앉아서 '나도 치질 핑계를 댔는데 눈치채지 않을까' 하고 걱정도 했다.

어느 날은 또 전직원을 수송초등학교 운동장에 모이라고 했다. 인민군으로 징집하기 위해 신체검사를 하는 것이었다. 나이 55세의 고령인데다 몸이 약한 나는 물론 불합격이었다.

젊은 사람들은 이때 많이 끌려갔고, 늙은이들만이 학교에 남아 그들이 시키는 일을 했다.

시골로 다니며 쌀 공출을 받아 오는 일에서 각종 강연회에 끌려다니는 일 등이 일과였다.

어느 날 삼청동에서 열린 강연회에 동원되었던 나는 깜짝 놀라고 말았다. 연사로 나온 사람이 다름 아닌 김병제였던 것이다. 조선어학회 사건으로 오랫동안 옥고를 같이 치른 환산(桓山) 이윤재(李允宰)의 사위인 그의 출현은 매우 충격적이었다. 그가 어떻게 하여 월북을 했는지는 확실히 알 수 없다.

그런데 그의 강연 내용은 더욱 놀라웠다. 언어학의 시조는 스탈린이라는 어처구니 없는 장광설을 늘어놓는 것이었다.

그런 강연회에서는 으레 북에서 온 사람보다 이쪽 사람들이 더 극성스레 날뛰던 것이 지금도 기억에 남는 일이다.

어느 날 또 저들은 우리를 서울대 도서관으로 모이라고 했다. 규장각(奎章閣) 도서를 모두 끌어내 짐을 꾸려 놓고는 번호를 매기라는 것이었다. 그토록 귀중한 도서를 가져가는 일을 돕는다는 것이 학자로서 가책이 되는 일이었으나 포로 신세이니 어쩔 수 없는 일이 아닌가. 다행히도 저들은 그 책들을 실어가지는 못했다. 나중에 전황이 다급해지자 일부를 싣고 가다가 청량리밖에 내버리고 달아났던 것이다.

8월 22일 나는 87세 되신 아버님의 상(喪)을 당했다.

학교로 달려온 며느리가 아버지의 별세를 알렸다. 아침에 출근할 때 갑자기 몸져 누우신 것을 보고 왔지만 그토록 갑작스레 가실 줄은 몰랐다. 너무도 갑작스런 일이어서 아무도 임종을 하지 못했다. 의대에 다니던 아들 교웅(敎雄)은 인민군 징집을 피해 처가인 장단(長湍)에 가서 숨었고, 집안 식구들은 배급을 타러 갔었다는 것이다.

평소에 그토록 좋아하시던 고기 한 번 맘껏 드시게 하지 못한 것이 가슴에 못박혔다. 사태골[지금의 남가좌동] 공동묘지에 모시고 돌아와 학교에 다시 나갔더니 분위기가 썰렁했다.

인천 앞바다의 미군 함정에서 쏘아대는 함포 소리가 들려 왔다.

나는 서울 수복이 멀지 않았다고 판단, 더 이상 학교에 나가지 않고 집안에 틀어박혔다.

9월 중순 미군과 우리 해병대는 인천 상륙작전에 뒤이어 서울의 목을 조르기 시작했다. 미군 폭격기가 서울 상공에 나타나 공습을 했다. 인민군들은 서둘러 철수하더니 9월 17일께엔 대부분의 부대가 서울을 버리고 도망쳤다.

밤이면 아군 탱크의 굉음이 울려 왔다. 그러나 좀처럼 국군은 서울에 들어오지 않았다. 1주일쯤 그런 탐색작전만 계속되자 철수했던 인민군들이 되돌아왔다. 만일 처음 저들이 철수한 뒤를 이어 곧 밀고 들어왔더라면 무혈 입성으로 서울 탈환이 가능했을 것이다.

9월 25일께부터 한강을 경계로 피아의 공방전은 가열되기 시작했다.

우리집이 있던 둥구재 능선은 인민군의 방어진지였기 때문에 우리 마을은 전장의 한가운데에 들어 있는 셈이었다.

파편과 유탄이 비오듯 쏟아져서 우리 식구들은 이불로 문을 겹겹이 가리고 방안에 드러누워 있었다.

단팥죽 장사를 하다

우리집 식구들의 목숨은 맏손녀가 살린 것이나 다름없다.

9 · 28 수복 직전인 1950년 9월 27일 미명(未明). 내 방이 등구재 언덕을 깎아서 터를 닦고 지은 집의 가장 언덕 밑쪽으로 있었기 때문에 반방공호나 된다고 생각하고 온 집안 식구를 모두 이 방에 모여 있게 하였다. 생후 반 년 가량밖에 안 되는 맏손녀 옥경이가 잠을 깨어, 이불로 싸덮은 것이 답답하였는지 울면서 두 손을 허위적거렸다. 그때 나의 며느리가 이불을 들썩 하며 머리를 이불 밖으로 내놓았는데, 이상한 소리가 들렸다.

"아버님 이상한 소리가 들려요."

며느리가 나를 깨웠다. '우지직 우지직' 하는 소리가 들려 왔다. 불길한 예감이 들어 자리를 박차고 일어나 문앞에 쳐둔 병풍을 젖혔다. 문밖은 주황색으로 환히 밝았다. 맹렬한 화염이 우리가 잠들었던 방을 향해 뻗쳐오고 있었다.

나는 "불이야!" 하고 소리치곤 잠든 식구들을 깨워 모두 밖으로 내

보내고 큰사랑에서 잠드셨던 나의 노모(老母)와 김활란(金活蘭) 여사의 모친을 끌다시피 대피시켰다.

세간살이는커녕 맨발에 잠옷 바람으로 몸만 빠져나오는 것도 급했다. 삽시간에 우리집은 온통 불길에 뒤덮이더니 한 시간도 채 못 되어 폭삭 주저앉았다.

2~3분만 늦었어도 우리 식구는 물론 김활란 여사의 모친까지 희생될 뻔했다. 화인(火因)은 지금도 알 수 없는 일이지만, 아마도 도망치는 인민군들이 방화한 것이 아닌가 싶다. 그들은 온 서울을 연옥으로 만들어 놓고 말았던 것이다.

우리집은 지형상으로 그래도 안전한 집이라고 김활란 여사는 노모를 우리집에 피난시켰던 것인데, 하마터면 큰일이 날 뻔했던 것이다.

마침 그 시간은 피아 간의 공방전이 치열한 때였다. 나는 잠옷 바람에 쫓겨나온 식구들을 데리고 동네 방공호로 달려갔다. 집사람은 그때 파편에 등을 맞았다. 방공호 안에는 온 동네 사람들이 모두 모여 있었다. 날이 밝아 오자 총성이 뜸해지더니 아군의 모습이 거리에 나타났다.

방공호 속에서 숨을 죽이고 있던 마을사람들은 한꺼번에 몰려나와 만세를 불렀다. 인민군에 끌려가는 것을 피해 다락이나 지하실에 꼭꼭 숨었던 젊은이들도 거리로 몰려나와 껑충껑충 뛰었다.

그러나 나는 난감하기만 했다. 말 그대로 하루아침에 알거지가 되었다. 가재도구는커녕 옷 한 가지 신발 한 짝 못 건졌으니 당장 활동하기도 어려웠다.

수십 년 동안 모았던 수천 권의 책을 태워버린 것은 아직도 아까워 견딜 수가 없다. 중학 시절부터 호떡 한 개 안 사먹고 사모은 책들인데, 마음에 드는 책이 있으면 빚을 내다가 사모은 것들인데……

오늘날 국내의 어느 곳에도 없는 목판본 《내훈언해(內訓諺解)》 4

책 등 귀중한 책들도 많았기에 학자인 내게는 너무 큰 아픔이 아닐 수 없었다.

그러나 그때는 그토록 책을 아까워 할 경황이 없었다. 길거리에 나앉아 넋이 빠져 있었다. 뒤통수를 호되게 얻어맞은 것처럼 그저 멍하기만 했다.

이웃 김종대 집에서 우리 식구들을 불러 밥을 지어 주었다. 다음날은 권기현(權淇鉉) 씨라는 이웃사람이 사랑채를 내주어 그 집으로 옮겨갔다. 배급을 받아다 끓이고 숟가락 밥그릇을 빌려다 끼니를 때웠다.

그러나 언제까지 그렇게 거지생활을 할 수만은 없었다. 궁리 끝에 집사람을 장지영(張志暎) 씨에게 보내 양복 한 벌을 얻어 오고, 또 다른 사람에게서 신던 구두 한 켤레를 얻어 왔다.

빌려 온 옷을 걸치고 길을 나섰다. 그러나 또 안경이 없으니 세상은 온통 안개 속 같았다.

길을 가다 시체에 채이기도 하고 돌부리에 걸려 넘어지기도 했다. 막연하게 학교에 가보았다. 대학병원 구내 숲 속에도 수십 구의 시체가 나자빠져 있었다. 저들이 도망가며 입원했던 부상병을 사살한 것이었다. 다행히 학교 건물은 상하지 않았다. 또 한 가지 다행한 것은 그 날 이후로 안경을 안 끼게 된 것이다. 처음에는 안개 속처럼 희미하더니 차차 적응이 되었던 것이다.

형편이 괜찮을 듯한 친구들을 찾아보았지만, 별 수가 없었다. 생각다 못 해 친척을 찾았다.

500,000원을 변통했다. 또 어떻게 어떻게 500,000원을 구해 경기여고 뒤 오궁골[지금의 신문로 2가]에 셋집을 얻었다. 당시 국회 사무총장이던 선우종원(鮮于宗源) 씨 집이었다.

죽으라는 법은 없다는 것을 그때 체험했다. 내 처지를 전해 들은 둘째아우 희민(熙旻)이 화재당한 소문을 듣고 고향에서 쌀 10가마를 배로 실어 왔다.

며느리의 친정 마을[장단(長湍)] 친구 한 사람은 배에다 장작을 가득 싣고 팔러 왔다가 팔릴 기미가 없자 "싣고 돌아가기도 뭣하니 이 선생이나 때십시오" 하고 실어 왔다.

거처할 곳과 양식과 땔감, 이 세 가지가 얼마나 소중한 것인지 그때 알았다. 처가에 숨었던 아들도 돌아왔다.

어느 날 이능우(李能雨) 군[전 숙명여대 교수]이 찾아와 "무엇이라도 좀 해보셔야죠" 하고 권했다.

신문로 대로변에 있는 점포를 무상으로 빌려 줄 테니 장사라도 해보라는 것이었다. 내가 집을 잃고 알거지가 되었을 때 수시로 쌀자루를 메고 오던 그였다.

그렇게 하여 단팥죽 장사를 시작했다. 집사람과 며느리가 단팥죽을 만들었고, 나는 떡집에 가서 찹쌀떡을 받아 왔다. 10원을 주면 두 개씩을 더 주었다. 10원어치를 팔면 2원은 남는 장사였다. 제과점에 가서 양과자도 조금씩 받아다 팔았다.

워낙 몫이 좋은 곳인데다 세상이 어지러웠던 덕분에 장사는 잘 되었다.

1·4후퇴

잔류파냐, 도강파냐

3개월 만에 서울을 수복한 국군과 유엔군은 계속 북진을 거듭했다. 백두산에 태극기를 꽂고, 곧 통일을 이루리라는 사실을 의심하는 사람은 아무도 없었다.

그러나 10월 말에 이르러 중공군이 개입하면서 국군과 유엔군이 되밀리고 있다는 소문이 돌았다. 곧 서울은 술렁이기 시작했다.

단팥죽 가게에 앉아서 밖을 내다보면 신문로 큰길에 피난민들이 흘러가고 있음을 알 수 있었다. 유난히 눈이 많은 겨울이었는데도 그 눈길 위로 피난민 대열은 계속 늘어만 갔다.

우리도 피난을 서둘렀다. 어린것과 88세의 노모가 큰일이었다.

오래 두고 생각한 끝에 젖먹이는 업고 가기로 하고, 노모는 남아 계시도록 했다. 엄동설한에 눈은 쌓이고 탈것도 없으며 보행하실 수도 없는 처지인데 길을 나섰다가 길바닥에서 변을 당할는지도 모를 일이어서 차라리 못할 일이지만, 중년에 홀몸으로 있는 12촌 누이에게 어머니를 모시고 있으라 부탁하여 남아 계시도록 하는 게 좋겠다는 판단이었다.

성탄절 아침 일찍 길을 나섰다. 집사람과 며느리, 딸 교순(教順), 젖먹이[옥경], 이렇게 다섯 식구와 넷째아우 희섭(熙暹)의 여섯 식구를 합해 모두 11명이었다.

미리 쌀 3가마를 보내 두었던 과천의 외사촌 최원식(崔元植) 집이 목적지였다.

끊어진 한강 인도교 밑에 임시로 급조한 가교는 밀물처럼 몰려닥치는 피난민들이 일시에 건너기엔 너무 좁았다. 강안(江岸)에서 하루 종일 차례를 기다려야 했다.

강을 겨우 건너 섰을 때는 벌써 어두웠다. 눈 덮인 고개를 넘어 밤길을 강행, 서울서 30리 길 남짓한 과천(果川) 막계리(莫溪里)에 도착했을 때는 한밤중이었다.

외사촌 집에서 그 날 밤을 밝히고 다음날 동네 빈 집을 한 채 얻어 들었다. 아군이 쫓긴다고는 하나 강은 건너 놓았으니 사태가 급해지면 다시 떠나리라 생각했다. 적어도 한강을 사이에 두고 있으므로 며칠간은 저항할 수 있으려니 생각했던 것이다.

그러나 새해(1951년) 1월 3일 하오, 사태 탐색차 서울에 갔던 아우는 "큰일났어요. 곧 공산군이 서울에 들어온대요" 하고 숨을 헐떡이며 급히 돌아왔다.

식구들이 모여 의논을 시작했다. 내게는 남쪽에 아무 연고지도 없으므로 많은 식솔을 거느리고 무작정 길을 나설 용기가 나지 않았다. 나는 먹을 것과 거처가 있는 이곳에서 어떻게 피해 보자고 했다.

그러나 식구들은 이번에도 피난을 못 가면 또 공산당에 부역했다는 소릴 들을 터이니 나 혼자만이라도 떠나라고 했다. 그 말에 나의 결심은 서고 말았다. 6·25 때 꼼짝없이 잔류파가 되었던 나는 수복 후 도강파(渡江派)들로부터 심한 수모를 당했던 것이다.

수복 후 어느 날의 일이었다. 문교부로부터 부름을 받은 나는 구국회의사당에 자리잡았던 청사를 찾아간 일이 있었다. 그곳에는 나와 그렇지 않을 사람이 버티고 앉아 있다가 다짜고짜 "이 선생, 그 동안 부역했더군요"라고 윽박지르듯 하더니 징계위원회에 회부한다고 했다.

적치(赤治) 3개월 동안, 포로가 되어 저들의 강압을 뿌리치지 못했던 사실을 '부역'으로 규정해 버리는 것이었다.

나는 그때 "서울을 끝까지 사수할 것이니 서울 시민은 각자의 직장을 지키라"던 이 대통령의 지시 방송을 충실히 지킨 것이 어째 부역이냐는 못난 생각이 들었으나 아무 항변도 못 한 채 3개월 감봉처분을 받고 말았다.

그런 '전과(?)'가 있는 터에 이번에도 또 피난을 못 가면 어떤 누명을 쓸 것인지도 모르는 판이어서 나는 단신 피난을 결심한 것이다.

이왕 떠나려면 서둘러야 했다. 단팥죽 장사로 번 돈 30만 원 중 10만 원을 챙겨 갖고 아우와 함께 그 날 밤으로 길을 나섰다. 가서 자리를 잡고 어떻게든 가족을 데리러 오마고 했다.

태생지인 시흥군의 포일리(浦一里) 마을에 도착하여 숙모집을 찾아 들었다. 그리고 바로 단잠에 빠져 있던 4일 새벽녘이었다.

요란한 문 소리에 일어나 보니 쫓기는 국군 병사 2명이 들이닥쳐 하룻밤 자고 가자고 하는 것이었다. 벌써 거기까지 아군이 쫓겨 왔다는 것은 사태가 그만큼 급박하다는 뜻이었다. 우리 형제는 그 길로 떠났다. 피난민 대열이 홍수처럼 밀어닥쳤다.

남부여대(男負女戴)의 피난민 행렬은 흩어진 가족을 부르는 소리로 뒤범벅이 되어 아비규환이었다.

우리 형제도 손을 굳게 잡고 인파에 떠밀려 내려갔다. 국도에 이르렀으나 그곳은 후퇴하는 군대의 장비와 병력으로 메워져 피난민의 접근이 금지되었다.

군포(軍浦)로 건너가 철로를 택해 남으로 밀려갔다. 수원역에 도착
했을 때 우리는 피난민을 가득 태운 열차를 발견했다.

불문곡직하고 열차에 달려가 올라타려 했으나 승강구에까지 발끝
하나 디딜 틈도 없이 매달린 승객들이 "이러면 다 죽고 만다"고 악을
쓰며 못 타게 했다.

열차의 지붕 위에까지 피난민들이 가득했다. 악착스럽지 못한 우리
는 쉽사리 물러나고 말았다.

철길을 따라 계속 남으로 걷는 수밖에 없었다. 오산(烏山)에 도착
했을 때 우리는 마지막 기차를 얻어타는 행운을 잡았다. 무개 화차였
다.

가시밭 피난길 천 리

나 한 몸 거두기가 이토록 힘들 줄이야

오산역에서 요행으로 얻어탄 화차는 날이 저물도록 떠날 줄을 몰랐다. 살을 에는 찬바람이 몰아치는 겨울밤을 꼼짝없이 지붕도 없는 화차 속에서 새워야 했다.

어찌나 사람이 꽉 찼던지 춥지는 않았다. 다음날도 기차는 꼼짝하지 않았다. 그러나 가기는 간다는 것이었으니 포기하고 걸을 수도 없었다.

사흘째 되던 날이 저물어서야 기차는 떠났다. 환성이 터졌다. 이제는 일사천리로 부산까지 달려가게 되었구나 했다.

그러나 불과 한 시간도 못 되어 그런 기대는 산산조각이 나고 말았다. 느리게나마 덜컹거리며 어둠 속을 달리던 기차는 요란한 폭음과 함께 멎고 말았다. 평택 못 미처 어떤 교량을 건너던 중 교량이 폭파되면서 기관차가 불벼락을 맞은 것이다.

다시 걸어갈 수밖에 도리가 없었다.

철길을 따라 걷다가 길이 막히면 돌아서 다시 철길로 되돌아왔다.

부산까지 가는 가장 가까운 길은 철길을 따라 걷는 것이었다.

철로변에는 시체들이 즐비했다. 특히 커브 길에는 어김없이 열차에서 떨어져 죽은 시체들이 나뒹굴고 있었다. 기차가 커브 길을 달릴 때 차체가 휘청하면서 지붕 위에서 굴러떨어진 피난민들이었다.

대전에 도착한 것은 과천을 떠난 지 1주일 만이었다. 경상도 쪽으로 계속 남하하려는 피난민 대열은 헌병들의 제지로 철길을 벗어나 금산(錦山) 쪽으로 돌았다. 천신만고 끝에 철길을 되찾은 것은 옥천(沃川)에서였고, 영동(永同), 추풍령(秋風嶺)을 지나 김천(金泉)에 이르러 다시 길이 막히자 성주(星州)로 빠졌다.

성주 천창(泉倉)의 어느 주막에서였다. 지나가는 말로 "성주는 내 은사 백농 선생의 고향인데……"라고 했더니 주모가 반색을 하며 "백농 선생의 백씨(伯氏)가 이 동네에 있다"고 알려 주었다. 주모의 안내로 그 집을 찾았을 때 나는 피난길에서는 꿈도 꿀 수 없는 융숭한 대접을 받았다. 선생의 산소가 동네 가까이에 갓 모셔졌다는 것이었으나 쫓기는 몸인데다 눈이 많이 쌓여 성묘는 하지 못했다.

백농(白農) 최규동(崔奎東) 선생은 6·25 때 세검정에서 와병 중 평양으로 끌려가셨는데 서울이 수복된 후 선생의 둘째 자제 성악(性岳) 군이 북진하는 국군을 따라 평양까지 가보니 이미 옥중에서 병사했더라는 것이었다. 다행히 그 옥에 의사로 있는 제자가 공동묘지에 유해를 안장하고 푯말 하나를 세워 유해를 찾을 수 있었다는 것이다.

그리하여 동아일보 앞 광장에서 뒤늦은 장례식을 치르고 유해를 고향인 성주의 선영에 모셨던 것인데, 그 앞을 지나면서도 영전에 찾아뵙지 못하는 나의 심사는 쓰라린 것이었다.

고령(高靈)을 거쳐 대구로 행군을 계속했다. 어느 낙동강 나루에 이르렀을 때 민간인들은 일체 강을 건널 수 없다며 길을 막았다. 경비를 서고 있던 경찰관과 군인에게 통사정을 해도 들은 체하지 않았다.

그때 마침 경성제대 동기생인 김종열(金鍾烈) 군이 트럭에 가족을 태우고 나루에 도착했다. 국회의원인 그의 힘을 빌어 강을 건너 보려 했다. 그러나 그도 혼자만 건넜을 뿐 가족은 남겨 두어야 했다.

이렇게 되자 이런 일에는 나보다 주변이 좋은 아우가 양담배[럭키 스트라이크] 2갑을 사다 경비 경찰관에게 쓸어 주고는 통사정을 했다. '뇌물'은 즉각 효과를 나타내어 우리는 나룻배에 오를 수 있었다.

강 저쪽에서는 미군 헌병 2명이 도강자의 신분을 체크하고 있었다. 미군 중 한 사람은 우리와 함께 건너간 장작 실은 트럭에 기어올라가 저희들의 추위를 막으려고 장작을 던져내리고 있었고, 다른 한 사람은 우리와 함께 강을 건넌 젊은 여자가 배에서 내려 도망치는 것을 쫓아갔는데, 그 사이에 우리는 슬그머니 배에서 내려 인파에 섞여 들었다.

대구에 도착한 것은 20일 만이었다. 조선전업변전소 관사에서 대구의 첫밤을 지냈는데 아우는 조선전업의 직원이었기 때문에 그곳에서 기거할 수 있었지만, 나는 계속 그곳에 머물 수가 없었다. 그래서 이틀날 아우와 헤어져 시내로 나갔다. 후배 김사엽(金思燁) 군을 찾아가 그 날 하루를 신세졌고, 우연히 길에서 만난 국문과 제자의 집에서 며칠을 묵었다.

그러나 언제까지 그렇게 식객 노릇을 할 수도 없는 일이었다. 어떻게든 부산으로 가야 무어든 일거리가 생길 것 같았다.

어느 날 우연히 이화여전 때의 제자 전숙희(田淑禧) 여사를 만나 사정 얘길 했더니 부산에 가는 군 차량을 주선해 주는 것이었으나, 그것도 경산(慶山)에서 검문에 걸려 쫓겨오고 말았다.

부산에 갈 궁리에만 골똘해 있던 어느 날 도청에서 문교부 직원들을 만나 부산에 데려다 달라고 사정했다. 그들은 즉시 "함께 가자"고 나서는 것이었다.

대구에서의 무위소일(無爲消日) 20여일 만에 부산에 도착했다. 음력으로 섣달 그믐날이었다.

김선기(金善璂) 군의 안내로 동광동(東光洞) 육군 전사(戰史) 편찬위원회를 찾아갔다. 이병도(李丙燾) 씨가 위원장이었고, 김정학(金廷鶴)·강신항(姜信沆) 군 등이 그곳에서 일하고 있었다.

사무실에서 하룻밤을 자고 김정학 씨를 따라 영도(影島)로 갔다.

좁은 여관방에서 10여 명이 새우잠을 자고, 낮엔 서울대학 연락사무소와 다방 같은 곳에서 빈둥대는 생활이 시작되었다.

참으로 나 한몸 먹고 잘 수 있는 일자리를 얻기도 무척 어려운 세월이었다.

어머니의 유해를 손수레에 싣고

거지꼴이 되어 부산거리를 헤매다 월파(月坡) 김상용(金尙鎔)을 만났다. 정말 죽으라는 법은 없는 모양이어서 월파는 선뜻 "우리 신문사에 와 있으라"고 했다.

그는 김활란 여사가 경영하던 《코리아 타임스》를 맡아 10평도 채 못 되는 가게에 활판인쇄 시설을 차려 놓고 신문을 찍어내고 있었다.

신문기자를 해본 일도 없는 터에, 더구나 영자신문이었으니 내가 할일이라곤 한 가지도 없었다. 그러나 그는 나를 고문이라고 임명한 뒤 기자들보다 많은 월급을 주었다. 장바닥에서 꿀꿀이죽 한 그릇씩으로 그야말로 목숨만 이어 가던 터였으니 더할 데 없이 고마운 일이었다. 나는 염치가 없어 한글에 관한 기사를 기고하기도 했다.

호구지책을 마련하고 나니 두고 온 가족들의 안부가 궁금해 견딜 수 없었다. 마침 서울로 출장을 가는 기자가 있어 집에 들러봐 달라고 부탁했다. 며칠 후에 돌아온 그 기자는 노모(老母)가 와병 중이라고 전해 주는 것이었다.

안부를 모르느니만 못 했다. 도무지 불안해서 일손이 잡히질 않았다. 어떻게든 서울엘 가려면 군의 힘을 얻지 않으면 안 될 형편이었다. 그래서 해군 문관으로 근무하고 있는 유진오(兪鎭午) 씨를 찾아가 군대의 일자리를 구해 달라고 부탁했다.

유씨는 며칠 뒤 김태숙(金泰淑) 해군 대령을 내게 소개해 주었고, 김 대령은 진해 해병대사령부에 자리가 있다며 소개장을 써주었다.

진해로 신현준(申鉉俊) 해병대 사령관을 찾아가 김 대령의 소개장을 내밀었다. 좋다고 했다. 3월 28일, 나는 해병대 문관 발령을 받기에 이르렀다. 전사(戰史) 편수관이라는 직함이었으나 영문으로 된 전략서적을 번역하는 일을 주로 했다. 김학엽(金學燁) 씨[전 고려대 교수]도 함께 일했다.

1주일도 채 못 되어 나는 신 사령관을 찾아가 솔직하게 사정을 털어놓고 가족을 데려오도록 도와줄 것을 청했다. 신 장군은 선선히 응낙을 해주었다. 며칠 후에 자신이 직접 서울에 갈 일이 있으니 그때 같이 가자는 것이었다.

1951년 4월 10일 신 장군 일행과 함께 서울로 떠났다. 대구와 유성(儒城)에서 하룻밤을 자고 서울에 도착한 것은 12일. 전화(戰火)로 폐허가 된 서울 거리는 행인도 뜸하고 앙상하게 뼈대만 남아 우뚝우뚝한 건물 기둥들이 마치 촉루(髑髏)와도 같아서 저승의 거리에나 온 듯 무서운 생각이 들었다.

서대문 쪽으로 신문로를 걸어가는 도중 당주동(唐珠洞) 어귀 길가에서 목판을 놓고 물건 장사를 하는 이한테서 인절미와 초콜릿을 사들고 신문로 집으로 달려갔다. 다급한 마음에 대문 밖에서 "어머니!" 하고 불렀다. 인기척이 없었다. 불길한 생각이 들어 대문을 박차고 들어가 안방 문을 열어젖혔다.

어머니는 혼자 누워 계셨다.

"어머니, 불효자 희승이가 돌아왔습니다"

목이 메어 외쳤으나 아무 반응이 없었다. 와락 달려들어 몸을 붙들고 흔들었다. 희미하게 신음 같은 대답소리가 들려 왔다. 운명하신 줄 알았더니 아직은 살아 계셨던 것이다.

다음날 4월 13일 아침, 어머니는 운명하셨다.

형식만 갖추어 염을 하곤 손수레에 유해를 싣고 홍제동 산에 모셨다.

이제는 과천(果川)에 두고 간 가족들을 찾아야 했다. 수소문을 해 보았더니 내가 과천을 떠난 다음날 그곳까지 중공군이 쳐들어와 조카 딸 하나는 총에 맞아 죽고, 며느리는 다리에 총상을 입었으며, 온 식구가 장단(長湍)의 며느리 친정집으로 갔다는 것이었다.

걸어서 길을 떠났다. 해병대 문관의 신분증과 여행증명서를 가진 덕분에 임진강을 건널 수 있었다.

고향 상조강(上祖江)과 장단에 흩어진 가족들을 모아 바삐게 다시 강을 건너왔다. 건너온 것이 4월 22일이었다. 우리가 떠나온 몇 시간 후 춘계 대공세를 벌인 중공군이 마을을 다시 점령했으니 그야말로 위기일발의 순간이었다.

생각해 보면 정말 인위적인 조작이 아닌가 싶게 아슬아슬한 일들이었다. 지금 생각해도 그것은 알 수 없는 영감에 따라 행동했던 것이 아닌가 싶다.

서울 도착이 하루만 늦었던들 어머니의 임종을 못 했을 것이고, 또 흩어진 가족들을 구출할 수도 없었을 것이다.

가족들을 이끌고 서울에 돌아왔으나 쉴 겨를도 없이 떠나야 했다. 작은집 가족까지 합해 열댓 명이나 되는 대부대를 이끌고 영등포역으로 나갔다. 군용열차가 있었지만, 문관 신분인 나밖에는 탈 수가 없었다. 할 수 없이 인천으로 향했다. 해병대 인천 수비대를 찾아가 배편을 알아보았다.

이틀 뒤에 부산 가는 배가 있다고 했다. 리처드 딕슨 호라는 LST 함이었다. 갑판에서 밥을 지어 먹으며 배에서 또 이틀이 지나서야 진해에 도착했다.

문제는 또 생겼다. 가족들은 상륙시킬 수가 없다고 했다. 온갖 우여곡절 끝에 가족을 구출한 경위를 설명했으나 듣지 않았다. "만일 내려주지 않으면 집단자살을 하겠다"고 마지막으로 을러댔다. 어거지는 통했다.

진해 땅에 발을 붙였을 때는 절로 긴 한숨이 나왔다.

미리 얻어 두었던 셋방으로 식구들을 데려갔다. 얼마 후엔 온채 전세집을 얻어 아우의 가족과 합쳐 두 집 식구가 옮겼다. 또 얼마 후에는 그곳에 집을 사서 피난 중이던 인촌 선생이 부통령이 되어 부산을 떠나며 "내 집에 와 있게"라고 했다. 해병대사령부가 부산으로 이동할 때까지 반 년 동안을 인촌 선생 집에서 살았다.

캘리포니아대학과 예일대학에서의 수학

진해에서의 6개월은 그런 대로 안정된 생활이었다. 인촌 선생이 부산으로 떠나며 집을 내주어 널찍한 집에서 살 수 있었고, 해병대에서 쌀과 일용품을 배급해 주어 배고프지 않은 피난생활을 꾸려갈 수 있었다.

1951년 10월, 부산으로 이동하는 해병대를 따라 우리도 그곳으로 옮겨갔다. 부산은 진해와는 달리 집을 구하기가 무척 어려웠으나 다행히 정병욱(鄭炳昱) 군이 널찍한 방 한 칸을 얻어 주어 식구들을 데려올 수 있었다.

1952년 3월 전시 연합대학이 해체되고 서울대학교가 문을 열게 되자 나는 해병대 문관을 사직하고 교수로 되돌아왔다.

문리대 학장 손진태(孫晋泰) 씨가 6·25 때 납북되었기 때문에 방종현(方鍾鉉) 군이 학장 서리를 맡고 있었다. 방 학장 서리는 후원회 이사장 강세형(姜世馨) 씨와 함께 개교를 서둘러 우선 구덕산(九德山) 아래 부산대 옆의 밭을 빌려 가교사를 지었다. 말이 좋아 가교사지 지붕은 천막이요, 벽은 널빤지로 막은 판자집이었다.

방 학장 서리는 개교 준비를 위해 과로한 까닭으로 1학기가 지나면서 병이 나더니 끝내 10월에 운명하고 말았다.

최규남 총장은 나에게 학장직을 맡아 달라고 했다. 그러나 나는 완곡하게 거절했다. 방 학장처럼 열심히 일할 능력이 없는데다 검인정 국어 교과서 출판을 준비하는 중이었기 때문에 중요한 자리에 앉을 형편이 못 되었다. 결국 김상기(金庠基) 씨가 학장이 되었다. 나는 대학원과 문리대를 오가며 강의를 계속했고, 이대(梨大)에도 출강했다.

피난 대학의 분위기란 도대체 안정이 되지 않아서 강의다운 강의를 하기가 어려웠다.

1953년 봄이 되자 이번에는 대학원장 윤일선(尹日善) 씨가 병으로 눕게 되었다. 최 총장은 또 나를 불러 대학원 부원장을 맡으라고 했다. 이번에도 거절을 하면 정말 노여움을 살까봐 할 수 없이 수락했다. 부원장이란 원래 직제에도 없는 것이지만 원장이 와병 중이어서 실질적인 원장 직무를 맡아야 했다.

전황이 소강상태가 되면서 휴전이 논의되더니 1953년 7월 27일 휴전협정이 이루어졌다. 정부가 환도하자 우리도 서울로 되돌아왔다. 집이 없는 나를 위해 대학에서는 동숭동 관사를 내주었다.

서울에 돌아온 직후인 9월 18일 나는 미 국무성 초청으로 미국으로 떠났다. 미국 정부의 교육교환법(Smith and Mundt Act)에 따라 교환교수로 1년 동안 캘리포니아대학과 예일대학에서 일하게 된 것이다.

서울대에서는 나와 신태환(申泰煥)[법대], 이상훈(李常薰)[상대], 이종수(李鍾洙)[사대], 김증한(金曾漢)[법대] 등 5명이었고, 이건호(李建鎬)[고려대], 조병국(趙炳國)[이대], 김영묵(金榮默)[충남대] 등 10명이 함께 떠났다.

실패는 성공의 어머니다

'실패는 성공의 어머니'라는 말이 있다. 그러나 누구든지 실패를 하고 싶은 사람은 없을 것이다. 실패는 이와 같이 반가운 것이 아니다. 그러나 누구든지 한평생 동안 실패를 한 번도 맛보지 않은 사람은 없을 것이다. 더구나 인정(人情)·풍속·습관 기타 모든 사회제도가 서투른 외국에 가서 적으나 크나 다소의 실패는 예기할 수 있는 것이다. 그러나 실패를 겪고 나서 생각하여 보면 그것처럼 멋없고 싱거운 노릇은 다시 없다.

부산 수영공항에서 노스웨스트 항공기(NWA) 편으로 출발, 도쿄, 알류산 열도를 거쳐 1953년 9월 21일 아침에 미국 시애틀 공항에 내렸다. 모든 것이 새롭고 눈설고 어리둥절했다. 일본 도쿄에서 9월 21일 아침에 떠나서 비행기 위에서 하룻밤을 지냈건만, 이곳은 그대로 9월 21일이었다. 우리나라가 밤일 때 이곳은 낮시간이라 지금까지의 습관으로 보면 잠을 자야 할 시간에 활동을 하지 않으면 안 되었다. 이것만으로도 정신이 멍하여 어리둥절해질 수밖에 없었다.

시애틀 공항은 규모도 크거니와 설비도 완전한데다가, 제조공장에서 갓 뽑아낸 듯한 눈이 부신 신형 자동차들이 착륙장 주변으로 수천 대나 행렬을 지어 늘어서 있으니, 처음 보는 광경으로 현란하기 짝이 없었다. 동행한 일곱 사람 중 이종수 씨와 나는 미국 수도 워싱턴으로 직행하지 않고, 지정받은 대학으로 바로 가게 되어 도착 후 두 시간쯤 지나 다시 로스앤젤레스행 비행기를 탔다.

다시 두어 시간쯤 지나서 나는 샌프란시스코 공항에 내렸다. 이때부터는 서로 의지가 되는 동행도 없어져서, 혈혈단신(孑孑單身)으로 앞에 닥치는 운명을 개척하여 나가지 않으면 안 되게 되었다. 샌프란시스코 국제공항에 내려서 "캘리포니아대학이 있는 버클리를 어디로 가야 하느냐"고 물으니, 요사이 각종 교통기관이 파업 중이므로 어려울 것이라고 대답하면서, 우선 샌프란시스코의 다운타운으로 가서, 그곳에서 무슨 방법을 찾아보라고 한다.

나는 항공사에서 제공하는 리무진을 타고 다운타운으로 갔다. 미국의 각 도시는 으레 다운타운이란 것이 있어서, 가장 번화한 상업 중심지를 이루고 있는데, 이런 곳은 그 도시 중 대개 지대가 낮은 곳에 있다. 그런 관계로 다운타운이란 말이 생기었는데, 국어로 '아래대'란 말에 해당하는 것이다.

항공사에서 제공하는 리무진은 우리나라에서와 같이 무료가 아니다. 당시 미국 돈 70센트를 주고 샌프란시스코시 다운타운에 내렸다. 버클리를 어떻게 가면 좋으냐고 물으니, 요새 키 시스템 교통회사 소속의 모든 철도와 버스는 파업 중이라 택시를 타지 않으면 안 된다고 한다. 그러자 어떤 택시 한 대가 촌계관청격(村鷄官廳格) [촌닭이 관청에 간 것 같다는 뜻임]으로 가방 한 개를 들고 어리벙 머뭇거리는 나의 행색을 재빠르게 눈치채고, 나의 앞에 와서 정차를 하더니 "어디로 가려느냐"고 묻는다. 그럭저럭 5시가 지난 터라 캘리포니아대학으로 직접 가봐야 아무도 만날 듯싶지 않기에, 캘리포니아대학으로 가는 사람인데 오늘은 늦었으니 그 근처 호텔로 가자고 하였다.

다른 분들은 대개 지정받은 대학으로 미리 전보를 쳐서 도착시각을 알렸으므로, 그 대학에서 공항으로 마중을 나오게 된 것이 보통인데, 나는 웬일인지 미리 노문(路文)[일정표를 미리 알리는 것]을 놓고 다니기가 싫었다. 무작정 나서는 버릇이 있다.

이것은 일종 나의 병통이다. 그 전에 일본 도쿄를 처음 갔을 적에도 친구가 없는 건 아니지만 덮어놓고 지도 한 장을 사 가지고, 아는 친구의 주소를 찾느라고 무한히 헤맨 경험도 있다. 그렇지만 미리 전보로 연락하고 싶지는 않았다.

샌프란시스코와 버클리는 금문만(金門灣)을 사이에 두고 연접한 도시인데, 그 만(灣)을 걸쳐서 가설(架設)한 철교—7마일이나 되는 미국 최장(最長)의 철교—를 건너지 않으면 안 된다. 이 다리를 건너는 동안 나는 운전수에게 과히 비싸지 않은 호텔로 가자고 부탁하였다.

대학까지는 아직도 거리가 있는 유씨(UC)호텔 앞에 내려준다. 택시 삯을 물으니 7달러 50센트라고 한다. 거리도 있었지만 상당히 호된 운임이라 생각되었다. 그러나 미국땅을 처음 밟는 한국사람으로서 삯을 깎는다는 것은 내 자신의 체면보다도 한국사람이란 위신과 체면을 국제간에 손상시킬까 염려하여 군말 없이 치러 주었다. 물론 이 7달러 50센트 중의 50센트는 철교의 왕복 통행세로 제하고 보면, 실제로 운전수 주머니에 들어가는 돈은 7달러이다. 이런 이야기를 듣고 깜짝 놀라는 캘리포니아대학 교수 모씨(某氏)의 태도를 보든지, 그 후에 택시를 이용한 내 자신의 경험으로 보아, 7달러란 택시요금은 적잖이 비싼 금액이었다. 대중의 이용을 위한 모든 교통기관의 파업을 기회로 또 어디로 보든지 촌닭같이 어리둥절하여 이 구석 저 구석 기웃거리던 나의 태도를 이용하여 넘겨짚었던 것만은 사실이다. 이것이 내가 도미하자마자 당한 최초의 실패라 할 것이다.

호텔에 방을 잡아놓고 저녁식사를 하려 하니, 호텔 종업원의 말이 "우리 호텔에는 식당이 없으니, 길 건너 음식점으로 가시지요" 한다. 이리저리 기웃거리다가 자그마한 대중음식점을 하나 발견하였다. 핫도그니, 치킨파이니, 햄버거니 하는 등등, 처음 보는 명칭의 음식들이 적힌 메뉴판이 주르르 붙어 있고, 그 명칭 옆에는 가격이 표시되어 있다. 값이 많지 않은 그럴 듯한 음식을 하나 주문하고, 컵으로 파는 룻 비어라는 것이 있기에 한 잔 주문하여 미국 맥주의 맛을 처음으로 감상해 보려 하였다. 그랬더니 그 맛이 들큰도 하고 텁적지근도 하며, 시큰한 맛도 있는 듯하였다. 알콜분은 당초에 1퍼센트도 없는 성싶었다. 알고 보니 이것이 무주정(無酒精) 맥주라는 것이다. 헛다리 짚은 미국 맥주의 감상, 싱겁기가 짝이 없는 일이었다. 미국에서는 식당이나 음식점에서 술을 파는 법이 없다. 술을 먹으려면 따로 바(bar) 같은 데로 가지 않으면 안 된다.

이튿날 캘리포니아대학으로 가기 위하여 길에 나서 보니, 내 눈에 보기에는 모두가 고급 택시로, 꼬리에 꼬리를 물고 줄을 지어 행진하고 있었다. 나는 그것들이 죄다 택시인 줄 알고, 아무 놈이나 스톱을 시켜 놓고 캘리포니아대학으로 가자고 말하였다. 그러나 그 모두가 우리는 택시가 아니라고 거절하였다. 나는 무수히 신고하다가 정말 택시 한 대를 붙잡았다. 당시 미국에는 '옐로우 캡'이라고 이르는 누런 칠한 택시가 있고, 또 황색이 아니라도 차대(車臺) 지붕 위에 조그마한 표식(標識)을 세워서, 작은 글씨로 택시라는 것을 표시한 것이 있다. 맨 처음부터 이런 것을 구별할 줄 아는 총명함을 나는 가지지 못했었다.

여행 중에 짐처럼 귀찮은 것이 없다. 우리나라 속담에 '길을 떠나거든 눈썹도 빼어 놓고 가라'는 말이 있지만, 이번 여행 중에 나는 그 말이 과연 진리(眞理)라는 것을 절실히 느꼈다. 이러한 불편을 덜어주기 위하여 미국에는 철도 정거장마다 '수하물 맡아 두는 데'가 있는 외에 철제 라커가 수십 내지 수백 개씩 비치되어 있어서, 여객(旅客)들이 짐을 맡기기에 퍽 편리하게 되어 있다. 그 크기는 대개 두 종류가 있어서, 좀 큰 짐은 큰 라커에, 작은 짐은 작은 라커에 넣도록 되어 있다. 그 라커들은 여객에 의하여 이미 점령되어 있지 않으면, 한 사람이 몇개든지 쓸 수 있다. 그리하여 큰 라커를 사용하려면 요금으로 한 쿼터(1쿼터=25센트)를, 작은 라커는 한 다임(1다임=10센트)을 집어 넣으면 된다.

그런데 이 라커는 열쇠가 꽂혀 있으나 아주 빠지지는 않고, 짐을 넣고 문을 닫은 후 열쇠가 꽂힌 바로 상부(上部)에 있는 구멍에 요금을 집어 넣어야 비로소 문이 잠기는 동시에 열쇠가 빠져 나오게 된다. 이 열쇠를 자기가 보관하였다가, 볼일을 다 본 후 필요한 때에 그 라커를 열고 짐을 꺼내게 되어 있다. 그러나 일단 문을 연 다음에는 그 열쇠는 열쇠 구멍에서 빠지지 않게 되어 있다. 그러므로 이 라커의 주인 편으로 보면, 열쇠를 잃어버릴 염려는 조금도 없게 되어 있다.

여행하는 사람은 어떤 정거장에 도착하여, 짐을 이런 라커에 넣어 두고 그 도시에서 볼일을 다 마친 뒤에 다시 자기의 짐을 찾아 가지고 떠나게 되어 있어서, 여행자에게 이 라커는 여간 편리한 설비가 아니다.

1954년 1월, 샌프란시스코 근처에 있는 캘리포니아대학을 떠나서 미국 동부에 있는 예일대학으로 가는 도중에 시카고시에서 엿새를 머물렀다. 이 시카고를 떠나던 날 기차시간보다는 좀 일찌기 유니언 정거장에 가서 슈트 케이스와 작은 가방 하나를 라커에 넣어 두고, 남은 시간을 이용하여 시가를 구경하러 갔었다. 이와 같이 일찍 정거장으로 나오게 된 것은 대개 미국 호텔에서는 정오나 하오 1시 내지 2시가 지나면, 하루치 숙박료를 더 받기 때문이었다.

시가를 구경하다가 정거장으로 가서 보니 발차(發車)까지는 아직도 시간 여유가 좀 있었다. 이 시간을 이용하여 집에 편지를 쓰기로 하였다. 얼핏 생각해 보니 내 가방 속에 항공우편 봉함엽서가 들어 있다. 그리고 이 봉함엽서는 우편료까지 합하여 한 장에 미국돈 10전[1다임]이지만, 만일 이것을 꺼내서 쓰지 않고 보통편지를 써서 부치려면 우리나라로 오는 편지에는 25전의 우편료가 필요하다. 한 푼이라도 절약하려는 생각으로 라커를 열고 가방을 꺼내어 봉함엽서를 찾았다. 큰 정거장에는 여러 백 개의 라커가 있지만 일일이 번호가 있고, 또 열쇠에도 같은 번호가 있어서 라커를 못 찾을 염려는 없다.

다시 가방을 넣고 라커를 잠그려니 웬걸 도무지 잠겨지지가 않는다. 알고 보니 25전의 요금은 단 1회 사용에만 유효할 뿐 다시 잠그려면 또 25전이 필요하였다. 이번 실패는 15전 절약하려다 25전 손해를 보게 된 경우였다. 나의 어리석은 생각으로는 내가 열쇠를 가졌으니 몇십 번 몇백 번을 여닫든지 나의 마음대로라고만 여겼던 것이다.

나는 남달리 퍽 어리석지만 이런 실패는 나 하나뿐이라고는 생각지 않는다. 미국에 처음 온 사람으로서 과거에도 아마 더러 있었을 것이요, 앞으로도 전연 없으리라고 보증할 수는 없기에 이런 실패 경험을 적어서 여행객들의 거울을 삼으려 한다.

미국은 우선 큰 나라라는 인상을 처음에 받았다. 비행기로 횡단하려고 해도 하루(약 17～8시간)는 걸려야 하고, 기차를 이용하려면 2～3일은 가져야 한다. 이와 같이 넓기 때문에 표준시(標準時)가 우리나라와 같이 단일(單一)하지 않고 네 종류가 있었다. 즉 동부표준시 (Eastern Standard Time), 중앙표준시(Central Standard Time), 산악지방표준시(Mountain Standard Time), 태평양표준시(Pacific Standard Time＝서부 표준시)가 그것이다. 그렇기 때문에 여행을 하려면 자기가 가진 시계의 시간을 항상 조정하지 않으면 안 된다.

더우기 진귀한 일은 여름철에는 일광절약시간(Day Saving Time) 을 써서 시간이 전체적으로 한 시간 빠르게 된다. 그러나 주(州)에 따라서 이 일광절약시간을 채용하는 주도 있고, 그렇지 않은 주도 있다. 그렇기 때문에 같은 표준시를 사용하는 구역 안에 있는 주라도 여름에는 이웃 주와 한 시간씩 틀리는 경우가 있다. 그리하여 주의 경계를 넘을 때마다 시계의 바늘을 자꾸 고치지 않으면 안 된다. 기차의 출발이나 도착시각에 대하여 교정(校正)하지 않은 자기 시계만을 믿고 있다가는 의외의 실패를 맛보게 될 염려가 다분히 있다.

아무리 큰 도시라도 한 도시 안에서 시간을 달리 사용한다면, 우리나라 사람의 생각으로는 좀 상상하기 어려울 것이다. 그러나 미국 안에는 이런 일이 얼마든지 있다. 우선 뉴욕시에 있다. 그랜드 센트럴 터미널 정거장에서는 여름에 일광절약시간을 사용하고 있으며, 펜실베니아 정거장에서는 보통표준시, 즉 동부표준시를 채용하고 있다. 그러므로 두 정거장의 기차 시각표를 보고, 그것이 동일한 시간이거니 여기다가는 큰 실패를 하게 된다.

내가 한번 워싱턴에서 기차를 타고 뉴욕시 펜실베니아 정거장에 도착하여 곧 연락되는 차로 예일대학이 있는 뉴헤이븐으로 가려고 몸에 지니고 있던 기차시각표를 보니 20분의 여유가 있었다. 이 시간을 이용하여 뉴욕시 다운타운을 산책이나 하고 떠나려고 짐을 들고 플랫포옴으로부터 나오다가 보니 바로 내가 내린 열차에 뉴헤이븐이란 표지를 붙인 차대(車臺)가 많이 달려 있었다. 이 열차가 20분 후에 떠나려나보다 생각하고 거의 정거장을 나오다가 혹시나 하고 되돌아가 그 열차 차장에게 물으니까 지금 막 발차할 터이니 어서 타라고 재촉한다. 빨리 올라가서 좌석에 막 앉자마자 차는 출발하였다. 아슬아슬한 판이었다.

이것은 동일한 정거장에서 두 가지 시간을 채용하는 예다. 즉 같은 펜실베니아 정거장 안에서도, 서방 선로를 왕복하는 열차들은 뉴욕 주의 서방에 있는 이웃 주민들이 일광절약시간을 채용하지 않기 때문에 그 방면과의 연락상 동방표준시를 사용하고 있으며, 뉴욕 주와 그 이동(以東) [실상은 동북방이다]에 있는 여러 주는 일광절약시간을 사용하고 있기 때문에 그 이동 선로를 달리는 열차들은 하절 시간으로 시각표를 작성한 것이었다. 이 방면의 선로는 펜실베니아 철도회사의 소속이 아니고, 다른 철도회사의 선로이기 때문에 그와 같이 된 것이다.

이러한 경험을 하고 기차 시각표를 자세히 살펴보니, 제 몇번 열차는 일광절약시간에 의하고, 제 몇번 열차는 동부표준시에 의하여 표시한 것인데, 승객이 이것을 알지 못하여 손해를 당할지라도 철도회사는 책임을 지지 않는다는 주의 사항이 기록되어 있었다.

1954년 7월 8일, 나는 미국 중부에 있는 도시 인디애나 폴리스 정거장에 도착하였다. 이곳에서 인디애나 주립대학이 있는 블루밍턴으로 가야 할 터인데, 기차로 가려면 지선(支線)과의 연락 관계로 중도에서 하룻밤을 묵게 된다. 버스를 타기로 하고 버스 정류소에 전화를 걸어서 차 시간을 물어보니 하오 6시 18분에 출발한다고 한다. 시계를 보니 약 40분의 여유가 있었다. 그리하여 잠깐 통과하는 도시지만 시가 구경이나 좀 하려고 천천히 걸었다. 시간은 아직 되지 않았지만, 버스 정류소에 들어가 물어보니, 그 버스는 벌써 떠났다고 한다. 당신네 시계는 어째 철도 정거장 시간과 다르냐고 물었다. 그의 대답이 "철도회사 시간과 우리가 무슨 상관이 있어요? 우리는 일광절약시간을 사용하고 있는데요"라고 한다. 그리하여 할 수 없이 7시 18분에 떠나는 다음 차를 탔다. 전화로 물어볼 때 일광절약시간이냐 표준시간이냐라고 따졌더라면 이러한 실패가 없었을 것을, 미국 사정에 밝지 못한 탓으로 뜻밖의 실수를 하였던 것이다. 미국을 여행하는 사람은 이 시간에 대하여 단단히 주의할 필요가 있다고 생각한다.

1954년 6월 19일 예일대학을 아주 작별하고 떠나서, 뉴욕시에 와서 5∼6일 묵다가, 그달 26일 뉴욕시를 출발하여, 약 1개월 동안 미국 각 지방을 순회하는 여행을 떠났다. 처음 향한 곳이 뉴욕으로부터 동북방, 기차로 세 시간 반 가량 걸리는 보스턴이었다. 이곳은 우리 서윤복(徐潤福) 선수가 마라톤에서 우승한 곳이요, 또 이 도시와 연접한 케임브리지시에는 미국 대학의 원조(元祖)인 하버드대학이 있다. 나는 이 하버드를 첫 목적지로 삼은 것이었다.

이 기차는 내가 5개월이나 살고 있던 뉴헤이븐시를 통과했다. 그만해도 정든 곳이라 차창을 통하여 다시 한 번 유심히 내다보며 지났다. 여행 중 부족하기 쉬운 것은 수면이다. 어느덧 피곤하여 잠이 들었다. 얼마를 갔던지, 또 얼마를 잤던지, 언뜻 잠을 깨어보니, 기차가 어느 역에 정거하였다가 막 떠나는 참이었다.

처음 나는 이 기차에 오를 적에 무거운 슈트 케이스를 들고 올랐다. 입구 한쪽 옆으로 빈 자리가 있고, 거기에는 몇개의 짐이 놓여 있기에 나도 그곳에다 슈트 케이스를 놓아 두었다. 그러나 혹시나 해서 잠들기 전에 가끔 내 짐[슈트 케이스]을 살펴보았다. 한데 잠을 깨서 보니 내 짐이 온 데 간 데 없었다. 잃어버린 것이 분명했다. 그리하여 포터에게 물어보았다. 그는 눈이 둥그래지며 자기는 모른다고 대답했다. "왜 모르냐"고 다시 잼처 물었더니, "모르니까 모른다고 대답할 수밖에 더 있느냐"고 하며, 좀 당황한 태도를 보였다. 나이 50이나 넘었을 듯한 늙수그레한 사람이다. 그러나 그가 그 물건을 없앴다고는 생각되지 않았다. 그렇지만 또 승객 중에서 내가 잠든 틈을 타서 훔쳐 가지고 내려 버렸다고 단정하기도 어렵다. 그럴 리 만무하다고 생각하였다. 그러나 내 슈트 케이스가 없어진 것만은 사실이니까, 꼬빡 없이 잃어버렸다고 생각할 수밖에 없었다.

뉴헤이븐을 출발할 때 웬만한 짐은 다 본국으로 부치고, 이 케이스에는 여행 중 당장 입을 와이셔츠, 속옷 등속을 넣었을 뿐, 그리 중요한 물건은 들어 있지 않았다. 그러나 한 가지 탈난 일이 있었다. 귀국할 때 유럽을 돌아오려고, 친구에게서 빚을 얻어 400달러의 여행수표로 바꾼 것이 이 트렁크 속에 들어 있었다. 더욱 난처한 것은 뉴헤이븐 은행에서 여행수표를 바꿀 때 그 번호를 적은 용지를 주면서 여기에 번호를 적어 가지고 있다가 만일 수표를 분실하거든 곧 그 기록을 보내 주면 돈을 도로 찾을 수 있다고 일러 준 일이 있었다. 그런 것을 나는 그 번호 적은 용지까지 슈트 케이스에 수표와 함께 넣어 두었던 것이다. 그 수표의 번호를 알 도리가 없었다. 그러면 400달러는 손해를 보고 말아야 하나, 그도 견딜 수 없는 노릇이었다.

포터를 붙들고 또 물어보았다. 그는 아까와 마찬가지 태도로 모른다고 방패막이만 한다. 그러면 누가 아느냐고 따지니까 차장에게 이야기하여 보라 한다. 차장을 찾아 내가 뉴헤이븐을 지나서부터 잠을 잤다는 말과 뉴헤이븐 역을 출발한 후에까지도 내 트렁크가 제자리에 놓여 있는 것을 보았다는 말, 내가 잠을 깬 것은 이 차가 뉴런던 역을 출발한 직후인데, 그때 비로소 내 짐이 없어진 것을 발견하였다는 말, 그 동안 세 개의 정거장을 지나왔으니 그 정거장으로 전화를 좀 걸어보아 달라는 말을 자세히 했다. 그러자 그 차장은 이 차는 급행이므로 중간역에서는 전화를 걸 수 없으며, 종착역인 보스턴에 가서 역장에게 이야기를 하라고 한다. 그래서 나는 역장이 어디 있는지 모르니 같이 가달라고 부탁하였다.

보스턴에 도착한 후 곧 역장을 찾았다. 역장실에는 하물분실계(荷物紛失係)가 따로 있었다. 나는 그 계원에게 차장한테 말한 사연을 다시 한 번 되풀이하였다. 그 계원은 나에게 슈트 케이스가 무슨 빛깔이며, 크기가 얼마나 하며, 나의 이름을 표시한 꼬리표가 붙었느냐고 물어본다. 나는 사실대로 설명한 후 내 명함을 꺼내 주며, 이런 명함을 가죽 꼬리표에 넣어서 달았다고 일러 주었다. 그는 전화통을 들더니 뉴헤이븐 바로 다음 정거장인 올드 세이브루크 역으로 먼저 전화를 건다. 저편 대답이 내 이름이 달린 슈트 케이스가 플랫포옴에 놓여 있는 것을 보관하여 두었다고 한다. 그 임자가 나타났다고 하니까, 다음 차편으로 보내겠다고 한다. 그리하여 나는 보스턴에 도착한 지 약 네 시간 후에 그 트렁크를 다시 내 수중에 넣었다. 그리고 이런 일이 우리나라에서 발생되었다면 다시 찾게 되었을까 하고 생각하였다.

이와 동시에 분실하게 된 원인도 생각하여 보았다. 누가 훔쳐 갈 생각이었으면 플랫포옴 위에 놓아 두었을 리가 만무하다. 또 누가 제것인 줄 잘못 알고 들고 내려가서 제것 아닌 것을 깨달았을 경우에는 역시 플랫포옴에 버려 두었을 리 만무하다. 반드시 사유를 갖추어 역원에게 말하고 주인을 찾아 주라고 부탁하였을 것이다.

그러면 어떻게 되어 내 트렁크가 차체(車體) 밖으로 나갔을까 나는 생각하였다. 그 포터가 당황해 하던 태도를 볼 때, 이것은 그의 소행이라고 할 수밖에 없다. 즉 다른 트렁크를 내려 놓을 때 잘못 알고 나의 것까지 내려 놓은 것이 아닐까. 그 당시의 전후 사정을 종합하여 보고, 또 그 포터의 하던 짓을 보니 나의 이 추측은 거의 100퍼센트 정확하리라 생각되었다. 어쨌든 나의 재미(在美) 1년간, 또 수천 마일 여행 중에 가장 큰 실수는 이 트렁크 분실사건이었다. 객관적으로 생각하여 보면 이것은 극히 작은 사건이지만, 이 한 사건으로써 미국의 세도인심(世道人心)을 넉넉히 측정할 수 있었다고 생각한다.

나와 함께 가서 함께 돌아온 이상훈 씨도 보스턴 모 백화점에서 물건을 사고, 다른 상점에 가서 물건을 사려다가 돈지갑이 없어진 것을 발견하고, 그 백화점에 전화를 걸었더니 그 지갑을 잘 보관하여 두었노라는 대답을 듣고 찾아온 일이 있었다. 참 부러운 일이 아닐 수 없다.

캘리포니아대학에서는 나를 따뜻하게 맞아 주었다. 조용한 아침의 나라, 신비의 동양, 혹은 전란에 시달리는 코리아에서 온 학자라는 선입견을 가진 미국사람들에게 나는 진객(珍客)이었던 셈일까.

한국어학 교수 로저스 씨는 강의시간마다 나에게 참관을 요청했다. 강의를 하다가 정확한 뜻을 모를 때면 나에게 설명을 요청했다. 나는 그럴 때마다 어미와 조사가 잘 발달된 우리말의 오묘함을 강조하며 은근히 자랑을 했다. 그럴 때마다 로저스 교수와 학생들은 고개를 끄덕이며 감탄하는 표정을 짓곤 했다.

촌닭의 팔자로는 과분하지 않은가

시간의 흐름에 따라 '촌닭의 관청 생활'도 차차 자리가 잡혔다.

말이 교환교수일 뿐 내가 실제로 맡은 강의는 없었기 때문에 시간은 많이 남아 돌아서 언어학과의 대학원 강의는 빠짐없이 청강을 했다.

언어학과와 동양학연구소의 교수들로부터 저녁식사 초대를 받기도 했고, 김호(金乎) 씨 등 인근에 사는 동포들의 초대도 더러 받았다.

김씨는 국민회의 리더로 리들리라는 곳에 큰 농장과 과일 포장공장 등을 갖고 있는 실력자였다. 그의 딸 김한숙(金漢淑)이 이화의 제자였던 인연으로, 그는 나를 불러내어 로스앤젤레스 구경도 시켜 주었다. 그 해 크리스마스 때엔 대학생들이 먼곳에서 눈을 실어다 기숙사 주위를 장식하는 것을 보고 무척 놀랐다.

날씨가 따뜻한 그곳에는 눈이 오지 않기 때문에 기숙사 학생들은 화이트 크리스마스의 무드를 만든다고 수십 마일이나 떨어진 요세미티공원까지 가서 트럭으로 눈을 실어 오는 것이었다. '돈지랄을 하는

구나' 하는 막된 생각까지 들었다.

언젠가는 외국 유학생의 기숙사인 인터내셔널 하우스에서 한국의 밤 행사가 있었다. 우리 학생들은 나를 찾아와 행사에 관해 의논했다. 나는 영사관에 가서 필름을 빌려다 우리나라를 소개하는 영화를 상영하자고 했다. 그 날 밤 한복을 곱게 차려입은 우리 여학생들이 춤을 추고 민요를 불러 큰 인기를 끌었는데, 영화 때문에 망신을 당했다. 그 영화라는 것이 이승만 대통령의 온갖 행차를 촬영한 것뿐이고, 우리 문화와 역사를 소개하는 장면은 하나도 없었기 때문이다.

한 학기가 끝나고 1954년 2월 나는 예일대학으로 옮겨갔다. 구경을 하기 위해 일부러 기차를 이용, 중간에 콜로라도에서 내려 그랜드 캐니언을 보았다. 웅대하고 장대한 모습에 우선 놀랐으나, 우리나라의 산하(山河)처럼 그윽한 맛과 오밀조밀한 조화미(調和美)는 없었다.

가는 길에는 피츠버그대학, 필라델피아대학, 프린스턴대학 등 유명한 대학들을 구경했다.

뉴욕에 도착하여 영사관을 찾았다.

영사관에서 튜더호텔을 소개해 주었다. 이 호텔은 우리 정부가 수립된 후 처음으로 유엔 대표단장이 된 조병옥(趙炳玉) 씨가 투숙해서 유명한 일화를 남긴 곳이다. 그는 이 호텔에서 유례 없이 많은 팁을 뿌렸다고 해 소문이 났었다. 나중에 기자들이 그 이유를 물었더니 조병옥 씨는 "내가 미국에서 고학할 때 어떤 부인이 5달러짜리를 팁으로 주어 얼마나 고마웠는지 모른다"며 그때 생각이 나서 파격적인 팁을 준 것이라고 대답했다는 것이다.

그가 대표단으로 출국할 때 이 대통령은 프란체스카 여사의 이름으로 미국의 은행에 예금된 저금통장을 받아 왔는데, 그때 이 대통령은 "절약해서 쓰고 남는 돈은 가져오라"고 부탁을 했지만, 원래 통이 큰 그는 모두 써버리고 빈손으로 귀국했고, 그때부터 이 대통령의 미움을 받게 되었다는 것이다.

예일대학은 뉴욕 북방에 있는 코네티컷 주의 뉴헤이븐에 있다.

이 대학에서는 서울대 교수로 있던 영문학자 이양하(李敭河) 씨가 한영사전 편찬작업을 하고 있었고, 피아니스트 백낙호(白樂皓) 씨와 전 공보실장 전성천(全聖天) 씨가 유학 중이었다.

나는 이양하 씨와 매일처럼 어울렸다.

오전 중에는 대학원에서 언어학 강의를 들었고, 오후에는 대개 이양하 씨와 어울렸다.

농촌과 각급 학교들을 방문하기도 했다. 우연한 기회에 여자대학의 기숙사를 구경한 일이 있었는데 두 여학생이 함께 생활하는 기숙사 방안에 남자의 누드 사진이 여러 장 걸려 있는 것을 보고 기겁을 했었다.

1년 동안의 미국생활을 통해 느끼고 배운 점이 많지만, 그들의 검소하고 솔직하고 이재(理財)에 밝은 생활태도와 과학적이고 실용적이고 자주적인 생활양식에 많은 감동을 받았다. 예일대학에서의 한 학기가 끝나고, 나는 1954년 8월 18일 귀국했다.

다시는 미국에 올 기회가 없을 것 같아서 귀로에 긴 여행을 하며 유명한 관광지와 대학들을 두루 둘러보았다. 뉴헤이븐을 떠나 보스턴에서 코넬대학을, 버팔로에 들러 나이아가라 폭포를 구경했다. 역시 웅대한 장관뿐이고, 금강산 구룡폭포처럼 아름답지는 못했다.

디트로이트, 세인트루이스, 뉴올리안즈, 마이애미, 워싱턴, 솔트레이크, 로스앤젤레스, 호놀룰루, 도쿄를 들러 11개월 만에 서울에 다시 되돌아왔다.

미국을 떠날 때는 유럽을 거쳐 귀국하려고 그리스와 이탈리아, 네덜란드 등의 비자까지 얻어 두고, 김호 씨에게 약간의 돈도 빌려 가지고 있었지만, 아무래도 경비가 모자랄 것 같아 포기하고 말았다. 유럽을 경유하면 비행기 값의 할인이 안 된다는 것이었고, 그 무렵 유럽은 각종 물가가 매우 높았기 때문이다.

유럽 구경을 하지 못한 것이 못내 아쉽긴 했지만 나와 같은 가난한 선비에게는 공짜로 미국 구경을 한 것만도 행운이어서 크게 서운할 일도 아니다.

출국할 때 비상금으로 300달러를 따로 가져가긴 했지만 왕복 여비는 물론 1년간의 체재비 일체를 미국 정부가 부담해 주어 미국을 두루 둘러 보고 공부까지 했으니 '촌닭'의 팔자로는 과분하지 않은가.

미국 인상의 일단

사이비 애국자, 위선적인 애국자

미국 헌법에 의하면 그 영토 안에서 출생한 사람은 어떠한 국민, 어떠한 민족의 자녀이든 미국 시민으로서의 자격과 권리를 가지게 된다. 이와 같이 외국인의 소생(所生)으로서 미국 시민이 된 사람을 니세이(Nisei)라 이른다.

이 니세이는 2세[second generation]를 의미하는 일본어에서 비롯된 말로서, 최초에는 일본인의 미국 출생자만을 의미하였으나, 간혹 일반 남양인(南洋人)의 미국 출생, 또는 더 널리 미국에서 출생한 외국인의 자녀 일반을 일컫는 범칭(汎稱)으로도 사용하는 일이 있다. 그리고 니세이라는 말이 생기게 된 것을 보더라도 미국 안에 일본인 2세가 적지 않다는 것을 넉넉히 짐작할 수 있다.

나는 미국에 있을 때 우리 동포의 2세를 더러 만난 일이 있다. 성인이 된 이도 더러 있었지만, 어린아이가 퍽 많았다. 그런데 이 2세들은 우리 한국말을 잘 알지 못했다. 성인 중에서도 소수의 예외를 제하고는 대개 우리말을 잘 할 줄 몰랐다. 더러 알아듣기는 하지만 입으로 옮기지 못하는 2세가 대부분이었다.

그러므로 미국에 있는 한인교회[샌프란시스코, 로스앤젤레스, 뉴욕, 보스턴 등지]에서는 우리말과 영어로 이중 설교를 하고 있다. 즉 노성(老成)[숙성하여 의젓함]한 사람들을 위하여서는 한국말로, 소년소녀들을 위하여서는 영어로 강도(講道)[도를 가르치는 것]를 하였다. 이와 같이 우리 2세는 우리말을 잘 할 줄 모르므로, 본국에서 간 우리네와는 접촉을 잘 하지 않으려고 한다.

2세들의 본국 동포에 대한 태도는 여간 냉담한 것이 아니다. 내가 1953년 9월부터 1954년 1월까지 제1학기 동안 머물러 있던 캘리포니아대학에는 우리 2세 학생이 몇명 있었지만, 내가 그곳을 떠날 무렵까지 그런 사람이 있는 줄도 몰랐었다. 우리 유학생들끼리나 기타 본국에서 간 사람들은 기회만 있으면 서로 만나고 싶어하였지만, 그들은 아예 만날 생각도 아니 하는 듯이 보였다. 그들의 이와 같은 태도에 대하여 우리는 퍽 섭섭도 하고, 한편 괘씸하게도 생각되었다.

이것은 우리 2세만이 그러한 것이 아니다. 중국 2세도 그러하고, 일본 2세도 그러하고, 유럽 각국에서 온 사람들의 2세도 그러하다. 캘리포니아대학에서 일본어를 가르치고 있는 나카무라(中村) 씨는 나에게 대하여, 일본인 2세들이 퍽 괘씸하다는 이야기를 노발대발 성을 내며 한 일이 있었다.

그러나 미국에서 오랫동안 살고 있는 동포들의 이야기를 종합하여 보면, 우리가 2세를 대하는 태도를 고쳐야 한다는 것이다. 즉 우리는 그 2세를 미국 시민으로 생각하고 교제해야지, 우리 동포의 일부분으로 알아서는 안 된다는 것이다. 그들의 거의 전부는 조국 강산을 구경한 일도 없고, 조국의 역사나 문화를 이해할 하등의 지식도 경험도 가지지 못하였다.

그러므로 조국에 대하여 아무 애착심도 느낄 수가 없는 것이다. 그들에게는 오직 미국이라는 나라가 있을 뿐이다. 그럼에도 불구하고 우리는 그들을 우리 동포의 일분자로 생각하고 접촉할 때 그들이 우리 국어도 모르는구나 하는 괘씸히 여기는 생각이 마음속에 움직이게 되고, 따라서 그러한 생각은 우리의 태도에까지 자연 나타나게 된다. 그들은 조어(祖語)[한글]를 모르는 까닭에 우리를 대할 때 다소 겸연 쩍은 생각이 드는 위에, 또한 우리네 태도에 대한 불쾌감을 가지게 되므로 본국에서 간 우리 동포를 도리어 멀리하기에까지 이른다. 이러한 것이 주로 2세가 본국에서 간 동포를 즐겁게 반기지 않는 심리요, 또 원인이 되는 것이다.

그뿐 아니라, 미·일 전쟁 중에는 일본 2세가 공군이 되어 그들 부모의 조국인 일본을 자원하여 폭격한 일도 허다하였다고 한다.

우리는 그 이유가 퍽 궁금하였다. 즉 무엇이 2세들을 이와 같이 강력하게 미국화 시켰을까. 미국은 세계 각국 각 지방에서 모여든 잡다한 종족의 2세요 3세요 4세로 구성된 국민이다. 그럼에도 불구하고, 어찌하여 미국정신이 이렇게도 강하고, 따라서 외래족에 대한 동화력이 이렇게 클까.

일본이 미·일 전쟁을 처음 일으킬 적엔 이 점을 잘못 알고 계산을 잘못하여, 미국민은 잡동사니 종족, 즉 오합지졸인데다가 생의 향락만 일삼고 생명을 끔찍이 아껴 전쟁을 싫어하는 국민이므로, 전쟁 중 얼마 못 가서 미국은 내부 붕괴가 될 것이라 하였다. 그러나 그 결과는 정반대로 호전 국민으로서 죽기를 우습게 여기고, 애국심이 세계에서 제일이라고 자부하던 일본은 여지 없이 참패하고 말았다. 이 엄연한 사실은 우리에게 무엇을 설명하고 있는가.

미국 국민의 이 강렬한 애국심의 근본 원인이 어디 있는가. 따라서 그와 같은 동화력의 열쇠는 무엇인가. 미국에 있는 동안 이것이 퍽 알고 싶었다. 그리하여 여러 사람에게 그 원인을 물어보았다. 그러나 대

다수의 대답은 별로 이렇다 할 원인이 없다는 것이다. 교수 중의 어떤 사람은 미국민의 애국심 조장은 그 교육제도에 있어서 소학[초등학교]으로부터 대학에 이르기까지 미국 역사를 6~7회나 거듭하여 가르치는 것에 있다고 대답하였다. 이것도 퍽 지당한 대답이다. 제나라 역사를 모르고, 제나라 문화를 잘 이해 못 하는 데서 애국심이 솟아날 까닭이 없다. 우리는 이 말을 타산(他山)의 돌로 삼아야 할 단단한 이유가 있다.

그러나 미국 국민의 애국심 조성은 이것만이 그 원인의 전부가 아닐 것이다. 나는 다른 면에서 또 그 이유를 찾아보려 하였다.

미국 국민은 권리·의무의 관념이 지극히 강대하다. 의무를 충실히 이행하는 반면에[그리고 동시에] 권리를 철저히 주장하고, 권리를 주장하기 위하여 의무를 잘 이행하는 국민이다. 요컨대 미국 국민은 생명·재산의 확고한 보장, 민권의 옹호, 확장을 위하여 그들의 국민된 의무를 가장 착실히 이행하고 있다.

또 이러한 의무를 충실히 다하는 동시에 국민의 권리를 당당히 주장하는 것이다. 세계 각국 중에서 이 권리·의무의 쌍방이 가장 잘 조절되고 실천되는 것이 미국이라 생각된다. 이른바 민주주의라 하여 국민의 권리가 최대한도로 확보되는 나라가 미국이다. 즉, 미국은 일반 국민을 가장 안전하게 편리하게 살도록 모든 정책을 세우고 시설을 마련하므로, 국민은 이러한 국가기구, 즉 국체(國體)를 옹호하고 사랑하려 한다.

이 생명의 안전, 재산의 확보, 민권의 지극한 보장이야말로 진정 애국심을 발현시키게 하는 최대 최강의 원인이 된다는 것을 나는 새삼스럽게 느꼈다. 일반 국민은 굶어도 좋고, 죽어도 좋으니, 덮어놓고 애국심만 발로시키라고 큰소리로 외친댔자, 국민의 일시적 혹은 위선적 애국심은 불러일으킬 수 있을지는 모르나, 진정한 항구적인 애국심이

충심에서 솟아오르게 할 수는 도저히 없을 것이다.

전쟁 중 저 일본이 혹은 황실 중심의 사상으로, 이른바 카미카제[神風]란 것을 믿는 미신으로, 너는 천황을 위하여 개같이 죽어야 한다. 카미카제가 도와 줄 테니 어서 죽어서 야스쿠니신사[靖國神社]로 가라 하는 등의 애국심 요구는 가장 근거가 박약하고, 일시적 호도(糊塗)인 위선적 애국심밖에 불러일으킬 수 없는 것이다.

그것은 권리는 아무것도 주지 않고 의무만 강요한 애국심이었다. 이러한 사실은 전쟁의 결과가 여실히 증명하고 있지 않은가.

생의 향락밖에 모르고, 이기적 개인주의만 주장한다는 미국 국민은 승전을 하였고, 일사보국(一死報國) [한 목숨 바쳐 나라에 보답함]하는 충군애국(忠君愛國)이 세계에 비류(比類) [서로 비교할 만한 비슷한 종류]가 없다고 자부하던 일본은 패전의 고배를 맛보고 있지 아니한가.

이러한 말은 혹 불온사상(不穩思想)이라고 비난하는 이가 있을는지 모르나, 인간생활 내지는 국민생활의 사실은 어디까지나 엄숙한 사실이니, 이 사실을 냉철하게 분석 · 비판하여 보아야 할 것이다. 그렇지 못하고 무조건으로 애국심만 요구한다면 그 결과는 이 세상에서 흔히 볼 수 있는 자기 광고적인 애국자, 자기가 가장 애국자라고 떠들면서 대로를 활보하는 사이비 애국자, 위선적인 애국자의 생산만 장려하는 일이 되고 말 것이다.

명예롭지 못한 사건으로 도중하차

미국에서 돌아오자 이곳저곳에서 여행담을 들려 달라고 청해 왔다.

어느 자리에선가 간단한 보고 겸 견문담을 말하고 났더니 외솔의 자제 최영해(崔瑛海) 군이 "선생님이 안 계신 동안 우리 문화계에는 두 가지 큰 파동이 있었습니다" 하고 알려 주었다.

그 한 가지는 한글파동이요, 다른 한 가지는 이른바 자유부인(自由夫人) 파동이라는 것이다. 미국에 있을 때도 간혹 고국의 신문을 받아 볼 기회가 있어 두 가지 사건을 알고 있었지만, 그토록 파문이 큰 줄은 몰랐다.

한글파동이란 이 대통령의 맞춤법 간소화 지시로 일어난 것인데, 발단은 6·25 이전에 이미 일어났다. 1949년의 한글날 이 대통령은 "요즈음 쓰고 있는 정식 국문은 쓰기가 더디고 보기가 괴상하여 퇴보되었으니 이후에는 그 습관이 더욱 굳어져 고치기 어려울 것이니 모든 언론기관과 문화계에서 특별히 주의하여 속히 개정되기를 바란다"는 담화문을 발표하였다.

이때만 해도 일반 사회의 반응은 별로 없었으나 그해 11월이 되자 거듭 맞춤법을 쉽게 고치라고 주장했다.

1950년 2월에는 또 "우선 정부만이라도 간소화된 맞춤법을 쓰겠다"고 했는데, 곧 6·25 사변이 나는 바람에 3년 동안 거론되지 않다가 1953년 4월 국무회의에서 정부 단독의 시행을 결정, 곧 일선 관청에 훈령했던 것이다.

우리 한글은 철자법이 너무 복잡하니 구철자법을 쓰라는 것이 그 내용이었다. 구철자법이란 물론 소리나는 대로 표기하는 것을 말하는 것이다.

교육계·문화계·언론계 등 지식층에서는 즉각 반발이 일었다. 소리나는 대로 적는다면 쓰는 사람은 편할지 모르지만 읽는 사람은 혼돈을 겪게 될 것이 뻔한 일이다.

사회의 반발을 무릅쓰고 문교부측은 이른바 한글 간소화 안이란 것을 만들어 발표했다. 여론은 더욱 비등했다. 마침내 국회로 비화되어 심한 논란이 벌어졌다. 국회 문교위원회에 대책위원회라는 것이 설치되기까지 했으나 결국 이 대통령이 여론에 굴복함으로써 유야무야가 되고 말았다. 대한민국에서 제일가는 고집장이 이 대통령이 자기 고집을 굽힌 것은 이때가 처음일 것이다.

귀국 후에도 서울대에서의 나의 직함은 계속 대학원 부원장이었다.

윤일선(尹日善) 씨가 병이 나아 원장직을 다시 맡다가 총장이 되고, 대학원장으로 이병도 씨가 취임했어도 나는 계속 부원장 자리에 머물러 있었다.

그러다가 1957년 7월 문리대 학장 김상기 씨가 임기 만료된 후 나는 그 후임이 되었다.

해방 직후 경성대학 시절부터 법문학부장 자리를 굳이 사양했고, 부산 피난 시절에도 문리대 학장을 맡아 달라는 총장의 권유를 물리쳤던 나는 투표에 의해 그 자리에 앉고 말았지만 끝내는 명예롭지 못한 사건으로 1년도 못 되어 물러나야 했다.

유(柳)모라는 학생의 필화사건 때문이었다.

학장 취임 6개월도 못 된 1957년 12월 어느 날 아침, 출근길의 나는 책상에 놓여 있는 학생신문에서 충격적인 글을 발견하였다. 당시 문리대 학생 신문이던 《우리의 구상》에는 정치과 재학생 유모군이 쓴 〈모색(摸索)〉이라는 글이 실려 있었다. 그 글의 내용은 민주사회주의의 사회체제를 주장하는 것이었다.

충분히 문제가 될 만한 글이어서 나는 교무과장과 학생과장을 불러 신문의 회수를 지시했다.

학내에 배포된 신문은 대충 회수가 되었으나 상당한 분량이 이미 유포된 후였다. 유군을 불러다 물었더니 "내가 썼다"고 했다. 나는 곧 신문을 인쇄한 곳을 찾아가 원고를 보자 했다.

그러나 다른 글의 원고는 모두 있는데, 문제의 글은 원고가 없다고 했다. 대학본부에 사실을 보고하고 문제 해결을 위해 부심하고 있는데, 이튿날 아침 또 다른 사건이 벌어졌다.

대학 구내의 게시판에 불온한 삐라가 나붙은 것이다. 삽시간에 온 대학이 뒤숭숭해졌다.

동대문경찰서에 불려갔다. 며칠을 두고 진상조사를 하더니 경찰에서는 마침내 조서를 꾸미는 것이었다. 문리대의 최고 책임자이긴 하지만 조서까지 받는 것은 큰 충격이었다. 형사들이 몇명씩이나 학교에 눌러붙어 감시하는 것 같았다.

집필자 유군은 경찰에 구속되었다. 나는 법조계로 오제도(吳制道) 씨와 이태희(李太熙) 씨를 찾아가 유군을 구제해 달라고 요청했다. 유군은 결국 무죄판결을 받았다.

이 필화사건으로 나는 학장 자리를 사임하고 말았다. 울적한 심사를 달랠 길이 없어 나는 제주도 여행을 떠났다. 마침 국문과 교수들과 학생들이 겨울방학을 이용하여 제주도로 방언 수집을 간다기에 따라 나선 것이다.

학생들의 피에 보답하자

학장 자리를 내놓고 평교수로 한동안 조용히 지냈다. 이 동안에는 단 한 권의 저술도 없이 그저 강의에만 열중하다가 4 · 19를 맞았다.

3 · 15 부정선거를 규탄하는 소리가 여기저기서 끈질기게 터져 나오더니 4월 18일엔 고대생(高大生) 데모대 피습사건이 일어났고, 이튿날 각 대학과 고교생들이 일제히 거리로 쏟아져 나온 것이다.

많은 피가 뿌려지고 계엄령이 내려진 가운데 '25일 상오 10시에 의대(醫大) 구내 교수회관에서 모이자'는 통지가 날아들었다.

학생들이 저렇듯 희생을 무릅쓰고 부르짖고 있는데, 그들을 가르치는 사람의 입장에서 사태를 의논해 보자는 뜻이었다.

이상은(李相殷)[고려대], 정석해(鄭錫海)[연세대], 조윤제(趙潤濟)[성균관대] 씨 등 몇몇 대학의 교수 5~6명이 주동이 되어 발의를 했던 것인데, 계엄령하에서 비밀리에 하는 일이어서 통지가 제대로 되지 않았던 탓인지 교수회관에는 5~60명 정도의 교수들이 모였다. 그 자리에는 미리 외신기자들까지 몰려와 있었다. 좌중의 의견은 "학생의 피에 보답하자"는 쪽으로 쉽게 모아졌다. 학생들의 값진 희생을 선생으로서 좌시할 수 없으니 우리도 의사표시를 하자고 했다. 의사표시 방법은 시국선언을 발표하는 것이었다. 그 자리에서 선언문 기초위원을 뽑았는데 나도 그 중의 한 사람이었다. 시국선언문을 발표하고 나자 뒤이어 가두시위를 하자는 의견이 나왔다.

좌중의 분위기는 드디어 행동을 지향하게 되었다. 단 평화적인 침묵 시위를 하자는 데 이견이 없었다.

누군가가 광목 한 끝을 가져왔고 또 누군가가 붓과 먹을 가져와 '학생의 피에 보답하라'는 플래카드를 만들었다.

맨 앞에서 플래카드를 들 사람은 가장 연로한 교수로 하자고 하여 머리가 하얗게 센 권오돈(權五惇)[문리대], 이정규(李丁奎)[성균관대] 두 교수가 선정되었다. 교수식당을 출발하여 의대 정문을 나서 가두행진을 시작한 것은 하오 늦게였다.

거리에는 삼엄한 계엄령 탓인지 다른 데모대는 없었다. 긴장된 침묵시위는 종로 5가까지는 지켜졌다.

그곳을 통과할 때 누군가가 "이 대통령 물러가라"고 외쳤다. 그러자 모두들 따라 외쳤고, 길가에서 구경하던 군중들이 박수를 치며 우리 대열에 끼어들려 했다. 어느 틈에 모였는지 일단의 학생들이 우리의 대열 옆에서 불순세력의 가세를 막고 있었다. 대열의 앞과 옆에서 취재 차량과 학생들이 에스코트를 하는 형세가 되었다.

종로 네거리에서 을지로 입구를 지나 시청 앞 광장으로 돌아들자 계엄군의 탱크가 우리를 향해 다가오고 있는 것이 보였다.

나는 우리를 향해 발포를 할 것으로 생각했다. 총에 맞아 죽느니보다 차라리 탱크에 깔려 죽겠다고 내가 길바닥에 드러누우려 하자 학생들이 말렸다. 그때야 탱크를 쳐다보니 탱크 위에는 학생들이 기어올라 있는 것이었다.

교수 데모대는 국회의사당 정문 앞 계단에 모여 시국선언문을 다시 낭독했다. 목소리가 낭랑한 고려대의 이항녕(李恒寧) 교수[전 홍익대 총장]가 나섰다. 그러고는 계속 "이 정권 물러가라"고 외치며 만세를 부르자 길을 꽉 메웠던 군중들도 따라 외치는 것이었다.

우리는 날이 어두울 녘에야 헤어져 집으로 돌아왔는데, 우리의 데모는 계엄하의 대규모 심야 데모를 유발시켰다.

'거사' 후에는 모두 잡혀갈 것을 각오하고 연대 서명까지 해두었던 우리가 아무런 제지를 받지 않았던 것은 계엄사령관의 젊은 부관(副官)이 기지를 발휘한 때문이었다고 후에 들었다.

다음날 이 대통령은 하야(下野) 성명을 발표했다. 우의(牛意)·마의(馬意) 데모까지 조작하더니 결국 데모로 망했구나 하는 생각이 들었다. 이(李) 정권이 무너지자 대학에도 새바람이 불어왔다.

유군의 필화사건으로 내가 학장을 사임한 후 이진숙(李鎭淑) [심리학과] 씨가 학장서리로 일했는데, 새로 정식 학장을 뽑는다고 했다.

내가 억울하게 물러났다고 해서 일부에서는 나를 다시 추천했고, 5월 11일 투표 결과 나는 다시 문리대 학장으로 선출되었다. 그 무렵의 대학은 학생들의 현실 참여가 과격했다.

과도정부 이후 장면(張勉) 내각 시절의 일이다.

어느 날 대학생들이 시청 앞 광장에서 관용 지프 몇대를 불태우는 소동이 일어났다. 학생들은 관용차가 관리들이 가족을 태우고 다니는가 하면, 관리의 부인이 장보러 다니는 데까지 쓰인다고 해서 몇대의 차량을 빼앗아 불을 지른 것이었다.

그 학생들 중에는 문리대 학생들도 끼어 있었기 때문에 나는 학장의 입장에서 사과를 하기 위해 윤일선 총장과 함께 장면 총리를 찾아갔다. 학생들은 그곳에까지 찾아와 총리 면회를 요청하고 항의하는 것이었다.

윤 총장과 나는 그들의 지나친 현실 참여를 꾸짖어 돌려보냈다.

그 무렵은 모든 나라일을 민주주의 원칙에 따라 처리한다고 해서 총리 면회를 오는 사람들이 장사진을 이루었었다. 그러나 일일이 모두 만나 줄 수 없어 일반인 면회는 사절했지만, 학생들의 요청에는 꼼짝 못 하는 형편이었다.

후진을 위해 양보해야지

5·16 직후 어느 일요일 나는 중부경찰서에 연행되었다.

그 날은 일요일이었지만 잔무가 있어 학교에 출근을 했는데, 형사들이 학장실로 찾아와 가자는 것이었다. 조선어학회 사건 때처럼 영문도 모르고 따라 나섰다. 경찰에서는 대학교수단 모임에 참가한 일이 있지 않느냐 했다.

대학교수단이란 내가 미국에서 돌아온 지 얼마 지나지 않았을 때 교수의 지위와 권익을 확보한다는 취지에서 만들어진 단체였다. 나는 처음 얼마 동안 그 모임에 참석하곤 했다. 그러나 시간이 흐름에 따라 흐지부지되고 나도 잊어버리고 있었는데, 5·16 직전 어느 날 회합통지가 왔었다. 나는 일이 바빠서 참석하지 못했다.

내가 사실이 아니라고 부인했더니, 그들은 나를 중부서에 앉혀 놓고는 종로서(鐘路署)에 잡혀 온 조윤제(趙潤濟) 군과 용산서(龍山署)에 잡혀 온 장지영(張志暎) 씨에게 이 사실의 진부(眞否)를 물어 보러 갔었다. 그들로부터 참석한 일이 없다는 것을 확인하고야 풀어 주었다.

그 사건이 무엇 때문이었는지는 알 수 없으나 조(趙)·장(張) 씨 등 몇몇은 달포쯤이나 경찰서에서 고생을 했다.

그해 9월 30일 나는 정년으로 서울대를 물러났다.

새로 제정된 '교육에 관한 특례법'의 규정에 따른 것이었다.

이제는 늙은이라고 교단에서마저 쫓겨나는구나 하는 생각이 들어 처량했다. 아직은 더 일할 수 있는데, 쓰러지는 날까지 교단을 지키고 싶은데…… 그러나 후진들을 위해 늙은 사람들이 자리를 양보해 준다는 의미가 없는 것도 아니었다.

정년 퇴임식 석상에서 나는 명예 문학박사 학위를 받았다. 함께 퇴임하는 조백현(趙伯顯)[농대 학장] 교수는 농학박사 학위를 받았다.

예일대학 시절에 박사라는 칭호보다는 교수라는 칭호를 더 좋아하던 그곳 교수들의 영향을 받았던데다, 학위를 따겠다고 후배들에게 논문을 내놓기도 쑥스러워 나는 학위에 그리 연연하지 않았었다.

그해 12월 내 생애 최대의 역저(力著)인 《국어대사전》이 민중서관(民衆書館)에서 출판되었다. 돌이켜보면 1950년 초에 작업에 착수한 이래 만 11년 만에 낳은 작품이다.

6·25 직전의 일이다. 박문(博文)출판사의 노성석(盧聖錫) 사장이 국어사전을 만들자고 했다. 노 사장은 경성제대 후배여서 《한글 맞춤법통일안 강의》 등의 저서를 출판해 준 인연이 있었다.

"노 사장, 사전이란 오랜 세월과 많은 경비가 드는 것이오. 일본 메이지(明治) 시대에 사전을 만들던 출판사치고 파산하지 않은 곳이 없소."

나는 이렇게 만류했지만 그는 그래도 한번 해보자는 것이었다. 그 무렵은 한글학회에서 펴낸 《한글큰사전》 제1, 2권밖에 없던 시절이어서 온전한 사전을 만들어 내면 팔리기는 할 것 같았다.

노 사장의 결심이 여간 단단한 것이 아니어서 "그러면 해보자"고 나서게 되었다.

세종 중등 국어교사 양성소 출신의 소장 학자 두 사람을 불러 준비에 착수했다. 국내외의 각종 사전을 구해 들이고 카드 용지, 참고자료들을 수집한 뒤 인원을 늘려 본격적인 작업에 들어갈 무렵 6·25 사변이 터졌다.

첫 시도는 그렇게 무산되었다.

환도 후에는 민중서관의 이병준(李炳俊) 사장이 "한번 해보자"고 했다. 나는 박문출판사의 노 사장에게 했듯이 "사전을 만든다는 것은 큰 모험과 같으니 포기하라"고 만류했다.

그러나 이 사장은 권중휘(權重輝)·이양하(李敭河) 두 사람이 만들어낸 《한영사전》이 히트하여 자신을 얻은 모양이었다.

좋다고 했다. 곧 준비에 착수했다. 신문에 편집자 모집광고를 내어 사람을 뽑고 훈련을 시켰다. 광범위하게 수집한 자료를 중심으로 어휘를 뽑아냈다. 20만 어휘가 목표였다.

작업이 한창 진행되던 1958년 경쟁사에서 먼저 사전이 나왔다.

동아출판사(東亞出版社)가 국어국문학회와 손잡고 《국어새사전》을 만들어 냈던 것이다. 그 뒤를 이어 을유문화사(乙酉文化社)에서는 신용철(申瑢澈)·신기철(申琦澈) 두 사람이 주도한 《표준국어사전》을 발행한 것이다.

기선을 제압당한 민중서관으로서는 맥이 풀릴 노릇이었다.

나는 이 사장을 격려했다. 기선은 놓쳤으나 실망할 필요는 없다. 사전도 한 개의 상품일 바에는 질적으로 앞지르면 된다.

그래서 우리는 어휘의 수를 10만 어나 늘려 30만 어휘의 사전을 만들기로 했다. 새로운 어휘 10만을 찾아낸다는 것은 쉬운 일이 아니었다. 신문, 소설, 각종 교과서 등을 샅샅이 뒤져 빠진 말과 새로 생긴

말, 사자 용어, 관용어, 전문용어 등을 그러모았다.

2년 반이나 더 걸려서 7만 어휘를 보충하여 1961년 12월 드디어 초판을 발행하였다.

사전이 나오자 의외로 반응이 좋았다. 서점에 나가기가 무섭게 매진되었다. 판을 거듭하기 오늘까지 30여 회이니, 민중서관으로선 공전의 대히트를 기록한 셈이고, 따라서 나도 재미를 본 셈이다.

지금 나는 이 사전의 증보판을 낼 준비를 하고 있다.

좋은 사전이란 관용어가 많이 들어가야 한다. 그래서 나는 항간에서 널리 쓰이는 관용어를 중점적으로 수집하고 있다. 10여 년 동안 무수히 생겨난 신조어(新造語)와 시사용어도 그러모아 곧 증보판을 낼 계획으로 있다.

송충이는 솔잎을 먹어야 하는데

1962년 3월 1일, 서울운동장에서 거행된 3·1절 기념식 석상에서 나는 건국공로훈장 단장(單章)을 서훈(敍勳)받았다. 상의 이름이 건국공로라는 것이어서 내가 무슨 일을 했다고 이런 상을 주나 싶어 부끄러웠다. 그러나 상을 받는다는 것은 기쁜 일이 아닐 수 없다.

그해 7월부터 8월까지 1개월여 동안은 일본에 다녀올 기회가 있었다. 일본에 사는 동포들에게 조국관을 심어 준다고 나와 김성식(金成植)[고려대], 한태연(韓泰淵)[서울대], 정인섭(鄭寅燮)[중앙대] 등 4명을 문교부에서 연사로 위촉한 것이다. 도쿄(東京)·오사카(大阪)·나고야(名古屋)·후쿠오카(福岡)·사와라(佐原)·욧카이치(四日市)·쓰(津)·이세(伊勢)·하코네(箱根) 등 대소 도시를 순회하며 강연을 했다.

나는 주로 '훈민정음과 한국문화의 특징' '국어란 무엇인가' '국어와 국가간의 관계' 등 우리말에 관계된 주제를 담당했는데, 청중들의 반응은 한심한 편이었다. 성년층은 그래도 조국에 대한 관심과 애정을 가지고 있는 편이었으나 청소년층은 너무도 무관심했다.

어떤 곳에서는 한국말을 알아들을 수 없다고 해서 일본말로 강연을 하는 통탄할 만한 일도 벌어졌다.

나는 그들에게 민족혼(民族魂)을 심어 주는 일이 시급하다는 사실을 절감했다.

이듬해인 1963년 8월 나는 동아일보 사장이 되었다. 한평생을 교단에만 몸담아 온 딸깍발이 서생(書生)에게 신문사 사장이란 당치도 않은 외도인 셈이다.

어느 날 동아일보 상임감사 신기창(申基昌) 씨가 찾아와 "사장을 맡아 주어야겠습니다"라고 했다. 정말로 뜻밖의 일이었다.

나는 생각해 볼 겨를도 없이 사양했다.

"나이도 나이지만 언론에 대해서는 지식도 경험도 능력도 없소. 송충이는 솔잎을 먹어야지 갈잎을 먹고는 못 살아요. 동아일보의 발전을 위해서나 나 자신의 이익을 위해서도 안 될 말이오."

내가 워낙 딱 잘라 사양했기 때문에 그는 그대로 돌아갔다.

며칠 후 신 감사는 다시 찾아왔다. 또 거절하여 돌려보냈다.

세 번째로 찾아온 그는 인촌의 아우 김연수(金季洙) 씨의 뜻임을 밝히고 꼭 맡아 주어야겠다고 떼를 쓰다시피 했다.

삼세 번이라는 말도 있지만 김연수 씨의 부탁이라는 말에 내 마음은 기울고 말았다. 중학 졸업 후 경성방직 시절의 은혜를 생각하면 차마 거듭 물리칠 수가 없었던 것이다.

2년 동안의 임기 중 많은 사건들이 있었다. 한동안 매너리즘에 빠졌다는 평을 듣기도 하던 동아일보는 그 무렵 활기를 되찾았던 듯싶다. 그런 까닭으로 발행부수도 상당히 늘어났다.

당시 회사법의 규정에 의해 2년 임기를 끝내고 1965년 7월 사장직을 물러나자 이번엔 대구대학이 나를 불렀다. 1965년 9월의 일이었다.

당시 대구대학은 이병철(李秉喆) 씨가 인수받아 서울대 상대(商大) 학장을 지낸 권오익(權五翼) 씨가 학장으로 일하고 있었다.

권 학장의 제안을 받았을 때도 처음에는 사양했다. 대구에 다른 살림을 차릴 형편도 못 되었다.

그러나 권 학장은 1주일에 3일만 근무하라는 조건을 내걸고 거듭 대학원장직을 종용했다.

마침내 "해보마"고 했다.

아직 일할 능력이 있는데 퇴물이 되어 물러앉아 있다는 것도 사실 싫었다. 수요일 하오에 통일호(統一號) 편으로 내려가서 목·금·토 3일간 근무하고 토요일 하오에 다시 열차편으로 서울에 돌아오곤 하는 출장 근무를 만 1년 동안 계속했다.

이때 나는 10일간의 자유중국 여행을 했다. 자유중국 정부 신문국(新聞局)[우리나라의 문화공보부에 해당함]의 초청이었다. 이 여행은 동아일보 사장 시절의 인연 때문이었다.

동아일보 시절 자유중국에서 우리나라 언론계 인사 10여 명을 초청했었는데, 나는 그때 출국 수속을 끝냈었다. 공교롭게도 내가 시찰 단장으로 추대되었는데, 누군가가 "가지 않는 것이 좋을 것 같다"고 그 이유를 귀띔해 주었다.

그 이유가 그럴 듯하여 나는 칭병을 하고 자유중국행을 포기했었다. 그랬더니 1년이 지난 후에 나 한 사람을 다시 초청한 것이다.

중국 정부 관리 한 사람의 안내로 타이완[臺灣]을 일주하며 많은 구경을 했다. 나를 안내한 그 관리가 매달 홍콩의 친구를 통해 본토에 있는 가족들에게 송금을 한다는 얘기를 듣고 분단국의 슬픔을 새삼스레 느꼈다.

1966년 9월, 대구대학 1년 만에 나는 성균관대학 대학원장으로 옮겨 앉았다.

1966년 초 권오익 학장이 성균관대 총장을 겸임하게 되자 나를 불러올린 것이었다.

1주일에 두 번씩 장거리 여행을 해야 하는 번거로움이 덜어진데다 동숭동 집과도 가까와서 좋았다.

1968년 7월 나는 학술원 부회장[인문과학 담당]에 선출되었다. 1953년 학술원이 창설될 때 회원이 된 나는 1957년 7월에는 학술원 공로상을 받았고, 1960년에는 종신회원으로 추대된데다 부회장이 되었으니 학자로서는 커다란 영광이 아닐 수 없다.

그들이 행복하게 사는 것이 보람이지

1969년 2월 나는 또 한 번의 정년을 맞이해 성균관대학을 떠났다. 성균관대학에서는 그때 처음으로 70세의 정년제도를 실시하여 첫 케이스로 나와 이병도(李丙燾) · 정태현(鄭泰鉉) 씨 등 세 사람이 물러난 것이다.

일생에 두 번이나 정년 퇴임을 한 셈이었다. 정말 그토록 나이가 들었나 싶어서 또 서글픈 생각이 들었다.

그러나 정년 퇴임 이후에도 강의는 계속했었다.

서울대가 관악 캠퍼스로 이사가기 직전인 1974년 2학기까지 대학원 강의를 맡았고 학부 강의는 1973년 2학기까지 계속했었다. 성균관대학에서도 1974년 2학기까지 대학원 강의를 맡았었다.

현재는 단국대학(檀國大學)에서 대학원 강좌 하나를 맡고 있다. 내가 단국대에 간 것은 1971년 1월 동양학연구소가 창설되면서였다.

장충식(張忠植) 총장과 김석하(金錫夏) · 이승욱(李承旭) 두 교수의 간곡한 청을 저버릴 수 없어 소장 자리를 맡은 것인데, 역시 잘했다는 생각이다.

사학(史學)을 전공한 장 총장은 동양학에 대한 이해와 인식이 남다른 데가 있어서 동양학 연구에 특별한 배려를 하고 있다.

우리 연구소는 지금 한·중·일 3국의 문화교류에 대한 각종 자료들을 수집하고 있다. 우리나라의 사서(史書)들은 물론 중국의 《25사(二十五史)》《사고전서(四庫全書)》, 일본의 《고사기(古事記)》《일본서기(日本書紀)》 등 3국의 각종 사료(史料)를 모두 뒤져 세 나라의 문화교류에 관한 자료를 집중적으로 뽑아내고 있는 것이다.

이 사업은 워낙 방대한 것이어서 5년, 10년 동안에는 어림도 없다. 이토록 방대한 작업에 착수한 것은 잘못 전해진 동양문화교류의 진상을 밝혀 내자는 뜻에서이다.

일본 학자들은 저들의 식민지 정책을 합리화하기 위한 목적에 이용되어 우리 문화사를 왜곡해 왔다. 《고사기》나 《일본서기》 등 일본의 사서(史書)에도 일본은 우리 민족으로부터 중국문화를 전수(傳受)한 것이 명백한 사실인데도 많은 일본 학자들은 자기들이 견당사(遣唐使)를 통해 직접 중국문화를 수입했다고 주장하고 있는 것 등이 그것이다. 심지어 카나자와(金澤庄三郞)란 학자는 "한국어는 일본어의 한 갈래"라고까지 턱없는 주장을 하고 있지 않은가.

이 사업이 끝나서 사실(史實)에 근거를 둔 진상(眞相)을 내놓으면 그들도 꼼짝 못 할 것이다.

동양학연구소에서는 부대사업으로 매년 1회씩 국제학술회의를 개최하고 매년 1회씩 동양학 총서와 '동양학(東洋學)'이라는 논문집도 내놓고 있다. 동양학 총서 제1집은 《훈몽자회(訓蒙字會)》, 제2집은 《유합(類合)》, 제3집은 《천자문》, 제4집은 《박은식전서(朴殷植全書)》를 영인본으로 출간했다. 제4집 《박은식전서》가 한국일보사 제정 1975년도 출판문화상[장려상]을 받은 것은 기쁜 일의 하나이며, 제5

집 《여씨향약언해(呂氏鄕約諺解)》도 1976년에 출간되었다.

1973년 나는 24년 만에 집을 마련했다. 6·25 전화(戰禍)로 서대문집을 잃은 후 서울대 관사에서 살아오다 1972년에야 불하를 받았고, 이듬해 낡은 건물을 철거하고 그 자리에 다시 집을 지은 것이다.

나는 일생 동안 줄잡아 1천여 쌍의 결혼식 주례를 섰다.

처음 주례를 선 것은 이화여전 교수 시절인 40대 무렵이었고, 해방 후에는 직업이 주례장이가 아닌가 싶게 많은 주례를 섰다. 봄·가을 가절(佳節)이면 하루 평균 2~3건씩 서기가 보통이요, 하루 6건을 치른 것이 기록이다.

그런 날은 아침부터 하오 늦게까지 예식장을 순회하기에 숨이 찰 정도였다.

이색적인 결혼식도 많았다.

쌍둥이 신랑의 합동결혼식도 있었다. 신부도 쌍둥이였으면 더욱 경사였겠는데 유감스럽게 신부는 남남이었다.

이어령(李御寧) 군, 강인숙(姜仁淑) 양 같은 문리대 국문과의 동기동창 결혼의 주례도 두어 차례 서 보았고, 대구·인천·수원 등 지방 출장 주례도 서 보았다.

2대에 걸친 주례도 이색적이었다. 대학의 같은 전공 후배인 양재연(梁在淵) 군[작고, 전 중앙대 교수]의 주례를 섰는데, 그 딸의 주례까지 맡았던 것이다.

낯모르는 청춘남녀가 찾아와 주례를 부탁하면 "부모를 통하여 요청하라"고 돌려보냈다. 아무리 자유 결혼의 시대라 할지라도 부모의 동의 없는 결혼은 주관할 수 없었기 때문이다.

주례를 청해 오는 층은 제자들이 가장 많다. 역시 한평생을 교단에 몸바쳐 온 덕분이어서 그것도 인생의 보람이라고 생각한다.

주례로서 가장 보람되고 기쁜 것은 역시 그들이 행복하게 살아가는 것이다.

내가 주례를 선 부부는 이혼을 하거나 홀로 되는 이가 드물다. 더구나 대개가 학계나 문화계 등에서 훌륭한 일꾼이 되었으니 더할 나위가 없는 기쁨이다.

신혼여행에서 돌아오는 대로 찾아와 인사를 하는 부부, 정월 초하룻날 아침 자녀들을 동반하고 세배를 오는 부부들을 맞을 때면 마치 내 자식을 맞는 것처럼 흐뭇하다.

해가 바뀌면 쓸데없는 나이가 또 한 살 늘어간다.

금년 만으로 81이요, 우리 식으로는 82세가 되었다.

80평생에 국어학 관계의 저서 12권, 수필집 3권, 시집(詩集) 2권, 사전(辭典) 1권을 펴낸 것이 나의 학문활동의 결산이다.

이화전문을 비롯하여 서울대, 성균관대, 대구대, 단국대 등 5개 대학에서 강의를 하는 동안 문리대 학장, 대학원장 등의 직함을 지낸 것이 나의 경력의 대요(大要)다.

나의 학문적 공과(功過)나 업적은 남이 평가할 일이지만 한평생을 외곬으로 살아 온 것은 이 길이 좋았기 때문이다.

사람은 누구나 어렸을 때 화려한 꿈을 꾸게 마련이다.

'20전 정승이요, 30전 군수요, 40전 면장'이란 말이 있다.

어려서는 일인지하 만인지장(一人之下萬人之上)[지위가 한 사람의 아래요 몇만 사람의 윗자리라는 뜻]의 정승을 꿈꾸다가도 나이가 들어감에 따라 점차 꿈이 현실화한다는 뜻이다.

나는 어려서 지도 보기를 좋아했다. 틈만 나면 한나절씩 지도만 들여다보고 있다가 어머니에게 "벙어리 공부를 한다"고 꾸중을 듣곤 했다.

지구 위 어느 한 귀퉁이에 유토피아를 건설하고 싶다는 꿈을 가졌던 것이다.

좀 나이가 들어서 이 꿈이 너무 허황하다는 것을 깨닫고부터는 "돈을 많이 벌어서 록펠러나 카네기 이상으로 문화·자선·사회사업에 희사하겠다"는 꿈으로 축소되었고, 이것은 다시 "언어학을 연구하여 훌륭한 국어학자가 되겠다"는 일념으로 좁아들었다.

훌륭한 학자가 되었는지는 모르지만 어쨌든 학자가 된 것만은 사실이니 꿈을 이룬 셈이라 하겠다.

나는 아들 하나 딸 하나를 낳아 그 슬하에 진손(眞孫)·외손(外孫) 합하여 7명의 손자 손녀를 둔데다 한 살 위인 내자(內子)도 아직껏 해로(偕老)하고 있으니 인간적으로도 다복(多福)한 편이라 하겠다.

다만 주변머리 없는 딸깍발이 선비였던 죄로 가족들에게 쓸데없는 고생을 시켰던 것이 죄스러울 뿐이다.

일제 말기 3년간의 영어(囹圄)생활을 한 덕분에 아들은 진학을 할 수가 없었다. 경기중학을 졸업하고 경성제대 예과에 응시하여 필기시험에 합격했으나 구술시험에서 '비국민(非國民)의 자식'이라는 이유로 두 차례나 낙방을 한 것이다.

결국 그는 해방이 되고 나서야 졸업 2년 만에 서울의대에 진학한 것이다. 1·4 후퇴 때 혼자만 살겠다고 노모와 어린것들을 뒤에 두고 홀로 피난을 갔던 일도 돌이키고 싶지 않은 죄이다.

해병대 문관이 되어 극적으로 가족들을 구출할 때까지의 3개월 동안 가족들이 겪었던 고생담을 들을 때마다 나는 늘 부끄러움을 느껴야 했다. 특히 내자에게는 면목 없는 점이 한두 가지가 아니다. 올해로 결혼생활 69년째다.

옛날 같으면 사람이 나서 60년을 살기가 어렵다고 해서 환갑잔치가 인생의 큰 경사였는데 결혼생활 60년을 넘기고 70년을 바라보게 되었으니 참으로 해로라 할 것이다.

그러나 해로만 한다고 좋을 것이 무엇이겠는가. 호강을 시킨다거나 아기자기하게 사랑을 해주지 못한 것은 고사하고 정말 한평생을 지지리 고생만 시켜 왔으니 말이다. 13세 초립동이로 장가를 들고 나자마자 공부를 한답시고 훌쩍 서울로 떠나간 뒤 대학을 졸업하고 취직을 할 때까지 무려 17년 동안을 따로 살았으니 그간의 고초가 어떠했을까 짐작이 갈 만하지 않은가.

방학이 되어 1년에 한두 차례 고향집에 돌아가서도 시집살이를 위로하기는커녕 마주 앉아 정다운 말 한 마디조차 나누지 못했으니 오죽했으랴.

30이 훨씬 넘어 이화여전 교수로 처음 안정된 생활을 하게 되어 서대문 밖에 집을 사고 식솔을 데려와 비로소 신접살림 같은 것을 차리는가 했더니 10년도 채 못 되어 어학회사건으로 집을 또 비우게 되었다.

혹심한 물자난으로 기차표 한 장 구하기가 하늘의 별따기처럼 어려웠던 그 무렵, 벙어리 면회나마 얼굴이라도 한번 보았으면 소원이 없겠다며 공판 때마다 찾아오곤 하던 내자(內子)였다.

그리고 6·25 사변을 통하여 온갖 위난(危難)과 고생을 골고루 맛보게 해온 터였다. 그러한 조강지처인데 한때 자유연애 사조에 휩쓸려 이혼을 하겠다고까지 고심을 했으니 한 여자의 인생을 책임진 남자로서의 나는 낙제생이라 할 수밖에 없겠다.

요즈음 젊은 부부들은 물론이요, 나잇살이나 든 사람들도 부부동반

하여 영화구경을 간다거나 휴가 때면 함께 여행을 즐긴다거나 혹은 가끔 외식을 한다거나 함으로써 인생을 엔조이한다지만, 우리 부부 사이에는 그런 일들이란 먼 나라의 풍습이나 되는 듯이 생경하기만 한 것들이었다.

무슨 재미냐 할 것이다. 그러나 아직 우리는 부부싸움이란 것을 해 본 일이 없다. 그만큼 무덤덤한 맛이라 하겠다.

우리 부부생활의 맛은 구수한 숭늉 맛이다. 어려움을 참고 견뎌 준 내자와 가족들에게 고마움을 느껴야 할 일이다.

좀더 자세한 회상기를 적어보고 싶지만

이제 이 글을 맺을 때가 된 것 같다. 한국일보의 요청으로 이력서를 엮다보니 여느 때보다 과거를 회상하는 농도가 한결 짙어지고, 그렇게 되고 보니 80평생을 헛살아 온 것 같은 회한(悔恨)의 감(感)에 젖어든다.

서두에서도 언급했지만 우리 또래의 세대처럼 기구한 풍파를 겪은 인생도 그다지 많지는 않을 것이다.

경술년(庚戌年) 일제(日帝)의 침략으로 내가 다니던 한성외국어학교가 폐교된 것은 그 후 오랫동안 이 학교 저 학교로 전전해야 했던 내 운명의 발단이 되었다.

경성고보, 양정의숙, 중동학교를 거쳐 20세가 훨씬 넘어서야 중앙학교를 졸업했으니, 중학 과정을 마치는 데만 학교 다섯 곳을 전전한 것이다.

그 후에도 진학을 하지 못해 참담하게 기회를 기다리기 6년여, 때마침 설립된 경성제국대학을 다니고 경성사범의 교유를 거쳐 이화여전의 교수로 일하던 시대는 내 생애 처음으로 안정되고 보람찬 세월이었다.

그러나 일제 말기 이른바 조선어학회 사건으로 3년 동안 갖은 고초를 겪었던 일은 내 개인으로는 물론이요 우리 문화의 일대 시련이었던 것이다.

해방 이후 6·25 사변을 비롯한 어지러운 세태 속을 헤집어 오는 동안은 우리 민족 모두에게 악몽 같은 환난기(患難期)였고, 나 개인에게도 견디기 어려운 세월이었다.

모든 일의 템포가 점점 빨라가는 현대, 또는 장래에 있어서 세상이 어떻게 바뀌어 갈는지 속단하기는 어려우나, 적어도 지금까지의 과거에 있어서는 우리와 같은 80의 세대가 체험한 풍운의 변화는 우리 조상들이 몇백 년을 계속하여 내려오며 겪은 인생의 파란에 필적할 것이라 여겨진다. 우리 일생은 과거 역사상에서 4, 5대, 6, 7대 등 여러 세대가 경험한 이 고해(苦海)의 풍파를 한몸으로 부닥뜨린 셈이 아닌가 하고 느껴진다.

이런 중중(重重)한 파란을 겪어 온 나로서, 지금까지 엮어 온 이력이란 줄거리 중에서도 줄거리가 될 만한 것을 대강 추려서 기록한 데 지나지 않는다.

나의 쇠퇴한 기억을 더듬을 적에 선망후실(先忘後失)로 중요한 것인데도 빠뜨린 것이 더러 없지 않을 것이요, 남이 보기에는 하찮은 것도 많을 것이다. 그러나 필자 자신으로 살펴보면 전만고(前萬古)에도 없었고 앞으로도 영원히 재현될 수 없는 오직 이 한 번만의 일생이 구구한 목숨을 부지하여 오며 다른 누구와도 공통되지 않은 오직 나만의 신상에 이런 일 저런 일을 겪어 오게 된 것이 내 일생에 어떠한 의미를 부여하는 것일까. 무엇 때문에 이러한 일을 겪어야만 했던가. 그래서 그것으로써 어쨌단 말인가. 참으로 알 듯 모를 듯 안타까운 마음만 사양(斜陽) 인생의 심정에 모닥불을 — 아니 사위어 가는 겻불을 부채질하듯 하여 애닯기만 하다.

그러나 이 세상에 존재하는 모든 물건은 제 나름대로의 존재 가치가 있고, 또 이루어지는 모든 사실은 주위 환경과 아무 관련도 없는 유리(遊離), 고립된 오직 한 가지만의 현상이 아니요, 과거에 있어 온 모든 사실의 연쇄적인 계기로서 앞으로 생길 사실의 일환이 되는 것이 아닌가 생각된다. 그리하여 그 일환에 있어서 고리의 대소(大小)나 강약과 같은 것은 다른 면의 문제로 다룰 것이요, 그 일환의 사실이 시간의 흐름, 생명의 교체, 현상의 생멸(生滅)에 있어서 한 점을 이루고 있다는 데는 아마 아무 이의도 없을 것이 아닌가 여겨진다.

이것이 이 글을 마치는 나의 솔직한 심회인 것이다.

앞으로 다행히 나의 건강이 허락된다면 좀더 자세한 회상기(回想記)를 적어볼까 하는 생각이지만, 그것은 꼭 기필(期必)할 수 없는 노릇이란 것을 고백하여 둔다.

조선어학회 설립의 시대적배경

한말(韓末)의 한글연구

1894년 우리나라에서는 일대 변혁이 일어났다. 완강한 대원군[이하응(李昰應)]의 쇄국정책으로 인하여 흡사 암흑세계와 같던 침체, 질식상태에서 개화(開化)라는 새로운 풍조가 일기 시작하였다. 세상에서는 이것을 갑오경장이라 일컬었고, 이 갑오경장은 우리나라의 정치·문화·사상에 일대 전환을 가져 왔다.

국민은 오랜 동안의 모화사상(慕華思想), 특히 유교 만능주의로부터 자주독립을 절규하였다. 그리하여 서양문명의 수입과 신식교육의 실시에 열을 올리었고, 당연한 결과로서 자아발견, 자아각성, 나아가서는 자아 위주의 정신이 사회에 넘쳐 흘렀다. 따라서 국어·국문의 보급운동은 전에 없이 고조에 달하였다.

1894년[고종 31]에 처음으로 공문서에 국문을 채용하게 되어, 비록 한자가 섞였을망정 관보(官報)를 국문으로 박게 되고, 이듬해

[1895년] 2월에는 고종이 교육입국(敎育立國)의 조서(詔書)를 국한문체로 지어서 내렸을 뿐 아니라, 그해 7월에는 교과서인《국민소학독본(國民小學讀本)》《만국지리(萬國地理)》 등을 학부 편집국에서 국한문으로 편찬·출판하였다.

이에 계속하여 1899년 4월에는 중학교령이, 또 뒤를 이어 사범학교령이 각각 공포되어, 소학·중학·사범 등의 각종 학교가 설립되는 동시에 국어 과목이 그 교과과정 중 주요한 지위를 차지하게 되었으며, 민간에서도 서양의 새 지식을 섭취시키려는 서적이 우후의 죽순같이 국문으로 간행되었다. 그뿐 아니라, 민간으로부터 국어사전 편찬 건의가 학부에 제출된 일도 있어서, 국어연구의 열이 매우 왕성하게 되었다. 그리하여 국어·국문에 대한 과학적인 저술도 차차 나타나게 되었다.

《국문정리(國文正理)》는 1897년[건양 2] 1월에 이봉운(李鳳雲)이란 사람이 저술·간행한 작은 책인데, 그 서문 중에는 자주독립의 정신을 고취하고, 국문의 학습과 그 연구에 필요성을 역설하였다.

자모규식, 장음반절규식, 단음반절규식, 외이받침규식, 언어장단규식,
문법론, 문법말규식, 탁음규식, 어토규식, 새 언문규식

이와 같은 내용에 나누어, 문자와 음운에 관한 이론과 문어(文語)·구어(口語)의 구별, 문법론의 일단도 실려 있었다. 비록 20페이지 남짓한 책자일망정, 또 그 논술이 유치할망정, 국어연구에 대한 과학적 열의가 넘쳐 흐르는 것만은 넉넉히 엿볼 수 있다. 그리고 전부 국문으로만 기록되어 있다.

《신정국문(新訂國文)》은 당시 한성의학 교장이었던 지석영(池錫永)

의 상소에 의하여, 1905년[광무 9]에 공포된 것이다. 이 《신정국문》의 내용은 이러하다.

신정국문 오음상형변(五音象形辨)
신정국문 초중종삼성변(初中終三聲辨)
신정국문 합자변(合字辨)
신정국문 고저변(高低辨)
신정국문 첩음산정변(疊音刪正辨)
신정국문 중성이정변(重聲釐正辨)

이와 같은 항목에 나누어, 우선 국문의 기원을 말하고 맞춤법의 규정을 보이었으나, 이렇다 할 창견(創見) 없이 훈민정음(訓民正音) 제정 후의 여러 학자 최세진(崔世珍)·홍양호(洪良浩)·홍계희(洪啓禧) 등 옛사람들의 학설을 그대로 좇은 것이 틀림없는 듯하다.

그러나 《신정국문》의 특기할 사실은 《첩음산정변》 중에서 '•'음의 폐기를 주장하는 반면에 '삼성변중성독용11자(三聲辨中聲獨用十一字)' 조에서 모음 '이으'의 합음(合音)되는 '='를 새로 창제한 것이다.

이 《신정국문》은 당국에 의하여 법령으로 발포(發布)되었으나, 실행하기까지에는 이르지 못하고, '•'의 폐지와 '='자의 제정이 당시 학계에 큰 파문을 일으켰다. 그 영향으로 학부(學部)[문교부] 안에 국문연구소(國文研究所)가 설치되었다.

앞에서 말한 지석영의 《신정국문》에 대하여 학자간에 반대의 소리가 높고 더우기 '•'자의 폐지와 '='자의 새로운 제정에 대하여는 가장 맹렬한 반대가 일어났다. 이러한 정세의 자극을 받아, 당시의 학부대신 이재곤(李載崑)의 주청(奏請)으로 1907년[광무 11] 7월에 국문연구소를 학부 안에 두게 되었으니, 이것은 우리 국어·국문 연구사상 특필할 사실로서, 훈민정음 반포 이후 최초의 국문 연구기관이요, 또 국가사업이었다.

이 연구소의 위원들은 때를 따라 다소의 변동은 있었으나, 대체로 다음과 같았다.

위원장 윤치오(尹致旿)[학무국장]
위 원 어윤적(魚允迪)·이능화(李能和)·권보상(權輔相)·이억(李億)·윤돈구(尹敦求)·주시경(周時經)·현은(玄檃)·송기용(宋綺用)·장헌식(張憲植)·이종일(李鍾一)·유필근(柳苾根)·이민응(李敏應)·지석영(池錫永)·우에무라[上村正己]

이 위원들은 1907년 9월부터 1909년 12월까지 23회의 회의를 거듭하면서 다음과 같은 문제를 연구·토의하였다.

1. 언문의 연원
2. 자체(字體)와 발음의 연혁
3. 초성 ㅇㆆㅿㅇㅁㅸㆄㅃ 8자 부용(復用)의 가부
4. 초성 중 ㄱㄷㅂㅅㅈㅎ 6자 병서서법(並書書法)의 일정화
5. 중성 '＝'자를 창제하고, 'ㆍ'자를 폐지하는 가부
6. 종성 ㄷㅅ 2자의 용법과 ㅈㅊㅋㅌㅍㅎ 6자를 종성에도 통용하는 가부
7. 자모의 7음(七音)과 청탁(淸濁)과의 구별 여하
8. 사성표(四聲標)의 사용 여부와 조선어음(朝鮮語音)의 고저(高低)

9. 자모의 음독(音讀) 일정(一定)

10. 자순(字順)과 자행(字行)의 일정

11. 철자법

이와 같은 문제에 대하여 위원들이 연구한 결과를 한데 모아서, 그리고 또 연구소로서의 의견도 종합하여서 내각에 제출하였으나, 공포되기 전에 학부대신이 바뀌었으므로, 그 후에는 이 사업이 흐지부지되고 말았다. 그리고 연구보고의 기록은 오늘에 전부 전하지 못하는 듯하며, 다만 제1회, 제2회의 기록만이 남아서 김윤경이 지은 《한국문자급어학사(韓國文字及語學史)》에 수록되어 있다.

그리하여 제1회는 '국문의 연원'이란 제목으로 어윤적·이능화·권보상·이억·윤돈구 제씨의 연구가 있고, 제2회는 '국문 자체(字體) 및 발음의 연혁'이란 제목 아래 주시경·이능화·권보상·현은·송기용·이억·윤돈구 제씨의 보고가 있다. 이것을 통하여 그 당시 국문연구소의 연구 경향과 방법을 엿볼 수가 있다.

국문연구소 위원 중의 한 사람인 주시경은 가장 열심을 다하여 국어·국문을 연구하던 분이다. 그 열심의 정도에 대하여는 여러 가지 일화(逸話)가 전해 오고 있는데, 거의 발분망식(發憤忘食)[마음을 돋워 끼니마저 잊은 채 노력함]하여 가며 연구에 몰두하는 한편, 당시 여러 학교[대개 중등학교]를 다니며 그 연구한 것을 발표·지도하여 국문 보급에 많은 공적을 남기었다. 그리고 단독의 힘으로 국어강습소를 개설하여 열심히 후진을 양성한 결과, 그 제자로 김두봉·이규영(李奎榮)·최현배(崔鉉培)·김윤경(金允經) 등이 배출되어 그의 학통을 계승하였다.

그가 국어 연구에 신기축(新機軸)을 지은 것은 그 열성에 말미암은 것도 크지만, 그가 가진 외국어 지식에 힘입은 것도 적지 않다. 그는 영어와 그 문법을 배워 이것을 국어 연구에 이용하였으므로, 종래의 연구가에 비하여 보다 더 과학적이었다.

그의 저술로는 1908년에 《국어문전음학(國語文典音學)》, 1910년에 《국어문법》, 1914년에 《말의 소리》 각 1책이 있으며, 첫번 것과 나중 것은 주로 국어의 음성학적 연구요, 가운데 것은 주로 문법을 논술한 책이다.

《국어문전음학》을 제외한 두 가지 책에서 그는 극도로 한자어를 기피하여, 모든 술어를 우리말 식으로 새로 만들어 썼기 때문에, 보는 사람으로 하여금 도리어 난삽(難澁)과 불편을 느끼게 하였다. 외래어 [한자어]를 배척하여 자주정신을 국어로부터 재건하려 한 그의 동기는 존숭(尊崇)하지 않을 수 없으나, 이러한 방법을 도저히 과학적이라고 할 수는 없다. 그리고 《말의 소리》의 권말에는 우리글의 최초의 시험으로 횡철(橫綴)[풀어쓰기]을 고안한 문장이 붙어 있다.

《신정국문》의 공포와 국어연구소의 설치, 그리고 또 주시경의 출현은 확실히 국어·국문 연구계에 횃불을 밝힌 것이었다. 이와 같은 자극으로 말미암아 우선 당시에 많이 나타난 것은 국어의 문법을 논술한 저서들이다. 그 중의 몇 가지를 들어보면 다음과 같다.

《대한문전(大韓文典)》	최광옥(崔光玉) 1908
《국어문전음학(國語文典音學)》	주시경(周時經) 1908
《대한문전(大韓文典)》	유길준(兪吉濬) 1909
《초등국어어전(初等國語語典)》(상·중·하)	김희상(金熙祥) 1909
《국어문법(國語文法)》	주시경(周時經) 1910
《조선어전(朝鮮語典)》	김희상(金熙祥) 1911

《말의 소리》	주시경(周時經) 1914
《조선말본》	김두봉 1916
《조선문법》	안확(安廓) 1917
《현금 조선문전(現今朝鮮文典)》	이규영(李奎榮) 1920
《조선어문법제요(朝鮮語文法提要)》	강매(姜邁) 1921
《조선정음문전(朝鮮正音文典)》	김원우(金元祐) 1922
《선문통해(鮮文通解)》	이필수(李弼秀) 1923
《신찬조선어법(新撰朝鮮語法)》	이규방(李奎昉) 1923
《정음문전(正音文典)》	이필수(李弼秀) 1923
《수정 조선문법(修正朝鮮文法)》	안확(安廓) 1923
《깁더 조선말본》	김두봉 1923
《잘 뽑은 조선말과 글의 본》	강매(姜邁)·김진호(金鎭浩) 1925
《조선어문법(朝鮮語文法)》	이상춘 1925
《우리글틀》	김희상(金熙祥) 1927
《중등교과 조선어 문법》	이완응(李完應) 1929
《우리 말본 첫재매》	최현배(崔鉉培) 1929
《조선어의 품사 분류론》	최현배(崔鉉培) 1930
《조선어학강의요지(朝鮮語學講義要旨)》	박승빈(朴勝彬) 1931
《정선조선어문법(精選朝鮮語文法)》	강매(姜邁) 1932
《개정철자준거(改正綴字準據)조선어법》	박상준(朴相埈) 1932

　이상은 1933년 10월 조선어학회에서 제정한 '한글맞춤법통일안'이 공포되기까지에 나타난 문법이나 문법에 준할 수 있는 저작으로서, 국어 문법에 효시가 되는 《대한문전》이 간행되던 1908년으로부터 24년 동안에 26종, 매년 평균 1종의 문법책이 출현한 셈이다.

　이와 같이 이 시기의 국어·국문 연구는 주로 문법 중심[음운론을 포함한]의 테두리를 벗어나지 못하였다. 그러나 이것은 한말(韓末) 갑오경장으로 말미암아 점화된 국어·국문의 연구열 또는 운동이, 한일합방이란 청천벽력과 극심한 탄압, 제재에도 불구하고 꾸준히 계속되었다는 것을 실증하는 사실이다.

또, 이 왕성한 문법의 연구는 국어학 초기의 현상으로서 학술발전의 순서상 면할 수 없는 당연한 과정이라고 보아야 할 것이다.

조선어학회 설립

한말의 국어 연구는 민족 고유의 어문(語文)을 정리하고 통일하며 보급하려는 문화운동인 동시에 가장 심모(深謀)한 민족운동이었다.

생각컨대 언어는 인간의 지적·정신적인 것의 원천이며, 인간의 감정과 특성을 표현하는 것으로서 민족 고유의 언어는 민족 자체의 의사소통은 물론, 민족의 정서, 민족의식을 빚어내어 강인한 민족의 결합을 성취시키는 것이다. 또한 민족의 언어를 기록하는 민족적 특질은 그 어문을 통하여 민족문화의 특수성을 낳게 하고, 그 고유문화에 대한 과시와 애착은 민족의 단결을 한층 공고히 하는 것이다.

그리하여 어문운동은 강렬한 민족의식을 배양하여, 약소민족에게 독립의 의욕을 용솟음치게 하는 것이다. 따라서 어문운동은 민족운동 사상 가장 유력하고, 또 효과적인 운동이라고 인정받기에 이르렀다. 이러한 사실은 18세기 이후 유럽의 여러 약소민족이 어문운동에 전력을 경주했다는 사실이 증명하고 있다.

그러나 1910년의 한일합방으로 우리나라의 국어 연구는 중단되지 않을 수 없었다. 일제는 철저한 무단정치(武斷政治)로 이 나라를 압제하고, 모든 활동을 중단시켰다. 이리하여 국어학자들도 서로 모일 수가 없어서 자기 혼자 연구하는 데 그칠 뿐이었고, 토론이나 연구발표가 전연 불가능하였다. 더우기 국어연구에 크게 공헌해 오던 주시경 (周時經)이 1914년 7월에 요절(夭折)함으로써 국어학계는 더욱 침체 상태에 빠지게 되었다.

이러한 상태는 1919년의 3·1운동을 계기로 크게 방향이 전환되 었다. 이제까지 폭력·탄압만을 일삼던 일제가 우리 민족을 회유하여 보려는 수단으로 이른바 문화정치를 표방하게 되자, 우리는 이것을 역이용하게 되었던 것이다. 이리하여 《동아일보(東亞日報)》《조선일보 (朝鮮日報)》《조선중앙일보(朝鮮中央日報)》 등 일간신문이 발행되어 일본의 식민지 정책을 신랄하게 비판하고, 《문예(文藝)》《시사(時事)》 《상식(常識)》 등의 월간잡지가 나와 크게 우리 언론의 기세를 올리었 다. 이와 같은 기세를 타고 국어연구에 뜻을 둔 인사들도 우리 민족의 활로를 문화에서 타개하려는 목적 아래, 조선어연구회를 조직하였다.

이 조선어연구회는 앞에서 말한 바와 같이 1931년 1월 10일 그 명칭을 조선어학회(朝鮮語學會)라 개칭하였던 것이다.

조선어학회의 수난

3·1운동 후, 이른바 문화정책의 간판을 내걸고 우리 민족을 회유 하려 했던 일제는 1930년대에 이르러 그들이 본격적으로 대륙 침략 을 시작하면서 다시 대한(對韓) 식민지정책을 변경하였다. 조선총독 부는 이른바 황국신민화운동(皇國臣民化運動)이란 강력한 동화정책 (同化政策)을 시행하여 민족말살을 위해 광분하였던 것이다.

일제는 1931년 이유 없는 싸움을 걸어 만주를 점령하여 괴뢰정부 를 세운 후, 1937년 7월 마침내 중국 본토에 대한 침략을 개시하여 중국 동북부와 양쯔강(揚子江) 하류의 넓은 지역을 차지하였다. 그뿐 만 아니라, 1941년 12월에는 미국·영국 등에 선전을 포고함으로써 본격적인 세계대전을 일으켰다. 이에 따라 우리나라에는 일본의 군수 공업이 대대적으로 이식(移植)되고, 한편 우리 청장년을 강제로 징용하여 공장·광산 등으로 끌어넣었던 것이다.

이 같은 전시체제로의 전환에 따라, 총독부는 1937년 우리 민족으로 하여금 일본 천황에게 충성을 맹세하는 이른바 '황국신민서사(誓詞)'를 집회 때마다 제창하게 하고, 이듬해에는 우리말 교육의 폐지와 일본어 상용(常用)을 강요하였다.

그리고 1940년부터는 이른바 창씨개명(創氏改名)을 실시하고 신사참배(神社參拜)를 행하도록 하는 한편, 한국어 서적의 출판을 금지하고 《동아일보》《조선일보》 등 민족지(民族紙)를 폐간하고 말았다.

한편 총독부는 전시임을 이유로 1936년 '조선사상범 보호관찰령(朝鮮思想犯保護觀察令)'을 만들어 민족운동자들을 요시찰인(要視察人)이라 하여 항상 감시하고, 1940년에는 '사상범 예비구금령(思想犯豫備拘禁令)'을 내려, 독립운동 혐의자를 예비구속할 수 있는 법적 조처까지 마련하였다. 그뿐 아니라, 우리 민족의 지도적인 인사를 전향시켜 '조선사상보국연맹(朝鮮思想報國聯盟)' '국민총력연맹(國民總力聯盟)' '임전보국단(臨戰報國團)' 등을 만들어, 친일 여론의 환기와 전쟁 수행에 협력하도록 하였다.

이상과 같이 숨돌릴 여유조차 주지 않는 탄압책으로 말미암아 우리의 민족정기는 질식상태에 빠졌으며, 오직 극소수의 지도자·학자·예술인·종교인들만이 지하에 은신하여 한민족(韓民族)으로서의 지조를 지킬 뿐이었다.

조선어학회도 이 극소수의 민족주의자들이 모인 민족단체였다. 그러나 일제는 이 극소수의 민족주의자마저 그냥 두지를 않았다. 그리하여 1937년 6월에는 '수양동우회'를 탄압하고, 이듬해에는 '흥업구락부'에 검거의 선풍을 일으켰으며, 1940년에는 기독교반전공작사건

(基督教反戰工作事件)이라는 것을 조작하여 많은 기독교인을 투옥하였다. 그리고 1942년 10월에 이르러, 마침내 조선어학회에도 총검거의 손을 대었던 것이다.

물론 '조선어학회사건'이란 것도 애당초부터 날조된 조작극임에 틀림없었으나, 그 사건도 앞에서 말한 바와 같이 일개 여학생의 일기책 속에서 삐어져 나온 한 줄도 채 못 되는 기록 때문에 발단되었던 것이다.

제2부

일석이 떠난 이후

♣ 편집자주

1994년 10월 이 달의 문화인물로 선정된 일석 이희승 선생. 당시 국립국어연구원에서는 일석 선생을 추모하는 문집을 발간 [1994. 10. 9] 하였습니다.

여기에 실린 글은 그 추모 문집 속에서 몇 분의 것을 게재한 것입니다.

전광현(田光鉉)

단국대학교 국어국문학과 교수

1

일석(一石)은 1896년 6월 9일[음력 4월 28일] 경기도 광주군 의곡면(儀谷面) 포일리(浦一里)[현재의 의왕시 포일동] 양지편 마을에서 종식씨(宗植氏)의 5형제 중 장남으로 태어났다. 본관(本貫)은 전의(全義)이다. 출생지에 대하여 一石은 이렇게 설명하고 있다.

이 기회에 나의 출생지에 대해 상세히 해둘 것이 있다. 포일리 양지편 마을은 내가 출생할 당시에는 광주군 의곡면이었고, 그 후 수원군으로 편입됐다가 수원이 읍이 되면서 화성군에 속하게 되었으며, 최근에 와서 다시 시흥군으로 행정구역이 바뀌었다. 그러니 광주 태생이라고 할 수도 없고, 수원이나 화성 태생이랄 수도 없는 일이어서 시흥산이라고 불러 두는 것이 가장 합리적이겠

으나, 그것도 마음이 썩 내키지 않으면 개풍 태생이라 말하곤 한다. 경기도 개
풍군은 고려조 이후 나의 조상들이 대대로 살아 온 선향이다. 나의 조부 때 한
때 가세가 기울어 광주군으로 이사했던 것이고, 그곳에서 내가 태어난 것이다.

—《다시 태어나도 이 길을》

그간에 나온 기사들을 보면 필자마다 각양각색이어서 출생지를 분
명히 하기 위해 一石의 글을 인용하였다. 一石은 5살 때에 모친을 따
라 상경, 천자문을 배우고 부친에게서는 동몽선습(童蒙先習)을 배웠
다. 그리고 사숙(私塾)에서 5년간 한문을 수학, 경서(經書)까지 마쳤
다.

1908년(13살)에 결혼을 하고, 곧 상경하여 관립 한성외국어학교
영어부에 입학하여 신익희(申翼熙)·정구영(鄭求瑛) 등과 함께 공부
하였다. 졸업 후 경성고등보통학교 2학년에 편입하였다가 외국어학교
에서 온 일어(日語)를 모르는 학생들에게 차별대우가 심해 3학년 1학
기 때 6~7명의 학생들과 함께 자퇴하였다. 한해 겨울을 권태와 불
만과 울분에 쌓여 소설책만 읽던 一石은 1912년 4월, 17세 되던 해
에 부친의 권유로 양정의숙(養正義塾) 야간 전문학교 법과에 입학했
다. 그러나 1913년 10월 양정의숙이 총독부 교육령에 따라 양정고등
보통학교로 개편되는 바람에 동교(同校)를 자퇴하였다. 공부할 길도
막히고 가세(家勢)도 기울어 전 가족이 풍덕(豊德) 고향으로 낙향하
였다. 시골에서 농사를 거들며 지내는데 당시 휘문의숙(徽文義塾)에
다니던 친척이 겨울방학에 내려와 一石은 그의 교과서들을 빌려 보게
되었다. 그 책들 중의 하나가 교재용 프린트물인 주시경의《국어문법》
이었다.

처음 호기심에서 책을 읽어 가는 동안 나는 '이런 학문도 있었구나' 하는 경이

를 맛보았다. 재독·삼독을 하고 5∼6회를 거듭 읽는 동안, '나도 국어공부를 해야겠다'는 결심을 굳히게 됐다. 내 인생의 길은 이렇게 시작이 됐으니 참으로 기연이라 할 것이다.

— 《다시 태어나도 이 길을》

이러한 기연(奇緣)이 계기가 되어 국어학을 해야겠다는 이념에 19세 되던 초봄 무작정 상경하게 되었다. 그러나 생활비가 없는 一石은 염천교 밑의 봉놋방[합숙소]에서 한 달 이상을 지내다가 윤씨(尹氏)라는 사람의 소개로 김포군 고촌면(高村面) 천등리(天登里)에 있는 신풍의숙(新豊義塾)이라는 소학교에 교원으로 취직이 되었다. 그러나 봉놋방에서 얻은 옴 때문에 교원을 그만 두고 강미(講米)[강사료로 받은 쌀]로 받은 벼 10섬을 가지고 고향으로 돌아왔다. 옴 치료를 위해 백천(白川)온천에서 20일 동안 요양하고 돌아와 다시 학교에 들어갈 결심을 하였다. 그리하여 상경한 一石은 조선총독부 임시토지조사국 정리과(整理課) 고원(雇員)으로 취직하여 일급(日給) 36전(錢)을 받고 일했다. 그 돈으로 4월부터 중동학교(中東學校) 야간부에 들어가 낮에는 일하고 밤에는 공부하던 학생이 되었다. 근 1년 동안 낮에는 토지조사국, 밤에는 학교, 이렇게 이중생활을 하던 그는 알뜰하게 저축한 돈으로 야간이 아닌 주간에서 공부하고 싶은 욕심이 생겨 1916년 4월에 중앙학교[현 중앙중·고등학교 전신] 3학년에 편입하였다. 당시 인촌(仁村) 김성수(金性洙)가 학교를 경영하면서 학생들에게 민족의식을 일깨워 주었다. 윤치영은 一石보다 한 학년 위였고, 동급생으로 정문기(鄭文基)·서항석(徐恒錫)·최순주(崔淳周)·옥선진(玉璿珍) 등 후에 각 분야에서 크게 활동했던 분들이다.

一石은 1918년 3월, 22세의 나이로 중앙학교를 졸업하였다. 평균 98점으로 1등을 하였다. 당시 졸업 후 희망난에 '언어학'이라고 써넣었는데, 선생님도 잘 모르는 분야라 '문학'으로 바꾸어 적어 놓았다고 한다. 중앙학교에 다니면서 一石이 후회한 것이 하나 있는데, 그것은 그 무렵 공부에만 너무 몰두하느라 운동을 하지 못한 점이다. 다시 말하면 신체단련을 소홀히 하였던 것이다.

졸업 후 언어학을 공부하려고 하였으나 국내에는 가르치는 학과가 없었다. 동경대학에 유학을 가야 할 텐데 집안형편이 여의치 않아 고민하던 중 인촌이 인수한 경성직유주식회사에 서기(書記)로 취직하였다. 월급은 15원[당시 하숙비 6원, 구두 2원]으로 괜찮은 편이었다. 그러나 대학에 들어가야 한다는 일념으로 숙직실에서 자취를 하면서 돈을 저축하였다. 이 시절 一石은 세계문학전집을 비롯해 많은 책을 밤새워 가며 읽었다. 그러다 건강을 잃어 새벽 구보를 열심히 하기도 했다.

1919년 3월 1일을 一石은 이렇게 회고했다.

...... 중앙 1년 후배인 노기정 군에게서 급하게 전화가 걸려 왔다. '지금 탑골공원에서 만세운동이 터졌다'는 놀라운 뉴스였다. ...... 나는 급히 탑골공원으로 달려갔다. 수많은 학생들이 '대한독립만세'를 부르짖으며 공원문을 밀려 나오고 있었다. 콧잔등이 시큰하면서 눈시울이 뜨거워 왔다. 나도 모르는 사이에 그들의 틈바구니에 끼어들어 정신 없이 만세를 외쳐댔다. ...... 2일 밤 중동 때부터의 친구인 이병직 군의 집에서 태극기를 그렸다. 3일이 되자 밤새워 만든 태극기 50여 개를 가슴에 품고 아침 일찍 서울역 앞으로 나갔다. ...... 우리는 품 속에서 태극기를 꺼내어 행인들에게 나누어 주었다.

우리는 작전을 바꾸지 않을 수 없었음을 깨닫고 ...... 숙의를 거듭한 끝에 지하신문을 만들자는 뜻을 모았다. ...... 우리는 밤새도록 수천 장을 프린트해서는 다음날 저녁 두루마기에 감추어 집집마다 배달을 했다.

— 《다시 태어나도 이 길을》

지하신문을 만들기 위해 등사기를 회사에서 훔쳐 오고, 4개월 동안 일본 경찰의 눈을 피하기 위해 이곳저곳 옮겨 다니며 밤에만 지하신 문을 만들어 해외의 독립운동 소식과 국제정세를 국민에게 알려 주었 다.

1923년 10월 제2회 전문학교 입학자 검정고시에 무난히 합격한 一石은 1924년에 세워진 경성제국대학 입학시험에 응시하였으나 낙 방하고 만다. 만 6년 동안 학교와는 거리가 먼 회사일만 한 29세의 한국인으로서는 어려운 일이었다. 그리하여 '경성대 입시 준비를 위 해' 연희전문(延禧專門) 수물과(數物科)에 우선 입학하였으나 적성에 맞지 않아 3학기에 휴학원(休學願)을 내고 하루 20시간씩 입시공부 를 했다. 1925년 4월, 30세의 나이로 경성제국대학 법문학부(法文學 部) 예과(豫科)에 입학했다. 문과(文科) B반에 속했는데, 이는 인문계 열이었기 때문이다. 1927년 3월 예과를 수료하고 조선어급문학과(朝 鮮語及文學科)에 진학하였다. 2학년에 조윤제(趙潤濟), 그리고 1학년 에 一石이 있었다.

一石은 어학(語學) 쪽의 공부를 계속하면서 조선어학회(朝鮮語學 會)에서 연구발표도 하였다. 1930년 4월, 35세의 나이로 대학을 졸 업했다. 졸업논문은 처음 '조선어의 음운(音韻)변천사'를 쓰려고 하 였으나 오구라(小倉進平) 교수가 방대하다고 하여 '•음고(音攷)'를 썼다. 졸업 후 경성사범학교에 교유(敎諭)로 취직이 되어 조선어를 가 르치면서 중동학교(中東學校)에 출강하였다. 관립학교(官立學校) 선 생이 사립학교에 출강하는 문제로 학교의 경계하는 태도를 느끼기 시 작했다. 그리고 졸업과 동시에 조선어학회의 정회원이 되고 곧 간사 (幹事)가 되었다. 그러나 당시 조선사범 교유들의 어학회 활동을 금지 시키고 있었기 때문에 연구발표나 원고 게재를 할 수 없었다.

이러한 어려움 속에서 1932년 4월 이화여자전문학교 교수가 되었다. 一石으로서는 학문활동을 자유롭게 할 수 있는 좋은 계기가 되었다. 당시의 교장은 배재학당 설립자의 딸인 아펜젤러 여사였다. 여기서 가르친 제자들은 후에 한국의 여성계를 이끈 쟁쟁한 여류명사들이다. 이 시기에 동료로서 가장 절친하게 지낸 교수는 월파(月坡) 김상용(金尙鎔)이었다. 一石의 수필집에 자주 등장되는 것만으로도 입증이 된다. 一石의 별명 조핵공(棗核公)은 월파가 지어 준 것이다. 반면에 체구가 땅딸막한 월파에겐 一石이 '지월공(地月公)'이란 별명을 붙여주었다.

1931년 경성제국대학 법문학부 조선어급문학과 출신자들을 중심으로 조선어문학회를 창립하여 《조선어문학회보》를 내면서 이미 입회한 조선어학회와 함께 학회활동을 하였는데, 1932년 4월에는 조선어학회 간사로 피선되어 오랫동안 학회 일을 하였으며, 1935년 4월에는 간사장을 맡아 2년간 대표간사의 일을 보았다.

조선어학회는 본래 그 전신(前身)이 조선어연구회였다. 1921년 장지영(張志暎)·이병기(李秉岐)·권덕규(權悳奎)·이상춘(李常春)·신명균(申明均)·김윤경(金允經)·최두선(崔斗善) 등 당시 사립학교 교사들이 중심이 되어 조직하였다. 그런데 1931년 일본인 이토(伊藤韓堂)가 똑같은 이름으로 기관을 세우고 《조선어》라는 잡지를 발행하는 바람에 부득이 조선어학회로 개칭하게 되었다.

학회에서 가장 중요한 사업으로 정한 것이 사전 편찬이었다. 그러나 그에 앞서 맞춤법통일, 표준어사정, 외래어표기법이 급선무라는 데에 인식을 같이하고 1930년 12월 총회에서 맞춤법통일안 제정위원 18명을 선출하여 기초작업에 들어갔다. 제정위원은 이윤재·권덕규·장지영·이희승·최현배·이극로·정인섭·김윤경·김선기·신명균·이상춘·이만규 등이었다.

맞춤법통일안 제정을 위한 제1독회는 1932년 12월 26일 개성에서 10일간 열렸다. 그 후 제2독회[인천 제일보통학교], 제3독회[화계사]를 거쳐 만 3년 동안 141차례의 회의 끝에 1933년 10월 29일 한글날을 맞아 명월관(明月館) 기념식 석상에서 발표되었다.

다음은 1934년 여름 표준어사정위원회가 40명의 위원으로 구성되었다. 제1독회는 1935년 1월 온양에서 열렸고, 제2독회는 우이동 봉황각(鳳凰閣)에서 열렸으며, 1936년 7월에 가서야 제3독회를 마치고 수정작업에 들어갔다. 경성여자상업학교에서 수정작업을 하다가 일경(日警)에 정보가 새어 간사장인 一石이 시말서를 쓰기도 하였다.

외래어표기법은 1931년 정인섭·이극로·이희승 등 3명의 책임위원이 기초작업에 착수하여 최종안을 확정한 것은 1938년이었다. 그 동안 최현배·정인승·이중화·김선기 등 위원들도 참여하였다. 그러나 1940년 6월에야 몇 가지 수정을 더하여 외래어표기법을 세상에 발표하였다.

이러한 일련의 업적들은 단순한 열정만으로 이루어진 것이 아니다. 우리말을 지키겠다는 투철한 민족정신과 학문적인 체계 수립에 대한 의욕, 그리고 결속된 단결력의 소산이라고 하지 않을 수 없다.

一石은 1940년 4월 30일 뜻하지 않게 1년의 안식년(安息年) 휴가를 얻어 일본 동경제국대학 대학원에 유학을 가게 되었다. 그러나 그것은 우연히 이루어진 것이 아니라 당시 모든 학교의 국어 과목을 폐지하고 수업시간에는 반드시 일본어로 강의하도록 탄압하는 가운데 한국인 교수들의 일본어 실력이 부족하다는 이유로 일본 여행[유학]을 강요하고 있었다.

一石도 예외가 아니어서 2년간 일본 유학을 하게 된 것이고, 거기서 본격적인 언어학을 공부하게 된 것은 오히려 다행스런 일이었는지도 모른다. 一石이 귀국하기 약 4개월 전인 1941년 12월 8일 일본이 진주만을 공격, 제2차 세계대전이 시작되었다. 당시 이화여전의 학생들의 생활상을 一石은 이렇게 기록하고 있다.

저들은 군복을 만드는 일에서부터 병사들의 속옷을 세탁하는 일에까지 여학생들을 동원했다.…… 공부란 어쩌다 일진이 좋을 때 한두 시간씩 뿐이요, 대개는 그런 전쟁 놀음에 쫓겨야 했다.…… 나중에는 학생들까지 이른바 천인침(千人針) 운동에 동원되어 길거리에 나서야 했다. 센닌바리란 무명천에 여자 1천 명이 한 땀씩 바느질을 한다는 뜻이었는데, 이것을 출전하는 병사가 배에 두르면 총알을 막아 낸다는 것이다.

— 《다시 태어나도 이 길을》

일제(日帝)는 이와 같이 온 국민을 전쟁의 와중으로 끌어 넣어 혹사를 시켰다.

1942년 10월 1일 새벽은 一石이 3년간의 옥살이를 하게 된 시초였다. 서대문서 고등계 형사 2명에게 연행된 것이다. 경기도 경찰부 유치장에 갇힌 지 몇 시간 후 최현배·장지영·김윤경이 수감되는 것을 보고 조선어학회에 연루된 사건임을 직감하였다 한다. 같은 날 또 다시 이윤재·이극로·정인승·권승욱·한징·이중화·이석린 등 조선어학회 회원 7명이 연행되어 와 모두 11명이 되었다. 모두 전차를 타고 서울역에 가서 다시 기차를 갈아탔다. 함흥역에서 이극로·권승욱·정인승 세 사람을 하차시키고 결국 도착한 곳은 홍원경찰서였다.

유치장에는 잡범들과 함흥 영생여학교(永生女學校)의 여학생들로 가득찼다. 여학생들이 붙들려 온 내력은 박병엽(朴炳燁)이라는 청년을 불심검문한 데서부터 시작된다. 메이지대학(明治大學)을 졸업한 그는 반일감정이 강했는데 꼬투리를 잡지 못한 형사들은 그의 집을 수색하던 중 방학 중 집에 와 있던 조카 박영옥(朴英玉)의 일기장을 한국인 형사 안정묵(安正默)이 보게 되었다. 거기에는 '국어를 상용하는 자를 처벌하였다'라는 구절이 있었는데, 이를 반국가적 행위로 몰아 박양, 담임 선생, 박양의 친구들을 연행하여 협박·구타·회유를 하였다. 결국 정태진(丁泰鎭) 교사의 이름을 대었고 그도 경찰에 연행되었다.

정태진은 영생여학교 교사를 하다가 그만 두고 조선어학회에서 사전 편찬 실무를 맡고 있었다. 교사로 있을 때 학생들에게 세계정세, 일본의 불안한 장래, 우리 민족의 우수성 등을 설명하기도 했다. 온갖 고문과 협박을 통해 조선어학회가 민족주의자들의 단체라는 억지 자백을 받고, 어학회 간부, 회원, 사전 편찬 지원자까지도 검거하였다. 이때부터 총독부는 요시찰인 중 위험분자는 모두 검거하여 엄중히 처벌하라는 구속령이 내렸다. 이에 따라 조선어학회 회원들에 대한 혹독한 고문이 시작되었고, 사건을 조작하였다. 만 1년간 홍원경찰서에서 갖은 고생을 하였다. 홍원경찰서에서의 고문에는 육전(陸戰)·해전(海戰)·공전(空戰)이 있었다고 한다.

육전이란 각목이나 목총이나 무엇이든 닥치는 대로 집어 아무 데나 마구 후려치는 것이었다. 목총이 뎅겅뎅겅 부러져 달아났고, 머리가 터져 피가 흘러내렸다. 처음 몇대를 맞을 땐 견디기 어려울 정도로 고통스러웠지만 나중에는 별 감각이 없어진다. 그러면 그들은 해전이나 공전으로 들어간다. 길다란 나무 판대기 걸상에 반듯하게 뉘고 묶은 뒤에 커다란 주전자로 콧구멍에 물을 붓는 것이 이른바 해전이란 것이다. 콧구멍으로 들어간 물은 기관을 따라 폐부에 스며들고, 입으로 들어간 물은 위로 들어가 삽시간에 만삭의 여자처럼 배가 불러지면 누구든 기절하고 만다. 그러면 감방에다 처넣고 주사를 주고 약을 먹여 정신이 들면 공전에 내보낸다. 두 팔을 뒤로 묶어 팔 사이에 작대기를 지르고는 양쪽 끝을 밧줄로 묶어 천장에 달아맨다. 처음에는 짚단을 발 밑에 괴

어 주지만 저들이 지어낸 물음에 '모른다'고 대답하면 짚단을 빼버린다. 그리

고는 달아맨 두 줄을 마치 그네줄 꼬듯 한참 꼬았다간 풀어 놓는다. 팔이 떨어

져 나갈 듯한 고통과 심한 어지러움으로 누구든 10분도 못 되어 혀를 빼물고

기절을 하고야 만다.

— 《다시 태어나도 이 길을》

특히 一石은 가장 악독하기로 이름난 안정묵(安正默)이라는 한국
인 형사에 의해 고문을 당하였다. 그때의 담당 형사들 중 가장 악독한
고문의 명수여서 '사람 백정'이라고들 하였다.

1년간의 조사 결과는 치안유지법의 내란죄에 저촉된다고 결론지었
다. 1943년 9월 12~13일 조선어학회 회원들 중 기소가 된 16명,
기소유예가 된 12명 모두 함흥형무소로 이감되었다.[기소유예자는
18일 석방]

一石은 미결 번호 646번이었다. 2개월 후 예심이 시작되면서 조선
어연구회를 조선어학회로 개칭한 이유부터 이윤재의 상해로 김두봉
(金枓奉)을 만나러 간 일, 사전 편찬사업 등이 임시정부의 지령에 의
해 조선 독립을 획책하려 한 것이라는 심문을 받았다. 예심은 1944
년 9월 30일에 종결되어 장지영·정열모는 면소가 되었고, 이윤재·
한징 등은 옥중 원혼이 되었다. 당시 함흥형무소에서는 270여 명의
동사자(凍死者)가 났다.

그해 겨울은 유난히도 추웠다. 게다가 전황이 날로 급박해 가고 있었기 때문
에 식량난 등 각종 물자난도 심해 갔다. 귀리·옥수수·감자·피·기장 등
잡곡을 쪄서 뭉친 주먹밥만으로, 혹은 썩은 콩깻묵 한 덩이씩으로 연명해야
하는 우리는 극도의 영양실조와 운동부족으로 건강이 말이 아니었다. 많은 수
인들이 죽어 나갔다. 한밤중 나막신 소리가 저벅저벅 울려 오고 옆 감방문이

덜컹 열리는 소리가 들린 뒤 다시 나막신 소리가 멀어져 가는 소리는 예외없이 기한(飢寒)으로 죽은 시체를 실어 내는 것이었는데…… 1943년 12월 8일 이윤재도 그렇게 죽었고, 1944년 2월 22일 한징 동지도 그렇게 옥중 원혼이 됐던 것이다.

— 《다시 태어나도 이 길을》

1945년 1월 18일 함흥지방법원은 어학회사건으로 기소된 12명에 모두 유죄판결을 내려 이극로 징역 6년, 최현배 4년, 이희승 3년 6개월, 정인승, 정태진 각 2년 등으로 실형이 선고되었다. 다른 사람들은 징역 2년에 집행유예 3년을 선고받아 즉시 석방되었다. 이극로·최현배·이희승·정인승 등 4명은 경성고등법원에 상고를 했으나 기각되었다. 그러나 혼란기였기 때문에 기각 통지를 받기도 전에 옥중에서 해방을 맞이하게 되었다. 이렇게 해서 一石은 1945년 8월 17일 오후에야 함흥형무소에서 출옥하였다.

그해 10월 1일 조선어학회 회원들이 다시 모여 세 가지 목표를 세웠다. 첫째 정치운동에 가담하지 말 것, 둘째 철자법을 보급하고 사전 편찬을 계속할 것, 셋째 국어 교과서를 편찬하고 국어교사를 양성할 것 등이었다.

사전 편찬이 거의 마무리 단계에 있다가 조선어학회 사건에 휘말려 중단된 상태였는데 어휘 카드를 압수당했기 때문에 처음부터 다시 시작하는 수밖에 없었다. 그러나 9월 8일 서울역 조선통운 창고에서 우연히 카드를 발견하여 '마치 죽었던 자식이 되돌아 온 감격'에 힘입어 제1권은 1947년 10월 9일, 제2권은 1949년 5월 5일에 내었다. 1950년 6월에 제3, 4권의 조판, 제본을 끝냈으나 6·25 사변으로 속간이 중단되었다. 또한 1945년 9월 국어교사 양성을 위한 '사범부' 설치, 1948년 6월 '세종 중등 국어교사 양성소' 설치 등을 통해 수

차례의 강습, 교수 등을 실시하였다. 교과서 편찬은 미 군정청의 요구도 있어 국어 교과서로서 《한글 첫걸음》《초등국어교본》《중등국어교본》 등 7종의 교과서와 공민 교과서를 몇달 만에 완성하였다.

한편 1945년 9월 경성제국대학은 경성대학으로 문을 열었는데, 12월 一石은 법문학부 교수에 취임하였다. 그 무렵 백낙준(白樂濬)이 경성대학 재건 문제를 위임받아 一石과 의논 끝에 이상백(李相佰) · 이병도(李丙燾) · 조윤제(趙潤濟) · 김상기(金庠基) 등 5, 6명과 함께 대학의 재건을 시작하였다. 그러나 미 군정에 불만을 가졌던 집단이 경성대학 자치위원회를 조직하여 1946년 8월 22일 학무국이 발표한 '국립 서울대학교 설립에 관한 법령'에 결사적으로 반대하였다. 이것이 이른바 국대안(國大案) 반대사건이었다. 거기다 좌익세력이 편승하면서 파괴와 모략이 난무하는 혼란상태에 들어갔다. 그러나 극심한 혼란 속에서도 10월 국립 서울대학교가 창립되었다. 학제 개편으로 一石은 10월 22일 문리과대학 교수에 취임하였다. 초대 문리과대학 이태규(李泰圭) 학장의 청에 못 이겨 교무과장의 직책을 맡게 되었다. 당시의 상황에 대해 一石은 다음과 같이 술회하고 있다.

좌익학생들은 등록 방해공작, 동맹휴학 등으로 계속 대학측을 괴롭혔다. 사소한 문제 한 가지로 며칠씩 데모를 했다. 법대의 좌익 학생들은 성대 시절 법문학부 교수들이 사용하던 본부 연구실을 내놓으라고 요구, 본부에 몰려와 연일 농성을 벌이기도 했다. 대학측은 하는 수 없이 일부 연구실을 내주어야 했다. 이런 분위기였으므로 학사가 제대로 될 리 없었다.

— 《다시 태어나도 이 길을》

1950년 6월 24일 세종 중등 국어교사 양성소 제1회 졸업식이 있었다. 다음날 38선에선 교전이 벌어지고 있었고, 一石의 집이 서대문

둥구재[金華山] 중턱에 있었기 때문에 포성이 점점 더 크게 들리는 것을 알 수 있었다. 6·25 사변이 일어난 것이었다. 6월 30일 학교에 나간 一石은 "이제 조선 민주주의 인민공화국 천하가 되었으니 혁명 과업을 완수해야 한다"는 대학책의 연설에 아연실색하였다. 어느 날인가는 一石을 부르더니 "동무, 평양으로 가야겠소" 하여 치질 칭병으로 겨우 납북을 면하였고, 인민군 징집 신체검사에서 연령[55세]과 신체허약으로 불합격되기도 하였다. 6·25 사변으로 많은 사람들이 죽고 어려운 고비를 넘기며 수많은 고생을 하였듯이 一石도 3개월 동안 교육자, 학자의 위치를 벗어난 많은 고생과 고통을 겪었다.

9·28 수복 전날 새벽 원인 모를 불이 나 삽시간에 一石의 집이 전소되었다. 一石의 방이 반 방공호 역할을 하리라 믿고 식구들이 모두 그 방에 있었다고 한다. 그때의 정황에 대해 一石은 이렇게 적었다.

생후 반 년 가량밖에 안 되는 맏손녀 옥경이가 잠을 깨어…… 울면서 두 손을 허위적거렸다. 그때 나의 며느리가 이불을 들썩하며 머리를 이불 밖으로 내놓은즉 이상한 소리가 들렸다.…… 문밖은 주황색으로 환히 밝았다. 맹렬한 화염이 우리가 잠들었던 방을 향해 뻗쳐 오고 있었다.…… 잠든 식구들을 깨워 밖으로 내보내고 큰 사랑에서 잠드셨던 나의 노모와 김활란 여사의 모친을 끌다시피 대피시켰다.…… 삽시간에 우리집은 온통 불길에 뒤덮이더니 한 시간도 채 못 되어 폭삭 주저앉았다. 2, 3분만 늦었어도 우리 식구는 물론 김활란 여사의 모친까지 희생될 뻔했다.

— 《다시 태어나도 이 길을》

인민군이 도망하면서 방화한 모양이지만 세간살이도 없이 잠옷 바람에 몸만 빠져 나온 것이다. 많은 사람들이 알고 있는 바와 같이 이

때 一石의 장서(藏書)가 모두 불에 타버린 것이다. 중학 시절부터 호떡 한 개 안 사먹고 빚도 내고 해서 사모았던 수천 권의 책, 더구나 국내외 어디에도 없는 목판본 《내훈언해(內訓諺解)》 등 귀중본들을 일시에 잃어버린 것이다. 의대에 다니던 장남이 인민군 징집을 피하기 위해 장단(長湍)에 갈 때 가방에 넣어 가지고 갔던 국어학개설 강의 노트, 귀중본 《아미타경언해(阿彌陀經諺解)》 《관음경(觀音經)》 등만이 그 화를 면하게 되었다.

망연자실한 가운데 이웃집 사랑채에 기거하면서 장지영(張志暎)에게서 양복을 한 벌 얻고, 다른 사람에게서 구두 한 켤레를 얻어 생활 전선에 뛰어들었지만 별 수가 없었다. 동생과 친척의 도움, 그리고 제자 이능우(李能雨)의 도움으로 단팥죽 장사를 시작했다. "거처할 곳과 양식과 땔감, 이 세 가지가 얼마나 소중한 것인지 그때 알았다.…… 집사람과 며느리가 단팥죽을 만들었고 나는 떡집에 가서 찹쌀떡을 받아 왔다. 10원을 주면 두 개씩을 더 주었다. 10원어치를 팔면 2원은 남는 장사였다. 제과점에 가서 양과자도 조금씩 받아다 팔았다"라고 一石은 술회하고 있다.

1951년 1·4 후퇴 때 一石은 단팥죽 장사로 번 돈 30만 원 중 10만 원을 가지고 피난민 대열에 끼어 거의 걷다시피 해서 과천을 떠난 지 1주일 만에 대전에 도착하였다. 거기서 다시 금산·옥천·영동·추풍령·김천에 도착하였으나 길이 막혀 성주로 해서 고령을 거쳐 20일 만에 대구에 도착하였다. 그 후 20일간 대구에서 무위소일(無爲逍日)하다가 우여곡절 끝에 부산에 도착하였다. 一石은 부산에서 전사편찬위원회, 코리아 타임스사 등의 도움을 받다가 해병대 문관 발령을 받아 전사 편수관이 되었다. 장단에 가 있던 식구들을 어렵게 진해에까지 데려와 6개월간은 안정된 생활을 하였다.

1952년 3월 부산에서 전시 연합대학이 해체되고 서울대학교가 문을 열어 교수로 근무하게 되었다. 1953년 대학원 윤일선(尹日善) 원장이 와병 중이어서 2월 29일 대학원 부원장을 맡아 실질적으로 원장 직무를 수행하였다. 1953년 7월 27일 휴전협정이 이루어지고 정부가 환도하자 서울대학교도 서울로 돌아왔다. 9월에는 미국 국무성 초청에 의해 1년간 교환교수로 캘리포니아대학과 예일대학에서 언어학을 연구하게 되었다.

一石이 미국생활을 하면서 실수한 이야기는 직접 여러 글에 썼으며, 1년 동안에 미국에서 배운 것은 미국인들의 검소하고 솔직하고 이재(理材)에 밝은 생활태도와 과학적이고 실용적이고 자주적인 생활양식이었다.

一石은 미국 체류 중에 학술원 회원에 피선되었고, 1954년 8월 17일 귀국하였다. 이때가 바로 이승만 대통령에 의해 한글 간소화 안이 만들어지고, 이른바 '한글파동'이 일어나 여론이 들끓던 때였다. 결국 여론에 밀려 유야무야되었다.

一石은 1957년 7월 대학원 부원장을 사임하고 19일자로 문리대 학장에 취임하였다. 그런데 6개월도 못 된 12월, 문리대 학생신문 《우리의 구상》에 학생이 쓴 〈모색〉이란 글이 실렸다. 내용은 민주사회주의 사회체제를 주장하는 것이었다. 결국 그것이 말썽이 되어 대학 구내가 어수선한데다 게시판에 불온삐라가 나붙었다. 동대문경찰서에서 조서까지 받는 수모를 당하였다. 이 필화사건으로 一石은 미련없이 학장직을 사임하였다.

1960년 4월, 3·15 부정선거를 규탄하는 구호와 데모가 한창이던 때 一石은 다음과 같이 술회하고 있다.

많은 피가 뿌려지고 계엄령이 내려진 가운데 '25일 상오 10시에 의대 구내 교수회관에서 모이자'는 통지가 날아들었다.…… 이상은·정석해·조윤제

씨 등 몇몇 대학의 교수 5, 6명이 주동이 되어 발의를 했던 것인데…… 5～
60명 정도의 교수들이 모였다. 이 자리에는 미리 외신기자들까지 몰려와 있었
다. 좌중의 의견은 '학생의 피에 보답하자'는 쪽으로 쉽게 모아졌다.…… 의사
표시 방법은 시국선언을 발표하는 것이었다. 그 자리에서 선언문 기초위원을
뽑았는데, 나도 그 중의 한 사람이었다.…… '학생의 피에 보답하라'는 플래카
드를 만들었다.…… 의대 정문을 나서 가두행진을 시작한 것은 하오 늦게였다.

— 《다시 태어나도 이 길을》

종로 5가를 통과할 때 "이 대통령 물러가라"는 구호가 터지자 시
민, 학생들도 따라 외치며 모두 합세했다. 모두 총에 맞아 죽을 각오
를 하고 교수 데모대는 국회의사당 정문 앞 계단에서 시국선언문을
이항녕 교수가 다시 낭독했다. 이 교수단 데모는 계엄하에서 대규모
데모를 유발시키는 역할을 하였다. 다음날 이승만 대통령은 하야성명
을 발표하였다. 이 정권이 무너지자 대학에도 새 바람이 불어왔다.

一石은 필화사건으로 중도에 사임했던 문리대 학장직을 1960년 5
월 11일 다시 맡게 되었다. 과도정부 이후 장면 내각 시절 다시 사회
가 어수선하였다. 一石은 그해 6월 25일에 학술원 종신회원이 되었
다.

1961년 9월 30일 一石은 서울대학교 교수가 된 지 15년 만에 정
년퇴임을 하였다. 동시에 명예문학박사 학위를 받았다. 그해 12월 28
일에는 1950년 초 작업에 착수한 이래 만 11년 만에 민중서관에서
《국어대사전》을 출판하였다. 무려 257,854개의 어휘를 수록한 단권
의 방대한 사전이었다. 이 사전은 후에 수정·증보를 두 번이나 거쳐
1994년 3월 25일에 민중서림에서 간행되었다.

1962년 6월에는 서울대학교 명예교수가 되었고, 7월부터 8월까
지 일본 전국 각지에 거주하는 교포를 방문하고 강연 여행을 하였다.

강연 주제는 주로 '훈민정음과 한국문화의 특징' '국어란 무엇인가' '국어와 국가간의 관계' 등이었다.

1963년 8월 1일 一石은 전공과 관계가 없는 외도의 길, 동아일보 사장직을 맡았다.

어느 날 동아일보 상임감사 신기창 씨가 찾아와 "사장직을 맡아 주어야겠습니다" 했다. 정말로 뜻밖의 일이었다. 나는 생각해 볼 겨를도 없이 사양했다. "나이도 나이지만 언론에 대해서는 지식도 경험도 능력도 없소. 송충이는 솔잎을 먹어야지 갈잎을 먹고는 못 살아요. 동아일보의 발전을 위해서나 나 자신의 이익을 위해서도 안 될 말이오" 내가 워낙 딱 잘라 사양했기 때문에 그는 그대로 돌아갔다. 며칠 후 신 감사는 다시 찾아왔다. 또 거절하여 돌려보냈다. 세 번째로 찾아온 그는 인촌의 아우 김연수 씨의 뜻임을 밝히고 꼭 맡아 주어야겠다고 떼를 쓰다시피 했다. 삼세 번이라는 말에 내 마음은 기울고 말았다. 중학 졸업 후 경성방직 시절의 은혜를 생각하면 차마 거듭 물리칠 수가 없었던 것이다.

— 《다시 태어나도 이 길을》

동아일보 사장 시절 군(軍)의 난입사건 등 매우 어려운 일들이 많았으나 一石은 만 2년간 동아일보사의 언론정신을 바로 세우고, 정필(正筆)·직필(直筆)을 통한 정도(正道)의 길을 닦아 놓았다.

1965년 7월 31일 사장직을 사임하였다. 사규에 의해 사장직을 물러난 一石은 그해 9월 대구대학 대학원장에 취임하여 일 주일에 3시간씩 대구로 출장 근무를 하였다. 그러다가 대구대학을 사임하고 1966년 9월 1일 성균관대학교의 대학원장에 취임하였다. 권오익(權五翼) 대구대학 학장이 성균관대학교의 총장을 겸임하게 된 데 그 연유가 있었다.

1967년 9월에는 현정회(顯正會)를 창립하고 이사장에 취임하였다. 一石이 평소 주장하던 '민족의 뿌리찾기' '민족의 정통성 자각' '홍익인간 사상의 확산운동' '민족공동체 정신함양' 등 우리 민족의 역사적 근원을 단군에 두고, 단군 숭모의 정신이 곧 통일의 원동력이 된다는 정신에 입각한 모임이었다. 종교적 차원을 떠난 민족적 입장에서 모든 사업을 진행하였다. 단군성전(檀君聖殿)을 짓기 위해 一石은 작고하기 전까지 많은 일을 하였다.

1968년 7월 16일에는 학술원 부회장에 피선되어 학자로서 큰 영예를 얻었다. 1969년 2월 28일 성균관대학교에서 정년 퇴임하였다. 일생에 두 번 정년 퇴임을 한 셈이다. 그 이후에도 서울대, 성균관대 대학원에서 강의를 하였다.

1969년 7월 1일 한국어문교육연구회를 창립하고, 그 회장에 취임하였다. 조선어학회부터 비롯된 것이라고도 할 수 있는 국어교육, 국어의 생활화 등을 위한 기초작업, 국어정책을 수행하였다. '한글전용'에 반대하고 '국한혼용(國漢混用)'의 정당성을 지속적으로 주장하였다. 1970년~1987년에는 '한국글짓기지도회'의 회장직을 맡아 청소년들의 작문력 향상을 위해 노력하였다.

1971년 1월 1일부로 단국대학교 교수 겸 제2대 동양학연구소장에 취임하였다. 당시 장충식(張忠植) 총장의 삼고초려(三顧草廬) 끝에 수락을 하였다. 一石은 대학원 강의를 하면서 연구소에 많은 업적을 남겼다. 1981년 1월 31일, 취임시 10년 근무의 약속을 지키고 퇴임하였다. 재임시 동양학학술회의(1회~10회), 한한대사전(漢韓大辭典) 편찬(1976년 11월 5일 계획 수립), 동양학총서(東洋學叢書)(1집~8집), 동양학(1집~10집), 한·중·일 관계 자료집 발간 등 학계에 많은 공헌을 하였다. 一石은 동양학연구소장직을 끝으로 공직에서 은퇴했다. 그러나 은퇴 후에도 작고할 때까지 각종 회의에 노구를 이끌고 참석하였다.

1986년 12월 9일에는 미국 언어학회 명예회원에 피선되었고, 1988년 3월 19일 한국어문교육연구회 명예회장에 추대되었다.

一石은 일생 동안 주례를 많이 서 주신 분으로도 유명하다. 자세한 기록은 없으나 1,200여 쌍의 주례를 선 것으로 추정된다. 처음 주례는 40대 때였고, 해방 후에는 봄·가을이 되면 하루 평균 2～3건씩 주례를 섰고, 최고기록은 하루 6건의 주례를 선 것이다.

주례를 청해 오는 층은 제자들이 가장 많다. 역시 한평생을 교단에 몸바쳐 온 덕분이어서 그것도 인생의 보람이라고 생각한다. 주례로서 가장 보람되고 기쁜 것은 역시 그들이 행복하게 사는 것이다.…… 더구나 대개가 학계나 문화계 등에서 훌륭한 일꾼이 되었으니 더할 나위가 없는 기쁨이다.

— 《다시 태어나도 이 길을》

一石은 이처럼 젊은이들에게 희망을 주고 봉사와 희생을 통해 행복한 사회를 만들고자 한 일면을 엿볼 수 있다.

一石의 파란만장한 생애를 돌이켜보았거니와 一石이 후회하는 두 가지 일이 있다. 6·25 때 노모와 어린것들을 뒤에 두고 홀로 피난을 갔던 일과 무덤덤한 생활 속에서 사모님을 너무나 고생시켰다는 것이다. 1987년 12월 29일에는 사모님이 별세하였고, 1989년 11월 27일 하오 7시 一石은 94세를 일기로 별세하였다.

그간에 一石은 1957년 7월 17일 학술원장(공로상), 1960년 10월 10일 서울특별시 교육위원회 교육공로상을 수상하였으며, 1962년 3월 1일에는 건국공로훈장[單章]을 받았다. 그리고 1986년 3월 29일에 제6회 인촌문학상을 수상하였고, 1989년 12월 15일 국민훈장 무궁화장, 1993년 6월 1일 국가유공자증을 추서받았다.

딸깍발이 선비정신, 꼿꼿한 지조, 훈훈한 겸허, 자애와 자비, 정직과 정의, 외유내강, 검약하는 생활, 애국애족 등, 이 모든 것을 간직한 분이 一石이 아닌가 생각된다.

이 세상에 존재하는 모든 물건은 제 나름대로의 존재 가치가 있고, 또 이루어지는 모든 사실은 주위 환경과 아무 관련도 없는 유리(遊離), 고립된 오직 한 가지만의 현상이 아니요, 과거에 있어 온 모든 사실의 연쇄적인 계기로서 앞으로 생길 사실의 일환(一環)이 되는 것이 아닌가 생각된다. 그리하여 그 일환에 있어서 고리의 대소나 강약과 같은 것은 다른 면의 문제로 다룰 것이요, 그 일환의 사실이 시간의 흐름, 생명의 교체, 현상의 소멸에 있어서 한 점을 이루고 있다는 데는 아마 아무 이의도 없을 것이 아닌가 여겨진다.

— 《다시 태어나도 이 길을》

2

一石에 관한 일화(逸話)는 너무나 많다. 여기서는 널리 알려지지 않은 이야기들을 주로 쓰고자 한다.

공(公)과 사(私)를 분명하게 하였던 일은 누구나 본받아야 할 일이지만 실제로는 매우 어렵다. 그러나 一石은 그것을 철저하게 지켰다. 필자가 대학 다닐 때 학장을 하였는데, 학장의 차는 공적인 경우에만 사용하였다. 주례를 맡거나 친구분들을 만날 때 절대로 학장차를 타지 않았다. 그래서 사모님은 학장차를 타본 일이 없었다. 동양학연구소장 시절에도 마찬가지였다.

또한 一石의 인내심과 건강에 관한 한 조선어학회 사건 때 입증된 셈이지만, 50년대 말(?)에 탈장(脫腸) 수술을 받으신 일이 있었다. 서울대병원에 입원하셔서 수술을 하시게 되었는데, 의사들이 전신마취를 해야 한다고 설명하였다. 그랬더니 一石은 마취를 하면 몸에 해롭다고 완강히 거부하여서 의사들을 매우 당혹하게 한 일이 있다. 《삼국지》에 나오는 관우의 경우는 있었어도 정말 처음 겪는 일이었을 것이다.

그리고 一石의 기억력은 참으로 탄복할 만하였다. 많은 제자들이 이구동성으로 공감하는 바이지만 그 많은 제자들의 이름을 알고 계셨을 뿐만 아니라, 제자들의 가족들에 대해서도 한 번 들으시면 잊지 않고 궁금해 하였다. 한 번은 필자의 큰딸이 공사장에서 무너져 내리는 벽돌에 머리를 맞아 크게 다친 일이 있었는데, 그 말씀을 드렸다. 다음해 세배를 가서 인사를 드리니 그 딸 아이가 어떠냐, 뇌에는 이상이 없느냐 하면서 자상하게 물으셨다. 필자는 그 전해에 말씀 드린 것조차 잊고 있었는데, 一石의 걱정하는 말씀을 들으니 송구스럽기도 하고 고마운 마음뿐이었다.

一石은 돌다리도 두드려 보고 건너갈 분으로, 누구나 알고 있듯이 매사에 치밀함은 물론 위험스런 일은 하지 않았다. 국어학회에 장려기금을 내놓으실 때 현금으로 주지 않고 주식으로 주었다. 그 주식도 일반 기업체의 것이 아니라 거의 은행 주식이었다. 이상하게 생각한 제자가 질문을 하니까 "은행이 망하면 나라가 망한다. 나라가 망해야 그때 은행이 망하는 것이니 일반 회사 증권보다는 안전하다"고 하였다. 증권으로 벼락부자가 되려는 일반사람들의 인식과는 전혀 달랐다.

단국대 동양학연구소장 시절 잡지사의 기자가 원고청탁을 하러 오면 직접·간접적으로 알아보는 내용이 있었다. 그것은 그 잡지사가 정부에서 하는 것인지, 혹은 어느 기관에서 하는 것인지, 그렇지 않으면 정부나 기관의 도움을 받아 간행하는 것인지, 불의의 목적을 가진 잡지사인지를 반드시 확인하였다. 정부가 직접 간행하거나 도움을 받고 있는 잡지사면 원고청탁을 거절하였다. 군사정부에 대해 항상 거부감을 가지고 있었기 때문이다.

연구소장이 되면서 첫·월급을 받고 一石은 "내가 하는 일에 비해 월급이 너무 많다"고 경리과에 되돌려 보낸 일이 있었다. 액수를 깎아 주지 않으면 안 가져 가겠다고 하여 총장과 직원들이 당황한 적이 있었고, 매일 출근하지 마시고 1주일에 3일만 나와 주십사고 하였더니 一石이 쾌히 응낙하고는 "그러면 월급을 15일분만 달라"고 하여 또 한 번 난처하게 되었던 일이 있다. 一石의 이러한 태도에 많은 사람들이 크게 감동되었다.

우리나라 사람들은 무엇을 기록하거나 기록물을 보존하는 습관이 매우 부족한데 一石은 그렇지 않았다. 한 번은 남풍현 교수와 함께 一石 댁을 방문한 일이 있었다. 一石 전집 이야기도 거론되고 할 때인데 '국어문법론' 책을 내야 한다는 취지에서 서울대 문리대 시절 '국어문법론'을 강의한 노트를 찾으러 갔었다. 서재에서 첫째 권은 찾았으나 [현재 一石記念館에 보관되어 있음] 둘째 권이 없었다. 혹시 지하실에 섞여 있는지 몰라 처음으로 지하실에 있는 것들을 조사하였다. 결국 찾지는 못했지만 거기에는 학부 학생들의 시험지, 대학원 과제물 등이 잘 보관되어 있었다. 대학원 과제물을 골라 一石의 승락을 받고 가지고 와서 본인들에게 돌려 준 일이 있다. 어느 초등학교 선생이 정년 후에도 과거 제자들의 시험지를 독 속에 보관하여 오다가 제자들에게 보여 주더라는 이야기를 들은 바 있지만, 이러한 일들은 '평범 속의 비범'을 보이는 것이라 여겨진다.

一石이 제자와 제자가 아닌 사람을 구별하는 방법 중에서 호칭에 관한 것이 있다. 제자와 제자 아닌 두 교수가 있으면 제자에게는 '군(君)' [나이가 들었어도], 제자가 아닌 사람에게는 '선생, 교수' [젊었어도] 등 분명하게 구별해서 부른다. 지칭 때도 마찬가지다.

사람이 살아가는 데 있어서 일화가 많다는 것은 그것이 나쁜 내용이 아닌 다음에야 그 얼마나 훈훈한 정감과 인간미를 느끼게 하는 것이랴. 또한 一石 자신이 가지고 있는 유머와 위트를 생각하면 지고지순한 인간관계의 표상이요, 감화적 교훈이라 하지 않을 수 없다.

3

一石이 국어학에 뜻을 둔 것은 앞에서 말한 바와 같이 18세 때 주시경(周時經)의 프린트로 된 교재 《국어문법》을 읽어 본 이후로부터 시작된다. 그러나 그때는 하나의 호기심과 그저 국어공부를 하여야겠다는 학문 이전의 단계라고 보아야 할 것이다. 연희전문 수물과(數物科)를 1년만 다니고 자퇴한 사실은 적성에 맞지 않을 뿐 아니라 중앙학교를 졸업할 때 장래 '언어학'을 공부하겠다는 의지를 가졌던 것과 상통한다. 본격적인 길로 들어선 것은 아무래도 경성제대 예과에 입학한 후, 조선어급문학과에 다니면서부터였다.

국어학에 대한 인식이 달라지면서 재학 중에도 조선어학회에 참석하여 연구발표도 하고, 졸업 후에는 《조선어문학회보》를 발간하기도 한 점은 이미 그 기초가 마련되었다고 할 수 있다. 졸업 후 조선어학회에 입회하여, 사전 편찬, 맞춤법, 표준어, 외래어 표기법 문제 등에 적극 간여하면서 그것과 관련된 많은 논문을 발표하였다.(연보 참조)

'조선 말과 글의 바로 잡을 것'(1926), '조선 말과 글'(1928), '이제 쓰는 말과 글의 그릇된 것'(1928) ' • 음고(音攷)'(1930, 졸업논문), '신철자(新綴字)에 관하여 바라는 몇 가지'(1930) 등을 제외하더라도 조선어학회 사건으로 홍원경찰서와 함흥형무소에 수감되기까지 국어학에 관한 논문을 27편이나 썼다. 이들 중에서 선별하여 엮은 것이 《조선어학논고》(1947)이다.

1938년 1월~12월, 1939년 1월~9월, 1940년 2월~4월에 걸쳐 《한글》지에 연재했던 글을 정리하여 《한글맞춤법통일안 강의》 (1946)를 출간하였다. 一石의 명저 《국어학개설》(1955)은 광복 이후 서울대학교 국문과에서 '국어학개론' 시간에 강의한 노트를 6·25 사변 때 피난시켜 그 강의안을 수정하여 간행한 것이다.

　一石 필생의 업적 중 하나는 《국어대사전》(1961)의 간행이다. 一石이 사전 편찬을 위해 카드를 만들기 시작한 지 11년, 본격적으로 작업에 임한 지 6년 만의 결실이었다. 해방 이후 국어학 연구논문으로 주목할 만한 것은 '국어의 유포니'(1954), '삽요어(挿腰語) [音]에 대하여'(1955), '존재사(存在詞) 있다에 대하여'(1956), '체언(體言)의 활용에 대하여'(1959), '국어의 유포니[續]'(1962), '단어의 정의와 조사·어미의 처리문제'(1975) 등을 들 수 있다. 一石의 국어학에 대한 생각, 국어에 대한 인식은 《조선어학론고》 서문에 잘 반영되어 있다.

> 국어란 것은 그 연구검토와 요리 안배를 반드시 전문학자 손에만 일임할 것이
> 아니라, 국어 속에 나서, 국어 속에서 살다가, 그 국어를 자손에게 물려 주고
> 가는 일반 국민에게 국어에 대한 지식을 공급하고, 국어에 대한 인식을 촉구
> 하고, 국어에 대한 애호심을 촉발하여, 우리 국민의 생존번영과 국어와의 불가
> 분의 긴밀한 관계를 이해시키는 데 조금이라도 도움이 될까 하는 간절한 철충
> 을 참지 못한 탓도 결코 적지 않다.

　一石 국어학의 범위는 순수국어학과 응용국어학으로 대별할 수 있는데, 해방 전이나 해방 후의 태도에 변화가 없다. 다만 국어교육을 위한 실천적 노력이 一石에게는 돋보이지만, 그것은 결국 순수국어학과의 접맥(接脈)을 염두에 둔 것이요, 국가·국민·국어의 삼지적(三肢的) 상관성을 전제로 한 민족주의적 사상에 있다고 이해된다.

一石의 국어학적 업적을 일일이 구체적으로 소개·검토하여야겠지만, 다른 필자들이 주제에 따라 세론(細論)하게 되어 있으므로 여기서는 몇 가지 간략히 소개하는 데 그치겠다.

흔히 一石이 공시적 방법에 집착한 듯이 이해를 하지만 역사적·통시적 관점을 인정하고 방법론적 특성을 중요시한 사실은 그의 '지명연구(地名研究)의 필요'(1932), '언어의 발달'(1946), '고대언어에서 새로 얻을 몇 가지'(1937), '각방언(各方言)과 표준어'(1936), '조선어학의 방법론 서설(序說)'(1939) 등 일련의 논문에서 발견된다.

하나는 수직적이니, 즉 시간적으로 언어가 발달 변천한 과정을 고찰하는 역사적 연구를 이름이요, 둘째는 수평적이니, 즉 공간적으로 언어의 성질 내지 방언을 고구(考究)하는 것과, 또는 이종(二種) 이상의 언어를 비교·연구하는 일 등일 것이다.

…… 그러므로, 조선어에 있어서도 역사적 연구를 경시하여서는 안 된다. (지명연구의 필요)

《국어학개설》에서도 통시적(通時的) 연구와 공시적(共時的) 연구를 분명하게 분리 기술하고 이 공시적 연구와 통시적 연구는 전연 별개의 행동으로 저의 갈 길을 걸어가면 능사가 마치는 것이 아니오, 공시(公時)·통시(通時)는 상호보좌가 되고 피아(彼此) 협동이 되어야 비로소 소기의 목적을 완전히 달할 수 있다.…… 그러나 그 어느 일방에 종점을 두는 것은 무방하니…… (제2장 국어연구의 방법)

一石의 졸업논문은 음운론적(音韻論的)인 주제였지만, 대부분의 논문은 형태론 내지 형태음소론적(形態音素論的) 성격을 띤다.

'받침의 무망(誣妄)을 논함'(1931)은 '흘러, 불러, 말러' 등에 있어 그 어간을 '흘ㅡ, 불ㅡ, 말ㅡ'로 잡아야 한다고 주장하는 것에 대해 '흘르ㅡ, 불르ㅡ, 말르ㅡ'로 하고 규칙 활용을 하는 것으로 보아야 한다고 하였다.

'ㅆ받침의 가부를 논함'(1932)은 '이시→잇→있ㅡ'의 변화를 전제로 할 때 ㅆ받침의 사용을 주장한 논문으로 '있으니' 식으로 표기해야 어간과 어미를 구별할 수 있는 맞춤법 규정에도 맞는다고 하였다.

'ㅎ받침 문제'(1933)는 박승빈(朴勝彬)이 ㅎ받침을 반대한 데 대해 그 타당성을 논증한 논문이다. 즉 음리상(音理上)으로, 어법상(語法上)으로, 역사적으로 보아 ㅎ받침의 설정이 합리적이라고 하였다.

기타 맞춤법과 관련된 대부분의 논지는 표준어를 중심으로 어간(語幹)과 어미(語尾)의 구분을 분명하게 하자는 주장으로서 이 정신은 맞춤법통일안의 기본 원리가 되었다 해도 과언이 아니다.

'한글 맞춤법통일안 강의'나 '표준어' '외래어' '국어순화' '사전편찬' 등에 대한 소개는 생략한다.

'국어의 유포니'(1954, 속 1962)에서는 언어의 논리성과 표현성 중에 표현성을 중심으로 그 가치와 현상을 다루었다. 표현적인 면은 표현주체, 표현작용, 표현대상의 세 요소가 있는데 이들이 어감(語感)과 관계가 있다고 보았다. 그리하여 표현적 가치는 형식과 내용의 면에서 볼 때 형식은 '강약, 장단, 고저, 모음의 명암, 자음의 예둔(銳鈍), 접미음, 접두음'과 관여되고, 내용은 '계급성 친밀성' 등과 관여된다. 그리하여 어감은 계기적·근접적 음성의 영향으로 조화를 이루는 음변화인데 '모음조화' '자음동화' '모음충돌의 회피' '3자음 연속 발음 불가능' '어두 자음군 회피' 등이 이에 속한다. 이 중에서 모음충돌(母音衝突)의 회피를 유포니에 의한 것으로 상세히 다루고, 유음(流音) 및 유음화(流音化)도 음악적으로 효과를 높이는 측면에서 유포니로 취급하였다. 이 논문은 '사상표현(思想表現)과 어감' (1937), '언어와 문학가'(1953), '시와 언어'(1948), '국어의 예술성'(1960) 등과 관계가 있다고 하겠다.

이제 《국어학개설》의 소개로 끝을 맺으려 하는데, 국어에 대한 연구가 과학적이고 실증적이어야 한다는 一石의 정신을 염두에 두어야 할 것이다.

《국어학개설》은 본문만 무려 410페이지에 달하는 개설서로서 다음과 같이 구성되어 있다.

서문 대신으로, 범례(凡例), 제1편 서설, 제2장 국어의 건설, 제2장 국어연구의 방법, 제3장 국어학의 부문, 제4장 연구자료와 참고학술, 제2편 음운론, 제2장 음의 생태와 그 종류, 제2장 국어의 음운조직(音韻組織), 제3편 어휘편(語彙編), 제1장 단어, 제2장 어의의 연구[어의론(語義論)], 제3장 단어의 구성[어형론(語形論)], 제4장 음상(音相)과 어의·어감, 제5장 어의의 계급성(경어와 비어), 제4편 문법론, 제1장 국문법 발달의 개관, 제2장 품사의 분류.

제1편 '서설'에서는 국어의 개념을 언어와 연관시켜 규범적인 면을 강조하고(언어일 것, 구체적 언어일 것, 국가를 배경으로 할 것, 표준어가 되어야 할 것) 국어학은 언어학적인 연구방법에 의해 연구되어야 하며 국어의 특징을 밝혀야 함을 강조하였다. 그리고 국어에 대한 자각에서도 훈민정음 이전과 이후로 나누어 국어에 대한 인식과 표기 등에 대해 기술하고, 이봉운의 《국문정리(國文正理)》부터를 국어학 성립의 시기로 보았다. 국어연구 방법으로는 공시적(共時的) 연구와 통시적(通時的) 연구를 제시하고 상호 보좌의 필요성을 강조하였다.

제2편 '음운론'에서는 음의 생태와 종류를 발음기관과 음성실험을 통한 생리적·물리적 특성에 의해 제시하고 구체음성(具體音聲)과 추상음성(抽象音聲)에 대해 설명하였다. 그리고 화음(話音, speech sound), 어음(語音, phone), 통음(通音, phomeme)의 설명과 음소(音素)에 대한 정의, 음성학과 음운론의 차이점 등에 대해 기술하였다. 국어의 음운조직에서는 모음(母音)의 경우와 자음(子音)의 경우를 나누어 단모음, 복모음, 모음 삼각형, 조음위치와 조음방식에 따른 자음의 종류를 제시하면서 그 성질에 대해 설명하였다. 음의 연결에서는 음절(音節)을 단위로 한 초분절음소(超分節音素)에 대해 기술하였다. 음의 동화(同化)에는 모음과 모음 사이, 자음과 자음 사이, 모음과 자음 사이에서 일어나는 모든 동화를 다루었고 동화의 종류도 5개의 기준을 세워 분류하였다. 끝으로 사이 ㅅ소리, 받침법칙에 대해서도 논하였다.

제3편의 어휘론은 단어, 어의(語義)의 연구, 단어의 형성, 음상(音相)과 어의·어감·어의의 계급성으로 구성되어 있는데, 단어가 일정한 음성에 일정한 의미가 결합된 언어의 한 단위임을 확인하고, 여러 각도에서 단어를 분류하고 있다. 《국어학개설》의 한 특징이기도 하지만 음운의 변화나 어의의 변화, 어형론(語形論) 등이 포함된 것은 一石에게 있어 어휘론의 범위가 매우 광범위하다는 사실을 인지할 수 있다. 그리고 어의·어감 문제, 경어와 비어까지 어휘론에 넣는 것은 음운론·형태론·의미론 등을 다 포괄한다는 의미가 있다. 결국 단어가 지니고 있는 모든 속성을 전체적으로 다루어야 한다는 一石의 언어관에 기인한다 하겠다.

제4편 문법론은 국문법 발달의 개관, 품사의 분류 등으로 구성되어 있는데, 문법의식의 발달에서부터 개화기 이후의 문법서들을 세술(細述)하고, 품사의 분류에서는 12종의 역대 문법서들을 대상으로 품사의 종류, 문제점들을 상세히 검토하고 그것을 통계적으로 제시하였다. 동시에 一石의 품사 분류의 기준 원리를 설명하고 있다. 제3장 서두에 1)의의적(意義的) 범주에 의하여야 할 일, 2)기능적 범주에 의하

여야 할 일 등 두 가지 원리에 의해 품사가 설정되어야 하며, 현대적으로 말하면 형태론적, 통사론적(統辭論的)으로 볼 때 그 제약조건이 동일하여야 한다고 하였다. 그러나 기능적 범주에 의한 문법성을 중시한 것 같다. 끝으로 품사 분류에 대한 비판 수종(數種)에서는 여러 문법서들을 통해 수사(數詞), 존재사(存在詞), 지정사(指定詞), 조동사(助動詞), 조용사(助用詞), 종지사(終止詞), 금지사(禁止詞), 부정사(否定詞), 호응사(呼應詞) 등에 대해 검토·비판하였다.

결어(結語)에서는 '개설'의 범위는 다각적으로 여러 분야를 다루어야 함에도 계통론, 형태론, 국어지리학, 문자론 등을 취급치 못한 점을 아쉬워하였다. 그러나 모든 학설에 대해 비교적 공정하게 설명, 비판한 점을 강조하였다.

이병근(李秉根)[1992]의 지적처럼 단어 중심의 서술로 음운론적, 어휘론적, 문법론적 기술을 한 점이나 공시적 기술을 위주로 하되 통시적 고려를 한 점과 풍부한 참고문헌의 섭렵 등은 이 책의 특징이라 할 수 있다.

一石의 학문은 그의 뚜렷한 언어관 내지 국어관에 의해 비롯되었다고 한다면 학문적 논리성과 과학성, 그리고 실증성과 실천성의 집합체라고 할 수 있다. 오늘날 국어학 연구의 방향과 그 정신을 정도(正道)로 잡을 수 있도록 직·간접적으로 준 영향은 一石이 말씀한 단순한 이정표와는 거리가 멀다.

나무와 숲을 구별하지 못하는 처지의 필자가 존경하는 스승이요, 한국의 거인에 대해 그 높고 깊은 생애와 학문을 말한다는 것이 얼마나 주제 넘는 일인가, 이제 새삼 뉘우쳐진다. 10월이 문화의 달이요, 一石 이희승(李熙昇) 선생님의 달이기에, 그리고 5주기를 앞둔 때이기에 비례(非禮)를 무릅쓰고 이 글을 썼다.

이종석(李種奭)

전 동아일보 논설위원 실장

일석 이희승 선생이 가신 지 어느덧 5년 가까운 세월이 흘렀다. 상
중의 부산한 틈에도 신문·방송·잡지 등 온 매스컴에서 선생의 추념
기사를 다투어 내보내던 기억이 새롭다. 나는 그 틈에서 10여 군데에
나 추념문도 쓰고 방송 출연도 했었다. 5년이 지난 지금에 와선 매스
컴 어느 구석에도 선생의 기사를 볼 수 없게 되었다. 세월은 강철도
녹슬게 한다지만 우리들 가슴을 절절하게 울리던 선생의 환영(幻影)
도 점점 퇴색해 가고 있다.

선생에 대한 가장 강렬한 기억은 내가 선생의 비서로 2년간을 모
셨던 선생의 동아일보사 사장 시절이다. 평생 교단에만 서시다가 정
년퇴임하신 선생이 어쩌다 우리나라의 대표적인 신문인 동아일보사
사장이 되셨는지, 또 내가 어쩌다 동아일보사 사장으로 부임하시는
선생의 비서로 따라가게 되었는지는 지금 생각해도 기연(奇緣)이 아

닐 수 없다. 좌우간 나는 그 인연으로 생각지도 않던 신문기자로 한평생을 보내게 되었고 그걸 다행이요, 자랑으로 삼고, 이후 40여 년의 세월을 살았다.

선생이 동아일보사 사장이 되었다는 사실은 제자들 뿐 아니라 친지 동료들, 심지어 선생 자신도 놀랄 만한 일이었다. 선생은 대학을 나온 직후부터 정년퇴임 때까지 경성사범, 이화여전, 서울대학교, 성균관대, 대구대, 단국대 등의 교단생활로 평생을 보내셨다. 정년퇴임 후에도 서울대 명예교수로 교단에 서셨으니 선생 스스로도 교직자로 일생을 마칠 생각이었음은 자명한 일이었다. 나중에 가족들을 통해 들은 얘기지만 동아일보사 사장 교섭을 받았을 때 선생은 신문사 사장이 평생 교직자에게 어울리지도 않고 분외(分外)의 일이라고 한사코 거절하셨다 한다.

주변의 친지들 걱정도 선생은 평생 학자요, 교직자일 뿐인데 대신문사의 총수인 사장의 직분을 과연 훌륭히 해내실 수 있을까 하는 것이었다. 기자생활을 한 일도 없고 신문사 경영에 참여한 일도 없는 선생께서 힘에 부치거나 당황해 하는 일이라도 생기면 어쩌나 하는 걱정을 내심 떨쳐 버릴 수 없었던 것이다. 더욱 동아일보사는 역대 사장으로 인촌(仁村) 김성수(金性洙), 고하(古下) 송진우(宋鎭禹), 척촌(芹村) 백관수(白寬洙), 각천(覺泉) 최두선(崔斗善) 등 거물급 민족지도자들을 추대했던 게 관례여서 혹시 신문사 안팎에서 일개 교수 출신의 사장에 대해 미흡한 생각이라도 갖지 않을까도 걱정이었다.

동아일보사 사장으로

그러나 선생은 예상을 뒤엎고 취임 벽두부터 친정체제를 펴기 시작했다. 우선 선생은 논설회의를 매일 아침 직접 주재했다. 논설회의란 당일의 신문사설 제목을 정하고 그 논지를 의논 결정하는 회의이다. 신문의 성격이나 정치적 색깔이 논설을 통해 엿보인다면 이 회의는 신문사의 각종 회의 중 가장 의미 있고 중요한 회의라 할 수 있다. 그리고 대개의 경우 사장이 이 회의에 참석치 않고 주필에게 위임하는 것이 상례였다.

따라서 선생이 이 회의를 직접 주재한다 함은 신문의 논조뿐 아니라 일반기사의 선택기준도 사장의 뜻과 지휘 아래 결정되어야 함을 말하는 것이었다. 보수적이고 권위적인 당시 동아일보사로서는 신문 제작에 큰 변화를 뜻하는 것이기도 했다.

선생이 사장으로 취임했던 1963년 여름은 1961년 5·16 쿠데타가 일어난 지 2년여의 기간이 경과한 시기로서 국가재건최고회의를 중심으로 한 5·16 주도세력이 민정이양 준비에 한창 분주하던 때였다. 현역 군인들이 최고위원이고 정부부처나 국가 중요기관도 그들이 직접 관장하던 판이었으니 이들의 민정이양 준비란 직업정치인들이나 민간인들에게 정권을 넘겨 준다는 의미가 아니라 정치군인들이 예비역으로 전역하여 법적 신분만 민간인이 되어 정권을 그대로 유지한다는 것이었다.

명목만의 정권이양이지 실제로는 군정연장이나 다름 없는 이런 음모에 대해 조야(朝野)의 반대여론이 비등했고 동아일보가 이 반대여론을 주도하다시피 했던 게 당시 정국이었다. 선생의 동아일보사 사장 취임은 이런 복잡하고 위압적인 정권교체기에 이루어졌으며, 취임 벽두부터 일마다 사장으로서의 결단과 용기가 강요되는 시기이기도 했다.

실제로 동아일보사가 선생께 사장을 위촉한 것도 이런 정국추이와 무관치 않았을 것이다. 5·16 쿠데타 이후 군사정부의 대언론 회유와 해공작은 유례를 찾기 어려우리만큼 가혹하고 위협적이었다. 특히 동아일보, 동아방송을 대상으로 한 공작이 치밀하고 조직적으로 이루어져서 편집인, 논설위원들의 연행 투옥사건에 잇따라 기자 테러사건이 꼬리를 이었고, 방송국 제작진에 대한 투옥사건 등으로 신문사 안팎으로 공포 분위기를 야기시켰다.

선생의 사장 취임은 이를테면 이 같은 군사정권의 언론 회유 및 말살정책에 정면 대항하겠다는 경영진의 결의를 보인 것이기도 하다. 기자 출신도 아니고 신문사 경영의 경험도 없는 선생에게 당시의 신문사가 기대한 것은 선생의 비타협 저항정신이었을 것이다. 일제(日帝) 때 조선어학회 사건의 주역으로 끝까지 우리말 수호에 헌신했던 선생의 강인한 투지나 자유당 시절 한글파동 때 구한말(舊韓末)로 후퇴하려는 독재정권의 언어정책에 맞섰던 저항정신, 혹은 4 · 26 교수 데모에 앞장섰던 민주주의에 대한 항심(恒心) 등이 당시 동아일보사가 선생에게 기대했던 사장으로서의 덕목(德目)이 아니었나 생각된다.

60년대의 언론 환경

그 당시 군부 세력의 언론탄압의 실상은 법이나 제도에 의한 탄압이라기보다는 협박과 회유라는 오늘의 안목으로 보면 폭력적이고 직선적인 방법이라 할 수 있었다. 국민투표법 공고에 즈음한 동아일보 사설 '국민투표가 만능(萬能)이 아니다'는 사설 필자의 군재회부나, 편집국장, 정치부 기자들에 대한 잇따른 테러가 당시의 언론탄압의 특징이나 강도를 말해 준다. 이 밖에 중앙정보부에 의한 기자 연행이나 미행 · 도청 · 협박 따위는 하루도 거르는 날이 없을 정도여서 기자들의 물심양면의 중압감이 날로 가중되고 있었다.

또 특기할 것은 군부 권력층의 신진 언론학자들을 동원한 대안 없는 비판의 무용론(無用論)이었다. 신문의 정책 비판은 반드시 대안을 제시해야 하며 대안도 없는 마구잡이 비판은 비판을 위한 비판, 식민지 시대의 저항 언론의 잔재라는 것이 그 요지(要旨)였다. 이런 이론이 한때 신문사 중간 간부들이나 젊은 기자들의 판단에 혼란을 일으키기도 했었던 것이 당시 우리 언론의 수준이요 한계이기도 했다.

선생은 이 논리에 대항하며 독립운동론을 들고 나왔다. 즉 우리나라는 정치적·경제적 독립은 어느만큼 성취했지만 정신적·문화적 독립은 아직 확보하지 못한 불완전한 독립국가이기 때문에 동아일보가 이 삼위일체(三位一體)의 완전 독립을 위해 계속 투쟁해야 한다는 소박한 논리였다. 그러나 얼핏 소박한 논리이면서도 이 말 속에는 비수가 들어 있음을 간과해서는 안 된다. 쿠데타로 정권을 탈취한 군사정부는 정통성이 없는 정부이므로 이에 대한 비판이나 반대를 위해 동아일보가 앞장서야 한다는 것이었다.

지금의 안목으로 볼 때 당시 선생의 이러한 언론관을 비판을 위한 비판이며 전시대적인 낡은 주장이라 몰아붙이던 일부 언론학자들이나 이에 동조하던 언론인들의 주장은 권력과의 유착이나 굴종을 합리화하려던 한낱 궤변이었음이 명백하다. 또한 60년대의 우리 정신사의 수준도 예속과 굴종의 타성에서 크게 벗어나지 못한 반식민지적(半植民地的)인 단계였음을 알 수 있다. 오히려 소박하고 단순하다고 힐난받던 선생의 문화적 독립운동론이 시대정신에 맞는 이론이라 할 수 있었다.

이 같은 선생의 정치적 입장과 언론관에 의지했던 동아일보가 다른 신문들을 이끌며 언론을 제도적으로 장악하려 제정한 정부의 신문윤리법 공포를 봉쇄할 수 있었고, 1965년 한일국교 정상화를 앞두고 굴욕외교와 국민적 여망을 외면한 졸속 협상을 맹렬히 공격하는 우리 언론사의 금자탑을 세울 수 있었다.

1963년 8월 1일부터 1965년 7월 31일까지 언론계에 몸담았던 선생의 또 하나의 업적은 월간지 《신동아(新東亞)》와 《소년동아》의 창간이었다. 한국 현대사에서 60년대는 40년대의 건국 준비기를 지나 50년대의 한국동란이란 역사적인 사회 변동의 정리기라 할 수 있으며 70년대 이후 산업사회를 예비하는 징검다리의 성격을 가지고 있다. 이 같은 격동과 도약의 중간시기인 60년대에 한국 언론에 절실하게 요청되었던 것이 포괄적인 계도 기능의 새로운 매체였다. 방송이 뉴스의 속보성과 함께 오락과 교양의 기능이 강조되는 새로운 매체라면 시사 종합잡지는 시사뉴스를 체계적·심층적으로 이해하고 깊이 있는 교양을 제공한다는 점에서 《신동아》가 계획되고 창간되었었다.

동아방송은 4·19 혁명 이후 집권한 민주당 정부에 의해 허가가 났었고 1963년 선생이 부임하기 직전인 4월 1일 개국했었지만 《신동아》는 선생의 발의에 의해 이듬해인 1964년 9월호로 창간을 보게 되었었다. 지금도 기억에 남는 것은 창간호에 선생이 쓰신 권두 논설 '민주주의의 기로(岐路)에 서서'이다. 35년 너머의 글이라 기억이 희미하지만 대충 줄거리는 우리가 민주정부로 건국한 지 16년이 지났지만 한국 민주주의는 자유당 독재정권과 군사정권 등 역대 정권에 의해 유린되고 상처받고 있다. 이 상처투성이의 민주주의를 잘 가꾸고 꽃피게 하는 게 우리 시대에 부가된 사명이란 뜻이었다. 글 첫머리에 영국의 어느 기자가 썼다는 '한국에서 민주주의가 실현되는 것은 쓰레기통에서 장미꽃이 피는 것처럼 힘들다'는 요지의 글을 통박했던 기억이 새롭다.

그 당시의 종합잡지라면 《사상계(思想界)》가 독주하고 몇몇 유명·무명의 잡지들이 있었지만 《신동아》의 출현은 한국 잡지사의 또 하나의 충격과 함께 잡지의 새로운 지평을 여는 사건이었다. 신문으로는 시도하기 어려운 심층 취재의 '육사팔기생(陸士八期生)' '오리학개론 (汚吏學槪論)' 등 기획물들은 동아일보 필진들이 동원된 대형기사들이었는데, 잡지가 점두에 깔리자마자 매진되는 사태를 빚었다. 요즘 잡지들이 앞다투어 벌이고 있는 정계(政界) 뒷얘기나 폭로물들은 실은 35년 전에 시도된 《신동아》의 대형기획물들이 그 시원이 되었지만 그 당시 《신동아》가 던진 충격은 독자들은 물론 잡지를 만든 당사자들도 놀라는 판이었다.

그리고 《소년동아》의 창간은 미래의 독자를 확보한다는 신문사의 장기계획이며 전략이라 할 수도 있지만 선생의 참뜻은 어릴 때부터 뉴스를 보는 습관을 길러 주어야 자라서도 세상 돌아가는 판세를 순조롭게 익히게 된다는 교육적 배려가 더 컸었다. 《소년동아》는 1964년 7월 주 2회로 창간되었다가 이듬해인 1965년 4월 1일 일간으로 나오게 되었는데 그때 선생은 창간사를 통해 왜 어린이들에게 신문이 필요한지를 이런 말로 설명했다.

이 다음 우리 사회의 훌륭한 국민이 되기 위해서 신문과 친밀하게 지내는 습관을 반드시 길러야 하며, 또 학교에서 미처 못 배운 새로운 지식과 세계의 움직임이나 나라 안에서 일어나는 일들을 꼭 알고 지내야 합니다.

폭넓은 사회활동

선생이 1918년 중앙학교(中央學校)를 졸업하고 지금의 (주)경방 전신인 경성직유주식회사의 경리과에서 7년간 근무한 사실은 선생의 주변 사람들에겐 널리 알려진 일이다. 그래서인지 선생은 국문과 교수 출신이라 믿기 어려우리만큼 경리나 재무에 밝은 편이었다. 동아일보에 처음 부임해서 선생은 경리부에서 올라오는 중요한 재무 관계

서류를 일일이 점검했다. 어찌 보면 실무선에서 알아서 하는 일이고 사장은 확인 결재나 하는 게 관례였는데, 사장이 이를 낱낱이 체크한 다는 게 실무자들에게는 의아스럽고 귀찮은 일이기도 했다.

한 번은 수판을 달라고 하셔서 수판을 얻어다 드렸더니 깨알 같은 숫자로 꽉 찬 월별 수입·지출 통계표를 일일이 확인하며 잘못된 부분을 여러 군데 찾아냈다. 경리부장이 얼굴이 벌겋게 달아 쩔쩔맸고 이후에는 자신 없는 서류는 다시 올리지 못하게 되었다.

경성방직에서 경리주임까지 지내고 경성제대(京城帝大)가 개교하자 만학(晩學)으로 이 학교 예과 조선어문학과에 입학한 것을 두고 선생을 입지전적(立志傳的) 인물(人物)이라고 하지만 선생은 평범한 교수라기에는 의외로 담이 크고 치밀한 성격이었다. 아무리 사소한 일이라도 대충대충 넘어가는 일이 없고 한번 결심이 서면 뜻을 바꾸지 않는 의연하고 강직한 분이었다.

흔히 선생을 말할 때 조선어학회 사건에 의한 4년 가까운 옥고가 거론되고 자유당 정권 때의 한글파동과 4·19 직후 4·26 교수데모 등 식민지 시대의 질곡과 독재정권에 대항한 저항이 먼저 거론된다. 이런 시각에서 보면 선생을 단순한 저항적·투쟁적 성격으로 보기 쉽지만 실은 화합과 공존의 가치를 신봉하는 평화주의·박애주의 정신에 투철한 분이었다.

우선 선생의 폭넓은 교우 관계를 보면 선생의 원만한 성격을 짐작할 수 있다. 대학 사회나 학문적 교우 관계는 말할 것 없고 얼핏 보기에 선생의 평생의 행적과는 별 관계가 없어 보이는 분야에도 많은 친구들이 있었다. 정계만 하더라도 해공(海公) 신익희(申翼熙)와 유석(維石) 조병옥(趙炳玉), 동산(東山) 윤치영(尹致暎)과 자유당 때 국회 부의장을 지낸 이재학(李在鶴), 공화당 총재를 지낸 청풍 정구영(鄭求瑛) 등을 꼽을 수 있다. 우선 해공과 동산·청풍은 옛날 한성외국어학교 동창 관계로 평생 친교를 유지했고 유진오·이재학 등과는 경성대학 동문으로 사별할 때까지 각별히 지냈다. 특히 이재학과는 서로 생일 때마다 상대방을 청해다가 단 둘이 조반을 들었다는 애기를 훗날 가족들의 전언(傳言)으로 들었다.

이 밖에 언론계·실업계·여성계 등에까지 많은 교분이 있었던 것은 정치적 신념이나 생활 영역이 다른 사람들과도 공존과 화해를 기할 수 있는 선생의 겸양과 아량의 열린 마음이 있었기 때문일 것이다. 비록 어린 청소년들과 대좌해도 상대방의 애기에 귀 기울이고 아녀자의 푸념도 마다하지 않는 국량(局量)이 선생의 주변에 각계 각층의 사람들을 불러 모으고 또 그들 속에서 일을 꾸미고 그들을 돕는 것이 선생의 교직과 연구생활 이 외의 사회활동이기도 했다.

선생이 동아일보 사장 시절 발족시킨 현정회(顯正會)도 이 같은 선생의 세상을 보는 깊은 통찰력과 인간적인 아량을 느끼게 하는 대목이다. 60년대 우리 지식인 사회의 풍조는 새삼스레 단군(檀君)이나 내세우는 복고주의(復古主義)보다는 서양의 문물을 받아들여 6·25 동란에 파괴된 국가적 기강이나 사회질서를 회복해야 한다는 쪽이었다. 동숭동 서울대 캠퍼스에서는 라스키나 케인즈가 학생들의 관심의 대상이었고 철학이나 문학에 대한 관심보다도 실존주의에 많이 기울던 시기였다.

이런 판에 느닷없이 단군을 들고 나선다는 게 선생의 이미지에 보탬이 되지 않는다는 생각에 이를 만류하는 주위 사람들이 있었다. 그러나 선생이 설명하는 속뜻은 대충 이런 것이었다. 지금은 지식인 사회가 정신적·물질적으로 서구 풍조에 휩쓸려 있지만 멀지 않아 우리 전통사상을 축으로 한 사상적 개편의 시기가 온다. 이때를 대비해서 뭔가 한국인들이 마음속에 공유하고 있는 정통의 불씨를 잘 보존해야 되는데, 그것이 단군이다. 우리 역사학에서 단군을 실존인물이 아닌

신화적 존재로 파악하는 것은 사실이지만, 그래도 수천 년간 한국인들의 마음속에 면면히 이어져 온 것이 단군에 대한 신앙 혹은 존숭의 염이다. 이것을 잘 보존해야 할 필요에 상도(想到)하기 바란다는 것이었다.

10년 전 중국이 문호를 개방하자 우리 한국인들이 만주지방으로 돌아 백두산을 찾는 끝없는 행렬을 보면서 그것이 신앙이건 막연한 추상적 환영이건 우리 민족의 마음속에 꺼지지 않고 온존(溫存)해 있는 단군의 불씨를 체험한 사람이 적지 않다는 것을 실감한 것이다.

한국인들은 왜 한사코 백두산에 오르려 하는 것일까. 검붉은 화성암(化成岩) 연봉에 둘러쌓인 짙푸른 천지(天池)의 깊이, 이를 내려다보며 태극기도 흔들어 보고 북어와 소주를 펼쳐 놓고 즉석 산제도 지내는 한국인들은 심안(心眼)으로 5천 년 전에 이곳에서 단군이 열었다는 신시(神市)의 환영을 보는 것이 아닐까.

맺음말

一石 이희승 선생의 언론·사회활동을 대충 동아일보 사장 시절과 현정회 등의 활동을 통해서 설명했다. 그러나 이것만으로 선생의 사회활동을 다 설명했다고는 할 수 없다. 선생의 본직이 교직이요 국어학자임은 자타가 인정하는 바다. 그러나 선생을 단순히 학자요 교수라 하기엔 어딘가 미진한 구석이 있다. 언론인으로서의 몫과 애국지사의 몫, 혹은 사회활동가로서의 한 면이 빠지기 때문이다. 또 선생을 언론인이요 애국지사라고만 표현한다면 선생이 한평생을 바친 학자로서 교육자로서의 몫이 가려진다. 흔히 구한말 일제 강점기를 거친 선각자들의 면모가 여러 분야를 망라한 복합적인 인간형을 연출하는 경우가 많지만 선생도 이 시대의 인물들의 특징인 다면적이고 복합적인

역할을 한 분이라 하면 큰 잘못이 없을 것이다.

선생은 정부에서 포상하는 건국공로훈장 독립장을 받았다. 조선어학회 사건에 대한 포상이었다. 그러나 선생의 애국운동은 조선어학회 사건에 그치지 않는다.

3·1운동 당시 선생은 이미 중앙학교를 나와 경성직유회사에 다니고 있었지만 학교 후배들과 함께 시민들의 독립의지를 일깨우는 전단(傳單)을 만들어 뿌렸다. 다행히 잡히지 않았으니망정이지 이때 체포됐더라면 애국지사로서의 공훈이 한 가지 더 추가되었을 것이다.

이렇게 따라 가면 선생의 애국활동은 소년기에 주시경 선생을 따르며 국어연구에 뜻을 세웠던 일에까지 거슬러 올라간다. 그 당시의 국어운동이 단순한 문화운동이 아니라 애국 계몽운동의 일환이었음은 주지의 사실이다. 4·26 교수데모의 경우도 마찬가지다. 훗날 이 데모의 배후에 미국의 비호가 있었던 게 아니냐는 시비가 있었는데, 이때 선생은 늦봄인데도 잡혀갈 경우를 대비해서 속내의를 입고 집을 나섰다는 말로 이 시비에 맞섰다. 당시 교수데모 행렬의 선두에는 학생들이 서고 뒤쪽으로 외신기자들이 따랐는데 이게 다 이승만정권의 퇴진을 바라는 미국의 사주가 있었던 게 아니겠느냐는 게 그들의 논거였다. 그야말로 검증없는 상상이요 속단이며, 망발이었다. 그때 선생은 이미 64세의 노령으로 감옥행을 결심하고 집을 나설 때의 심경을 헤아리면 이런 시비는 한낱 부질없는 공론(空論)에 불과한 것이다.

이렇게 볼 때 선생의 한평생은 민족의 수난이 시작된 구한말부터였으며, 그 수난을 민족의 앞줄에서 몸으로 맞받으며 살아 온 일생이었다. 소년기에 국어의 사랑과 이를 지키기로 뜻을 세웠고 학생의 신분도 아니면서 3·1운동에 앞장섰고, 조선어학회 사건, 자유당 시기의 한글파동 그리고 만년의 동아일보 사장 등 선생의 일생은 민족사적 격랑의 한가운데 항상 자리하고 있었다.

그러나 선생은 이런 적지 않은 일들을 남에게 내보이지 않고 조용한 가운데 치뤄냈다. 생색을 내지도 않고 자랑하지도 않았다. 반대편에 선 친일파들이나 독재의 하수인들에게도 질책과 힐난을 보내지 않았다. 조용히 그리고 확실하게 주위의 친지들, 동료들, 제자들을 보살피고 우리 사회 공동체에 보탬이 되는 일에 잠시도 멈춤 없이 평생을 헌신했다.

이것이 선생의 사회활동이요, 언론활동이요, 애국운동이었다고 나는 생각한다.

영영 못 갚을 은혜

정양완

전 한국정신문화연구원 교수

　1956년 9월 졸업을 앞둔 나는 취직의 가망도 없고, 길도 없어 목이 바작바작 타들어만 갔다. 어느 고마우신 분의 추천으로 동대문 부인병원[현재의 이대부속병원] 옆 D여고 교장실을 두드리자,

　"추천하신 분으로 보아 꼭 해드려야 하겠는데……"

하며 말꼬리를 흐리시는 것이었다.

　"추천하신 분과는 절친하신 사이지요?"

하며 안경 너머로 나를 힐끗 보셨다. 확인이라도 하려는 듯한 눈치였다.

　그런데 이를 어쩌나? 사실 나는 나를 추천해 주신 분을 알지 못하고, 뵈온 적도 없었다. 그 분의 아우님이 내가 임시 아르바이트하던 직장에 계셨기 때문에 내 사정이 하도 딱해서 그 언니를 졸랐던 터였다. 정부 고관의 추천서가 꼭 필요하다는 바람에 그런 일이 벌어졌던

것이다.

"……"

나는 할 말이 없어 그냥 멋적은 표정만 지었을 뿐이었다.

"……야 하겠는데……"란 안 된다는 뜻임을 알아차린 나는 "안녕히 계십시오" 하고는 그만 그 방을 나와 버렸다.

그 뒤로 나는 아무도 안 가는 외진 섬으로나 가서 공부도 좀 하고 가르치기도 할 생각이었다. 그러나 이번에는 어머니께서 허락을 않으셨다.

"그래 이 어미 하나마저 버리고 어디로 가려느냐?"

나는 다시는 입도 쩍하지 못했다. 어디로 가야 하나?

그때 뜻밖에도 김용경 선생께서 나를 부르시는 것이었다.

"정군! 내가 이번에 동덕을 그만 두는데 정군을 추천하려고 해요. 나만 따라오면 돼요. 이따가 나하고 같이 갑시다. 실은 일석 선생님께서 같이 가 주시기로 돼 있어요."

나는 어리둥절했다. 봄에 이미 졸업한 사람 중에도 대학원 부원장실을 찾아가는 축들이 심심치 않게 있다고 들었었다.

"선생님! J고등학교에 좀 가 주세요. 자리가 있는데요. 선생님께서 한 말씀만 해주시면 된대요. 선생님 좀 가주세요. 택시는 잡아다 세워 놓았어요."

선생님께서는,

"글쎄, 그 학교서 날 어떻게 안다고 내가 말만 하면 된다고들 하오? 멀쩡한 소릴 테지! 그리고 내가 자네를 어디 잘 알아야지."

하고 말씀하셨다. 돌다리도 두드리고 건너라시는 선생님이시니 함부로 추천을 하실 수는 없으시겠지. 정말이지, 선생님께는 여쭈어 보지도 않고 택시를 잡아 대령하는 만용은 도대체 어디서 나오는 것일까? 하긴 그들의 사정은 염치도 체면도 잊을 만큼 절박하였을지도 모를 일이다.

"글쎄 내가 자네를 잘 알아야지!"

라고 하셨다는 분께 내가 나도 모르는 사이에 추천까지 받게 된다니 난 도무지 이해가 안 갔다.

그러나 김용경 선생의 말씀은 사실이었다. 나는 분명 두 어른께서 타신 차에 옹숭그린 채 입도 못 떼고 있다가 동덕여고 교감실에 발을 들여 놓게 되었다. 비는 억수같이 퍼부어서 운동장은 마치 홍수가 난 것 같았다.

"일석 선생님! 오늘사 우짠 일이십니껴? 이 우중에……"

하며 반기시는 교감 선생께,

"여보게! 이 학교가 섬에 있는 줄은 오늘 처음 알았구려. 참한 국
　어교사 한 분 소개할 테니 내일부터 좀 잘 배우시구려."

라고 서슴없이 하시는 농담에 나는 면구스럽기 짝이 없었다. 이런 농담을 하실 수 있는 사이였던지 두 분은 함께 껄껄 웃어대셨다.

나는 그 다음날부터 출근하게 되었다.

전임강사로부터 시작하여 10년을 채우고, 서울농대 강사로 나가기까지 갖은 은혜를 입으며 그곳에서 교사 노릇을 할 수가 있었다. 두 어른께 대한 감사하는 마음은 길이 갚을 수 없는 은혜로서 내 마음 보석함 속에 간직되어 있다. 내게는 보답의 여유와 기회조차 안 주신 채 두 어른은 이승을 뜨셨다. 김 선생님은 一石 선생님보다도 훨씬 앞서서.

그 끔끔

선생님의 끔끔은 알아 드려야 한다.

1962년 여름에 습진 치료를 위하여 우리 시댁 도고에 가신 적이

있었다. 사랑에서는 한창 마음이 부풀어 있었다. 선생님께서 도고온천에 가신다는 말씀을 들었으므로, 그래도 고향집에서 선생님을 모실 수 있으리라 생각되어서였다.

"선생님! 저의 집으로 가시지요?"

겨우 입을 뗀 그에게,

"도고 왔으면 왔지, 내가 왜 자네 집에 폐를 끼치나?"

하시더니, 그의 꿈을 산산조각 나게 하시고는 여관을 정하고 마시더라는 것이다. 너무도 섭섭하고 죄송스러워 그는 새로 찧은 쌀 한 말을 져다가 여관집에 주면서,

"제발 이 쌀로 진지만이라도 지어 드리세요."

하였던 것이다. 아침 저녁 모시고는 있었고, 놀러는 오셨지만 겨우 몇 밤만 주무시고 여관신세만 지다 가셨다는 끌끔이시다. 나의 삶에서 선생님의 이 끌끔에야 어디 감히 미치리오마는 멀리 환히 비치는 거울이 되고 있다.

부산서 뵈온 일석 선생님

광복동 거리에서 가까운 동광동 2가 12번지 전사편찬위원회에 찾아오신 一石 선생님을 뵈웠을 때 나는 치솟는 눈물을 견딜 수 없었다.

"선생님!"

하고 반기자,

"나는 울타리도 잃었어요!"

하시는 것이었다. 그 무서운 6·25 동란의 불바다 속에서 선생님은 사시던 댁도 책도 다 태우신 것이었다. 하나하나 사모으시고 울처럼 의지하고 사랑하신 책들을 다 태우신 선생님의 허탈감은 오죽하셨을까? 그저 낮은 음성으로 담담하게 말씀하시는 선생님의 모습에 나는

다시 한 번 놀랐다. 하긴 미친 듯이 패고 죽이고 죽고, 끌어가고 하는 서슬에 집이나 책이 탄 것쯤이 어디 이야깃거리나 되랴만은……

선생님께서는 부산까지 한 달을 걸려 이리저리 불길을 피해가며 걸어오셨다는 것이었다. 아니! 선생님께서, 一石 선생님께서 그래 부산까지 혼자서 걸어서 오셨다니? 그때 우리는 무개차에 실려 부산에 도착한 것이 한 이레 만이었다. 군용열차와 엇갈릴 때마다 때없이 서고 떠날 때도 모르던 우리의 피난길에, 가끔 지프차가 눈에 뜨이고, 거기엔 늠름하게 생긴 소만한 셰퍼드가 담요에 말려 고기와 우유를 먹으며 호강스럽게 내려가고 있었다.

그러나 一石 선생님을 뵌 순간, 일 주일 만에 무개차에 실려 온 우리의 피난길이 얼마나 호강에 겨운 사치였나 소스라치게 놀라게 되었다. 몸둘 바를 모를 지경이었다. 게다가 우리는 아버지 하나를 피신시키지 못한 주제에 스라소니 같은 것들만 염치도 없이 살아남아, 살려고 부산까지 흘러온 게 아닌가?

남들은 국보를 챙겨 실어놓고 학자를 배에 태운 뒤 군대를 철수도 시켰다던데…… 그야말로 얼떨결에 당한 난리에 누군들 정신이야 차리랴마는 분노보다 내 가슴을 짓누르는 것은 이러한 어처구니 없는 현실이었다. 하긴 그래도 붙들려 가시지 않고 용케도 살아 남으신 것만도 대견스럽고 요행스러워 보였다. 아무튼 사셨으니 얼마나 좋은가.

선생님께서는 우리가 하루종일 일하고 난 책상 위에 마침 그곳에서 근무하고 있던 강문관(나의 사랑)의 이불을 접어 깐 뒤 군용 담요 한 자락을 덮고 새우잠을 주무셨던 것이다. 얼마 동안을 광복 전 조선어학회 사건으로 함흥감옥에서 옥살이하실 때의 말씀이 생각났다. 광복이 된 뒤 한참만에야 서울로 돌아오셨다는 선생님. 옥에서도 던져주는 소금 주먹밥 한 덩이를, 밥풀 한 톨씩 백 번씩 씹어 허기와 설사로 희생되는 동료와는 달리, 조심조심 차분하게 상황을 판단하여, 허기를 참고 견디시어 끝까지 버티셨던 선생님을 생각하게 되었다. 당장의 허기만을 단순히 극복하신 게 아니라, 밥풀 한 알씩을 몰래 모아 작은 성냥갑 크기로 뭉쳐 장차 탈옥하게 될 때의 비상식량으로 만드셨다는 선생님.

눈이 빠지게 기다리는 함흥 열차가 아무리 오고 가도 안 나타나시던 선생님께서 기다림에 지쳐 남몰래 눈물 지셨을 사모님 앞에, 어느 날 문득 문을 열고 들어오셨다는 것이다.

광복 전 서글프던 민족의 역사 속에서 몸소 우리말과 글을 지켜 민족의 얼을 솟구치기에 온갖 정열과 사랑을 불사르셨던 고귀한 선생님. 이 정권 말기의 부정선거에 항거하여 분연히 일어서 교수 시위에 앞장서셨던 모습도 아직 우리 뇌리에 새롭다.

원체가 작으신 체수였지만, 한결 더 여위시고 불면 꺼질 듯하시던 모습이 지금도 내 눈시울을 적시고 만다. 그럼에도 선생님의 모습에는 불만의 표정이나 원망의 빛은 없었다. 선생님께서는 "나보다 더 고생하는 사람이 있는데…… 겨레가 다 겪는 고생인데……" 하시는 듯싶었다.

석사과정 면접시험 때

부산 시절 내게는 선생님의 강의를 들을 복도 없었다. 그 알량한 교사 노릇을 하느라고. 그리고 보면 나는 학창 시절에 한눈을 많이 판 셈이다. 입학에서 졸업까지 7년 반이 걸렸으니 그 중 4년은 예서 제서 교사노릇을 했으니까. 그 다음 석사과정을 할 때도 그랬고, 박사과정을 할 때까지는 더 많은 세월을 나는 또한 한눈을 팔았었다.

석사과정 면접시험 때 선생님께서는 이런 말씀을 하셨다.

"사람은 갚을 줄을 알아야 돼요. 배웠으니 후진을 가르쳐야 돼요."

선생님의 이 말씀은 동덕에서 꾹 박혀 있으라는 말씀이셨다. 다른 수험생에게는,

"대학원 공부는 전일해야 돼요. 직장을 가지고 대학원 공부를 하려
  고 들면 안 되지요."

하시더라는 것이다. 면접시험이 끝난 뒤 다들,

"공부할 사람에겐 직장을 버리라 하셨으니, 직장을 가지라는 사람
  은 공부할 사람이 아니라는 말씀이라."

고 결론을 내렸던 것이다. 그래서 난 지레 떨어진 줄 알고 며칠이나 우울했었다.

아마 선생님께서는 우리 집안 형편을 생각하시고, 나에게만은 직장도 다니면서 공부도 하라고 하신 뜻인가보다 나중에는 생각하였다.

一石 선생님은 시인

선생님은 국어학자이다. 그러나 또한 시인이시다. 글로만 쓰는 시인이 아니라, 삶을 아름답게 사시는, 몸으로 쓰시는 시인이시다. 그 음성, 눈빛 그리고 자상하신 보살피심이 또한 바로 시인이신 것이다.

이화여전에서 가르치실 때, 더러 결석한 학생이 다음 주일에 나타나면 으레 부르시어,

"지난 주엔 왜 못 왔지요? 우린 여길 했지요."

하시면서 그 학생이 빠진 부분을 자청하여 꼭 가르쳐 주시고야 마셨다는 것이다.

1948년 경기여고 시절, 선생께서 가르쳐 주신 왕랑반혼전(王郞返魂傳)·관동별곡·성산별곡·사미인곡·속미인곡·훈민가며, 1953년 환도 후 문리대 때 배운 두시언해도 잊을 수 없지만, 한창 시를 좋아하던 여고 시절, 언젠가 선생님께서 읊으시던 시 한 귀절 〈밤 하늘의

별을 헤이며 추억을 자늑자늑 씹었더란다〉가 잊혀지지 않는다. 뉘 시였던지, 그리고 시구 자체도 지금은 옹송망송하다. 다만 '자늑자늑'이라는 부사며, '씹었더란다'의 '～더란다'라는 어미를 읊으셨을 때의 맑고도 먼 눈빛, 잔잔하고도 어질디 어지시던 음성이 차마 잊히지 않는다.

1956년 이후 동덕여학교에서 선생님 문법책을 가르치면서 얼마나 많은 새로운 어휘를 알게 되었던지! 문법만을 딱딱하게 가르치는 게 아니다. 어휘를 풍부하게 하는 선생님의 예문은 다른 책에서는 볼 수 없는 그야말로 우리말의 보고(寶庫)인 것이다. 꽃이름만 해도 그렇다. 도둑놈의 지팡이, 며느리 발톱, 이건 다 선생님 문법 책을 가르치다 알게 된 것들이다.

마지막 뵙던 날

사랑에서는 가끔 선생님을 찾아뵙건만 나는 늘 쩔쩔매느라 뵙지 못한 지가 한참 되곤 하였다. 무얼 좀 사다 드리면 가볍게 달게 잡수실까 생각 끝에 물렁해 보이는 수밀도를 몇개 사 들고 선생님댁에 찾아갔었다.

선생님은 턱과 목에 종양이 생겨서 괴로워하셨다.

"오는 이도 없어. 심심해 못 견디겠소. 여북하면 신문을 첫자부터 끝자까지 다 읽는 것이 요즈음의 내 일과가 되었겠소. 그래도 시간은 안 가요. 왜 이리도 지루한지. 어서 가야 할 텐데…… 하루가 정말 지루해."

발등도 부으시고 손등도 부으셨고, 턱과 목은 거의 한 줄기로 붓고 성이 나고 진물이 흐르고 있었다. 선생님의 고생하심을 뵈오며 나는 마음이 언짢았다.

"가까이 오지 마시오."

손이라도 한 번 꼬옥 잡아 드리고 싶은 나의 마음을 지레 눈치 채셨는지 선생님께서는 손을 저으시며 물러앉으셨다. 끝까지 저렇게 끌끔하게 정신을 말똥말똥 차리실 수 있다니! 사람의 정신력이란 어느 분에 있어서는 실로 놀라운 것임을 새삼 깨달았다.

이렇게 곧게 곱게 어질게만 사신 이 어른이 왜 이런 병환으로 시달리셔야 하는지. 하느님도 무심하다 싶었다. 정말 하느님이 계신가? 왜 이렇게 어진 분을 이다지도 고생시키실까? 그러고도 하느님 마음은 편안하실까?

그 중에도 선생님께서는 우리 집안의 안부를 두루 잊지 않고 물으셨다. 친정 오라비들에 대해서까지도.

선생님의 농담

동덕여고에 나를 추천하시면서,

"자네 좀 배우라고."

하시던 농담에 놀라 자빠질 뻔한 나를 선생님은 모르실 것이다. 하기야 나 보고 교감 선생을 배워 성실한 교사가 되라는 일깨우심이었을 것임에 틀림 없으련만, 그때 나는 실로 어리둥절했었다.

선생님께서 1954년에 미국 다녀 오신 뒤 이런 말씀을 하시던 것이 또 생각난다.

"아, 양복점에 큰 사람이 가면 옷감이 더 든다고 더 내라 안 합디까? 그러기에 나도 미국 가서 한 번 해봤지요. 여보시오. 나는 작은 사람이니 큰 사람보다는 옷감이 덜 들 터이니 좀 깎아 주시구려!"

"아, 한 벌이면 한 벌이지 그까짓 옷감이야 뭐 얼마 됩니까?"

하며 너스레를 치면서 깎아 주지도 않더라는 것이었다. 선생님의 글 가운데서도 짖지 않는 개에 대하여,

"요사이 세상사람이 모두 도둑놈으로만 보이니, 누구는 보고 짖고 누구는 보고 안 짖고 할 수 없어서 당초에 안 짖기로 작정했다네."

라든가, 대중없이 우는 닭에 대하여,

"사람마다 시계를 안 가진 이가 없으니 구태여 시간을 알릴 필요가 없기 때문에 제멋대로 운다고 하데."

라고 하신 농담은 사람을 웃기기도 하지만 실은 그 깊은 해학성이 우리를 자지러지게 만든다. 허벅살만 있는 줄 알고 시시덕거리다가는 그 속에 곧게 박힌 야무진 뼈에 그만 우리는 큰코 다치고 마는 것이다. 선생님의 농담에는 실로 엄청난 뼈가 박혀 있음을 잊을 수 없다.

착하신 할아버지

제자에 대한 사랑이 이러하시니 자손에 대한 자애야 여북하시랴 싶지만, 선생님께서 돌아가신 뒤 당신 손수 정리해 두신 가족사진첩을 보니 정말로 자애롭고 살뜰하신 할아버지시었다.

한자리에 앉으셔서 손녀따님에게 붓글씨를 익히게 하시고, 그림 그리는 모습을 들여다보시는 눈길은 보살과 같이 인자해 보였다. 그나 그뿐인가? 당신의 수필집에 《벙어리 냉가슴》《소경의 잠꼬대》 등의 책 제목을 손녀따님 글씨로 내신 사랑과 격려. 그 손녀는 얼마나 기쁘고 또한 자랑스러웠을까? 열 마디의 칭찬보다 더 귀한 교육적인 효과에 대해 생각하게 된다. 얼마나 조심스럽게 자기의 온갖 힘을 다하여 그 몇자 글씨를 할아버님 책 겉장에 쓰게 되었을까? 내어두르거나 흐트러짐 없이 얼마나 단정하게 쓴 글씨이던가? 손녀따님에게 정성과

단정의 교육을 그 글씨를 통해 가르쳐 주시고자 하셨던 것이리라. 우리도 이 다음엔 손자 글씨로 수필집을 내야지 하는 꿈을 꾸어본다.

점잖으시던 사모님

"쌍둥엄마, 어서 오구려. 오랜만이구려. 따님도 복스럽게 생겼다. 저렇게 환한 사람이 들어가는 집은 얼마나 복 있는 집이겠수!"

우리 큰딸을 어루만지며 못내 귀여워하시던 사모님 모습이 잊혀지지 않는다. 선생님은 물론이고, 사모님, 며느님, 내가 뵙고 아는 분은 다 좋으시다.

내가 뵙기엔 사모님의 고부간은 친모녀 같고, 현숙한 손녀따님들도 정말 뉘댁 며느님이 될지 아들 가진 사람이면 다 탐낼 인물들이었다.

광복 전, 동란통, 4·19 전후 또는 그 뒤의 춥고 어둡고 을씨년스럽던 시절을 선생님 그늘에서 늘 혼자 애태우시고 갖은 고생을 다 겪으신 그 마님이시건만, 그 모습엔 구름끼가 없고 뚜렷하고 환하기만 하셨다. 두 분께서는 이 세상에 착한 일만 하시려 오신 분인 것 같았다.

선생님의 팔순, 구순 잔치 때라든지, 특히 설이면 선생님 댁에서는 쩍진 잔치를 벌이시고 모든 이를 반겨 주셨다.

"올 때는 맘대로 와도 갈 때는 그냥 못 가네. 귀밝이 술이라도 한 잔 하고 떡국이라도 들고 가야지, 그냥은 못 가네."

선생님 댁에서는 거의 남의 손을 빌리지 않으시고 며느님, 따님, 손녀따님까지 쌍그랗게 차려입고 상심부름을 하셨었다. 개성 보쌈김치도 그 댁에서 처음 먹어보았고, 아이들 등쌀에 흉내나마 내기 시작한 것도 그 댁에서 며느님께 배운 것이다.

고문(古文)을 가르쳐 주셨고, 시(詩)를 가르쳐 주신 외에 삶의 시를 몸으로 가르쳐 주신 一石 선생님, 내 눈에 늘 잊혀지지 않는 또 하나의 모습이 있다.

"기름 한 방울 나지 않는 나라에서 택시는 웬 택시요?"

하시면서 어지간한 거리면 으레 걸으시고, 정 타야 할 경우에는 버스나 타시던 선생님. 그때도 아마 칠순을 훨씬 넘으시고 팔순에 가까우셨을 때였으리라. 문이 미처 닫히지 않은 버스에 매달리신 뒷모습. 조금만 누가 지질러도 으스러질 듯한 가녀린 허리. 젊은이들의 우작스런 겨드랑 밑에 숨을 죽이셨을 一石 선생님. 아무도 우리 선생님이 一石 선생님이신 줄도 모르고, 안으로 끌어 모시지도 않으니…… 하느님! 제발 우리 선생님 좀 보호해 주세요!

선생님은 그렇게 아끼고 아끼신 돈으로 국어학도들에게 장학금을 주시는 것이었다. 그 날도 어쩌면 투자신탁은행에 가시는 길이나 아니셨는지? 내가 쓸 것 다 쓰고 남에게 줄 수는 없다는 교훈을 선생님께서는 등으로도 내게 일깨워 주셨다.

아마 구순(九旬) 때였으리라. 나는 일찍 가 뵙지도 못 하고 다 저녁 때에야 뵈오러 갔었다.

선생님께서는,

"어서 오시오."

하시고는 연방 밖으로 시선을 돌리셨다. 거의 하염 없으신 표정이었다.

"저렇게 눈이 빠지게 기다리고 있다오!"

사모님께서 하시는 말씀이었다. 모든 이들이 선생님의 수(壽)를 기리러들 오는데 선생님께서는 그래도 혹시나 혹시나 하고 저렇게 넋을 잃고 기다리고 계시는 것이었다.

해거름이 되도록 안 오신 분이 밤에는 혹시 뵙고 갔는지 나는 알 길 없다.

다만 그 날 하도 망연히 대문쪽만 바라보시던 선생님의 모습이 걸리다 못해 나는 눈물이 쏟아졌었다. 저토록 노인(老人)네의 가슴을 미어지게 하는 게 무엇인가 하면서.

내 속에 차곡차곡 쌓인 선생님께 대한 고마움과 그리움을 단번에 다 쏟아낼 수는 없다. 뒤죽박죽된 이 글을 보시면 선생님께서는 뭐라 하실까? 그저 빙그레 웃으시고 마실 것인가?

"글이야 못 쓰면 대순가? 사람답게 살다 가면 고맙지."
라고 하실 것만 같다.

일석선생의 수필세계

김우종(金宇鍾)

한국대학신문 주필

일석 선생의 수필은 《벙어리 냉가슴》(1956, 일조각), 《소경의 잠꼬대》(1962, 일조각), 《한 개의 돌이로다》(1971, 휘문출판사), 《딱깍발이 정신》(1971, 지성문화사) 등에 수록되어 있다. 그 중에는 같은 작품이 두 개 이상의 수필집에 수록된 경우도 있다.

주제나 연대별로 선집을 낼 경우에는 그 편집 의도에 따라서 다른 수필집에도 재수록하는 경우가 있을 것이며, 이것은 다른 문인들의 수필집·시집·소설집 등에도 공통적으로 나타나는 현상이다.

이렇게 발표된 수필들은 양적으로도 꽤 많은 편이다. 적어도 국어학자로서 또는 교수로서 그만큼 바쁘게 살아간 사람으로서는 양적으로 많은 편이다. 그리고 또 시집 《박꽃》과 《심장의 파편》이 있고, 시조도 많으니 놀랍다. 이런 점에서 그는 이 나라 문학에 남긴 발자국도 꽤 크다.

그런데 일석 선생은 시인이나 수필가이기 전에 국어학자로서 한평생을 살다 가신 분으로 봐야 한다. 이것은 연구하고 가르치는 생활이 본업이 되고 수필은 그 다음의 여가에 이루어진 것임을 의미한다.

그렇지만 여기서 수필이 본업이냐 아니냐 하는 것은 그 수필의 수준을 재는 데 있어서 특별한 의미를 지니는 것은 아니다. 왜냐 하면 일석 선생의 경우에 수필은 생활문학으로서의 일반적 특성을 지닌 것이기 때문이다. 다시 말해서 일상적인 생활을 소재로 삼는 문학이기 때문에 먼저 작자 자신의 생활이 중요한 의미를 지닌다는 사실이다.

생활이란 무엇인가? 그냥 쉽게 밥 먹고 배설하며 사는 것이 생활이 아니다. 생계수단을 얻기 위해서, 또는 학문에 대한 열정이나 예술 창작의 의욕 때문에 또는 혁명가로서, 정치가로서 신부나 목사로서 또는 한 가정의 어머니로서 온 힘을 쏟으며 사는 것이 우리가 경험해 온 '생활'의 개념이다. 여기에는 온갖 사건과 함께 슬픔·기쁨·노여움 등 희노애락의 모든 것이 따르게 되며, 그것이 우리들의 생활이다. 만일 이 같은 생활이 없다면 그것은 생활다운 생활이 아니다. 아무 할 일도 없고 할 의욕도 없고 어떤 근심 걱정도 없어서 낮잠이나 자는 생활은 보통사람들의 생활은 아니다. 그런 생활은 남들이 보고 들을 만한 아무런 가치도 없다.

수필은 저마다 조금씩 특성을 달리할 수 있지만 생활수필은 그처럼 남들이 보고 들을 만한 가치가 있는 생활을 소재로 한 문학을 말한다.

이런 경우에 그 수필의 작가가 수필만을 업으로 삼는다면 그것은 생활수필 자체를 부인하는 것이 된다. 왜냐 하면 생활수필은 생활을 소재로 하는 것인 이상 먼저 그 생활, 다시 말해서 교수로서, 학자로서, 아버지로서, 어머니 또는 군인으로서, 혁명가로서 먼저 그 역할에 충실하고 거기서 기뻐하고 번민하며 정열을 쏟아야 하기 때문이다.

이런 의미로서의 일석 선생의 수필은 선비로서의 생활수필이다. 학문적인 연구와 가르침이 일석 선생의 평생의 길이었고, 그 길을 가는 도중에 가끔 바윗돌이나 잔디밭에 앉아 흰구름을 바라보고 새소리를 듣듯이, 또는 가끔 샛길로 내려서서 작은 풀꽃 하나를 따서 향기를 맡으며 어린 시절을 회고하고 떠나버린 친구를 그리워하듯이, 또는 그런 아름다운 조국의 강산을 짓밟고 뭉개고 똥이나 싸고 내빼는 자들을 원망하듯이 잠시 연구실에서 나와 휴식시간을 선용한 것이 수필이다.

이런 의미로 본다면 생활문학으로서의 일석 선생의 수필은 남들이 따를 수 없는 귀중한 보물을 그득히 담은 수레와 같다. 우선 일석 선생은 갑오농민혁명이 일어난 직후인 1897년부터 한일합방과 그 후 식민통치시대와 해방 후 오늘날까지 거의 1세기의 역사를 체험했다.

수필이 상상적 허구의 문학이 아니요, 실제적 체험의 문학이며, 생활의 문학인 이상 이 같은 시간의 양을 채워 준 수필문학은 아무도 따를 수가 없다.

다음 누구도 내보여 줄 수 없는 귀중한 보물은 그처럼 긴 세월 동안 일석 선생이 어떤 길을 걸어왔는가 하는 것이다.

어린 시절의 이야기부터가 그 시대의 증언으로서 소중한 가치를 지니지만 그 후 조선어학회 사건부터 4·19 등을 거칠 때까지의 생활체험은 선비의 생활문학으로서 어느 누구도 이와 비교될 수 없는 귀중한 가치를 지닌다.

우리는 이 같은 일석 선생의 작품들을 통해서 이 나라의 근대 여명기에 태어난 한 사람이 선각자로서, 또는 학자요 스승으로서 자신의 책임을 다하며 혼신의 힘을 기울여 살아간다는 것이 어떤 것이었는지 그 생생한 증언을 듣게 되는 것이다.

역사적 기록성

이런 의미에서 생활수필로서의 일석의 문학세계는 우선 역사적 기록으로서의 소중함을 드러낸다.

그러면 역사적 기록이 큰 문학이 될 수 있을까 하는 문제가 생긴다.

물론 이 경우에 그 역사는 개인으로서의 그것과 민족으로서의 총체적 의미를 지닌 그것으로 나누어지게 될 것이다. 그러므로 일석의 수필이 생활수필이라고 한다면 그것은 일석 개인으로서의 전기적인 역사적 기록이 될 것이다. 그리고 그 역사적 기록이 곧 우리 민족의 역사로서 총괄적 의미가 부여될 때 그것은 개인의 기록이라는 차원을 넘게 될 것이다.

그런데 개인의 역사적 기록이라고 하더라도 그것이 사실의 기록에 그친 것이 아니고 작자의 정서를 담아 나간다면 그것은 이미 문학의 영역에 들어선다. 그뿐만 아니라, 여기에 일석 특유의 문체나 표현 방법으로서의 예술적 기교가 따르게 되면 그것은 문학일 수밖에 없다. 그러면서 이것은 때때로 대화도 나오고 인물과 사건이 나오지만 픽션이 아니기 때문에 소설이 아니다. 이것은 소재의 기록성에 그치지 않고 그 소재에 주제를 담으며 그 소재를 통해 사상이나 인격을 논리적으로 전개시켜 나갔기 때문에 논픽션은 아니다. 따라서 이것은 수필일 수밖에 없다. 그러니까 그 역사적 기록은 어디까지나 문학으로서의 내용을 풍부하고 가치있게 해주는 기록이며 그것이 기록 자체로 끝나는 역사적 진술과는 구분된다.

이렇게 전기적이며 역사적인 기록으로서의 수필로서 '부부생활 50년기'를 보자. 일반적인 수필과 달리 10여 매로 끝난 것이 아니고, 또 어느 정도 전기적 형식을 지닌 것이 특징이지만 많은 작품 중 작자 자신의 인격을 말해 주는 수필로서는 가장 대표적인 것이겠다.

작자가 열세 살 때 관모 입고 사모 쓰고 나귀등에 올라타고 장가 가던 날의 모습은 아주 재미 있다. 1908년 4월 10일에 작자보다 한 살 위인 이정옥(李貞玉)과 결혼하던 장면이 나온다. 그 후 49년간의 세월이 흐르기까지의 부부 관계가 매우 재미 있게 묘사되어 있다.

재미있다는 것은 그때 그런 꼬맹이[만 12세]가 신부를 맞이하고 첫날밤을 보내는 진기한 모습만이 아니다. 작자와 아내는 결혼 후 1년 수개월 후에야 처음으로 대화를 했다는 것이 우선 재미 있다. 그 대화라는 것이 아내가 이불 속에서 작자에게 '아버님의 문안을 물었고, 나는 별고 없으시다고 대답하였다'는 것이 전부다.

그뿐만 아니라, '키스나 애무는 어느 세계의 환상인지 뺨 한 번 대 본 적'이 없다고 되어 있다.

여기에 특히 재미 있는 것은 이혼소동 대목이다.

일석 선생은 동숭동의 문리대 강의시간에 느닷없이 이혼클럽에 관한 얘기를 한 일이 있다. 필자는 딱딱한 국어학 강의를 하다가 너무도 재미있고 진기한 고백을 듣고 깜짝 놀란 일이 있는데, 이것이 이 수필에 소상하게 소개되어 있다. 일석 선생 자신도 그 당시에는 개화기 청년으로서 근대화에 앞장선다는 사명감으로 부모의 강요에 의한 조혼제도를 비판하며 그런 조혼의 무효화, 즉 이혼을 집단적인 행동으로 옮기려고 했다. 그 이혼은 한 달에 한 명씩 차례를 두고 해나갔다는데, 이 수필에는 이런 한 명씩 한 명씩의 차례는 언급되지 않았지만 어쨌든 이혼을 실천에 옮기지 않은 이유가 조목조목 밝혀지고 있다.

필자는 졸업 후에 세배를 가던 정월 명절 때마다 사모님을 뵈었다. 일석 선생 댁에서는 다른 집과 달리 찾아오는 세배객을 모두 기다리게 해서 겸상을 하지 않고 혼자 오면 독상을 곧 차려 주었다.

필자는 매년 그럴 때마다 옛날의 이혼소송이 생각나서 웃음이 나오려고 했다.

"사모님께서는 그때 소박 맞지 않으셔서 이렇게 지금도 떡국상을
차려 주시는군요."

이런 말을 하고 싶었다.

그런데 이런 재미있는 이야기들을 작자는 특별히 과장하거나 미사
여구를 써가며 기록하지는 않았다. 만일 반 세기 전의 이야기와 함께
그 동안 숱한 역경이 있었다고 한다면 그런 과거에 대한 회상에는 흔
히 감상주의적인 표현이 따르게 마련이다. 그렇거늘 일석 선생의 글
은 이처럼 아득한 옛날을 회고하면서도 조금도 감정의 흐트러짐이 없
다. 그저 잔잔하게 어떤 감정의 기복도 없이 써나가고 있다. 이것이
일석 수필의 특징이다.

그렇지만 우리는 이런 잔잔한 글을 읽고 재미있는 일화에 취하면
서 웃음을 짓다가 어느 대목에 가서 마침내 뜨거운 응어리 같은 것이
가슴 속에서 울컥 치밀어오르는 것을 느끼게 된다.

문장의 행간(行間) 속에 감춰져 있는 긴 세월의 아픔과 거짓이 전
혀 없는 문장의 정직성 때문일 것이다.

그뿐만 아니라 독자는 좋은 수필을 읽으면 자신이 그 속에서 작자
와 하나가 되어 버리고 만다. 그래서 독자가 바로 일석 선생 자신이
되는 환상에 빠진다.

이 경우에 독자가 경험하는 50년 전의 이야기들은 그것이 가난하
고 배고프고 서럽던 시절이라는 것과는 상관없이 무조건 그리움이 곧
슬픔이 되어 버린다. 긴 세월의 과거일수록 그 슬픔의 농도는 더 짙
다.

이 경우에 그런 과거 회상에는 흔히 작자의 주관적 정서가 개입되
기 쉽지만 그런 표현은 수필의 품위를 손상시킨다. 그런 정서가 억제
되고 객관적 사실만을 꾸밈 없이 기술해 나갈 때 그 글의 품격은 더

욱 높아지고 오히려 독자의 정서적 반응은 커진다.

감정의 절제와 언어의 절제

일석 선생의 수필은 그처럼 감정의 절제와 함께 언어가 절제되어 있다. 그리고 사물에 대한 침착하고 예민한 관찰력과 함께 논리적 분석도 예리하게 나타난다.

수필 〈딸깍발이〉에서 보면 그 같은 관찰력이 매우 사실적이며 재미도 있다.

두 볼이 여윌 대로 여위어서 담배 모금이나 세차게 빨 때에는 양 볼의 가죽이 입안에서 서로 맞닿을 지경이요, 콧날이 날카롭게 오똑 서서 꾀와 이지만이 내발릴 대로 발려 있고, 사철 없이 말간 콧물이 방울방울 맺혀 떨어진다. 그래도 두 눈은 개개풀리지 않고 영채가 돌아서, 무력이라든지 낙심의 빛을 나타내지 않고 있다.

아랫입술이 쪼그라질 정도로 굳게 다문 입은…… (하략)

이런 묘사와 함께 작자는 남산골 선비들의 외모와 궁핍한 생활상과 굳은 절개와 인내심 등을 낱낱이 살펴 나가고 있다. 그러면서 현대인들에게서 찾아볼 수 없는 고귀한 것, 우리가 이미 잃어버린 그것이 무엇인지 밝히고 있다.

글 전체가 수필로서는 짧지도 길지도 않게 꼭 알맞는 형태이며 묘사와 논리 전개가 빈틈 없이 잘 짜여진 구성을 지니고 있다. 그리고 전연 군더더기가 없다. 한 군데도 버릴 구석이 없고 한 군데도 빠진 데가 없다. 마치 더 이상 커서도 안 되고 작아서도 안 될 만큼 적당한 크기에 조금도 흠이 없이 잘 닦여진 구슬 같기도 하고, 그런 한 폭의 그림 같기도 하다. 그만큼 일석 선생의 글은 철저히 언어가 절제된 문학으로서의 수필미학을 이루고 있다. 우리는 "문체가 곧 사람이다"라는 말을 쓰는데 일석 선생의 문체야말로 바로 그 모든 인격을 빈틈없이 반영하고 있는 셈이다.

일석 선생은 자신이 극도로 몰취미한 인간이라고 〈취미〉에서 말하고 있다.

> 취미는커녕 오락조차 손방이다. 호리건곤(壺裡乾坤)에 망세간지갑자(忘世間之甲子)하는 주선의 쾌락은 말할 나위도 없거니와 담배 한 대 제법 필 줄 아는 위인도 못 된다. 바둑은 아예 구멍새를 가릴 줄 모르고……

이렇게 말하는 작자는 한때 등산을 좀 다닌 일이 있지만, 사실로 별다른 아무런 취미도 갖지 않은 셈이다.

이것은 작자가 보통의 선비와 다른 점이며 문체의 특성도 이와 무관하지 않다. 대개 오늘의 선비들 중 학자라고 하면 일 주에 아홉 시간 10시간 정도 강의하고 나머지 연구시간은 신축성이 있으니까 대개 자기 나름대로 취미를 즐기는 사람들이 많은 편이다. 그런데 일석 선생이 취미생활이 거의 없었다는 것은 오로지 선비로서의 빠득한 생활에만 열중할 뿐 다른 군더더기가 개입할 여지를 전연 주지 않았기 때문이다.

이렇게 빡빡하기 때문에 강의시간을 빼먹거나 줄이는 일이 없고, 혹시 부득이 무슨 회의 등 급한 일로 강의시간에 몇십 분 늦으면 늦어서 못한 것만큼 꼭 채운다. 그뿐만 아니라, 공부를 따라가지 못 해서 커닝을 한 학생을 처벌하는 대신 집에 데려다가 여러 날 개인지도를 해서 제 실력을 키우게 만들어 준 일도 있다.

교수로서의 이 같은 철저한 책임의식과 함께 시간의 낭비를 결코 허락하지 않는 정신 때문에 작자는 취미생활도 거의 갖지 않았을 뿐만 아니라, 그것이 조금도 군더더기가 없는 절제된 언어, 그리고 감정마저 절제된 문체로 나타나는 것이다.

우리는 미사여구를 나열하고 잔재간 부리는 수필을 자주 본다. 그래야만 좋은 문장인 줄 알고 있고, 또 그래야 박수 쳐주는 독자들도 많다. 말 속에 담긴 진실의 밀도만 강하다면 미사여구보다 차라리 어눌한 말투가 더 호소력이 강하다는 사실을 모르는 사람들이 많기 때문이다.

이처럼 감정을 남용하고 과장법이 심하고 겉멋을 지나치게 부린 것은 문장기법에 대한 인식이 부족하던 옛글에 많은 편이다. 유명한 송강가사도 그런 유형에 가까우며 후세들의 문장교육을 다분히 오도한 점이 있다. 그런 문장도 물론 그 나름대로 가치가 있는 것이고, 그 시대의 우리 문학유산으로서는 훌륭한 것이지만 그것은 결코 현대인이 답습할 명문장의 기준은 되지 않는다.

일석 선생의 글은 내용을 과대 포장하는 겉치레는 없다. 담긴 내용에 비해 그것을 담은 그릇이 더 크고 화려한 것을 용납하지 않는다. 그것은 허세를 거부하고 늘 겸허한 자세로 살아간 자신의 성격이 그대로 문체에 나타났기 때문이다.

일석 선생의 문체는 이처럼 소박하고 허세가 없기 때문에 자칫 문학적 수사법이 미흡한 글이라는 인상을 주기 쉽다.

그러나 수식의 절제는 수식이 없는 것과는 다르다. 일석 선생의 글은 비록 감정을 절제하고 수식을 절제하여 화려한 꾸밈이 없더라도 꾸밈이 없는 문체, 문학적 수식이 없는 문체로 간주한다면 잘못이다.

원래 문체라고 한다면 그 용어 자체가 꾸밈이 있는 문장을 말한다. 자기 나름대로의 특성을 창출했을 때 비로소 그 문장은 그 사람의 특유한 '문체'가 된다. 그러므로 이런 개성을 꾸며내지 못한 사람의 글은 그냥 문장일 뿐이지, 거기서 '아무개의 문체'라는 용어를 쓸 수는 없다.

일석 선생의 경우에 그처럼 감정을 절제하고 다른 여러 수식어를 절제하여 담백하며 소박한 특성을 지니는 것이 그 분의 문체다.

그리고 일석 수필의 문체는 여기에 더 몇 가지 특성이 따른다. 그래서 일석 선생의 수필이 만일 익명으로 읽혀지더라도 대충 그 분의 글임이 짐작될 수 있는 가능성이 생긴다.

수필집의 제목부터 그렇다. 《벙어리 냉가슴》《먹추의 말참견》《소경의 잠꼬대》《한 개의 돌이로다》 같은 것은 모두 겸허한 인간성을 두드러지게 나타내는 표현이다. 다른 사람들의 《이것이 인생이다》《사랑이란 무엇인가》《사랑하는 문사 여러분》 등의 제목과는 딴판으로 벙어리니 소경이니 하는 것이 마치 신체장애자의 수기 같다. 그처럼 자신의 능력을 낮추는 제목이다. 그리고 서술 형태들이 비록 교훈적인 내용을 지니더라도 그처럼 겸허하게 나타나고 있다.

그뿐만 아니라, 일석 수필의 문체가 더욱 매력적인 것은 우리 속담이나 격언 또는 특수한 뜻을 나타내는 숙어나 관용어 등을 적절히 자주 사용해 가며 우리말의 멋과 맛을 잘 드러내고 있는 점이다.

그리고 물론 한자 숙어 역시 그런 매력을 드러내는 특성의 하나다. '번연히 알면서 새바지에 똥싼다' '알고도 죽는 해솟병이다' '떨어져 버린 게 발 나오듯이' '노뭉치로 개 때리듯' '손티가 얽음숨숨' 등 잠깐만 살펴봐도 재미있는 말이 많다.

이런 것을 특징으로 하는 것은 물론 일석 선생이 긴 세월 동안 국어연구에 이바지해 왔을 뿐만 아니라, 아득한 과거인 **19**세기 말, 또는 **20**세기 초의 풍부한 언어생활을 경험한 분이기 때문이다.

선비 수필의 공간과 그 확대

　이런 문체를 지닌 문장은 그 문학에 있어서 내용을 담는 그릇이며 그 그릇은 매우 간결미와 소박미로 아름답게 포장된 그릇이다. 그리고 이 그릇 속에 일석 선생은 긴 세월의 역사를 담고 인생을 담았다. 이 경우에 그 역사나 인생이라는 것은 그 글의 내용인 셈이다.

　그러나 역사나 인생은 우선 그 글의 소재에 해당된다. 이런 소재는 참으로 다양하지만 그래도 그것은 어느 하나의 틀 속에 묶이게 된다. 즉 일석 선생은 기업인도 아니었고 농사꾼이나 어부도 아니었고, 정부의 고관대작도 아니었기 때문에 작자의 시야가 아무리 넓다 하더라도 세상을 보는 관측소의 위치는 한정되어 있다.

　관측소의 위치가 한정되었다는 것은 그만큼 시야에 한계가 있음을 의미한다. 송도 기생 황진이의 무덤에 술 한 잔 붓고 평양기생 한우(寒雨)와 원앙침 비취금의 재미를 즐긴 임백호 같은 풍류객이 아닌 이상 일석 선생의 수필에는 그런 분야에 대한 얘기를 들을 수는 없다.

　이런 의미에서는 어느 누구나 시야의 한계가 있고 한정된 관측소에서 사물을 관측하는 것이며, 그럼으로써 그는 그 영역에 대한 전문성을 띠게 된다.

　일석 선생은 이 같은 전문성으로서 학자의 세계, 선비의 세계라는 공간적 영역을 지니고 있다. 그러므로 비록 정계를 바라보더라도 그 시점은 대학 연구실의 창문이나 문리대 교정 마로니에 그늘의 벤치나 동숭동 관사의 서재가 된다.

　그런데 이런 공간에 의한 한계성이 있더라도 일석의 수필세계는 그 한계성을 다분히 극복하는 특수성이 있다.

　첫째는 그 공간이 긴 시간성을 함께 지니고 있다는 사실이다. 이미 앞에서 기술했다시피 일석 선생은 갑오농민혁명 당시부터 최근까지

장수하셨던 분이기 때문에 누구보다도 오랫동안 이 나라 산과 들과 하늘과 바다의 변화를 관측한 증인이 된다.

둘째의 특징은 비록 연구실, 강의실, 교정의 벤치 등이 사물을 관측해 온 장소라고 하더라도 이것은 일석 선생이 그런 자리 밖으로는 이동한 사실이 없다는 뜻이 아니다.

일석 선생은 필자를 진명여고의 이세정 교장에게 소개하기 위하여 을지로 입구 근처의 '호수그릴'로 데려간 일이 있다. 그때 이세정 교장은 필자에게 안행이 몇이냐고 물어서 나는 대답을 못 하고 얼굴이 달아올랐었다. 안행(雁行)이 남의 형제의 존칭(안행→안항)인 것을 나중에야 알았는데, 일석 선생은 그 자리에서 내게 이렇게 가르치며 웃으셨다.

"이것은 이 교장이 김군을 시험한 것일세."

시험에는 낙제했지만 나는 그로부터 진명여고 교사가 되었는데, 이렇게 회동했던 장소가 비록 시내 한복판 양식당이었다 하더라도 그곳은 역시 일석 선생의 강의실이며 연구실이며 교정의 벤치나 다름없다. 어디까지나 그 자리는 연구하는 학자로서의 자리이며 가르치는 스승으로서의 자리였기 때문이다.

이 같은 의미의 일석 선생의 공간은 다른 학자나 스승들에 비해서 훨씬 넓으며, 그 공간 이동은 때때로 돌발적이고 남들은 따라가기 힘든 곳이다.

즉 일석 선생 자신이 평생 동안 부인에게 입 한 번 맞추지 못했다고 고백한 것이나('부부생활 50년기') 경성제대 학생 때부터 혹시 친구 따라 여자들이 있는 술집에 가도 샌님 노릇밖에 못 했고, 그 후에도 우리가 알다시피 사교의 폭이 지극히 좁고 취미생활도 거의 없을 만큼 활동 공간이 제한되어 있지만, 그래도 일석 선생은 이 나라의 참된 선비가 사명감을 다하려고 할 때 필연적으로 만나게 되는 경험을 다하며 활동 공간을 확대했다. 첫째로, 개화기 당시에 개화운동의 하나로 청년들이 기치를 높였던 자유연애 결혼 운동 때 이혼 구락부에까지 가담했던 사건, 둘째로, 일제가 일인 학생들 위주로 만든 경기고보의 풍토에 의분을 느끼고 자퇴해 버린 사건, 셋째로, 3·1운동 때 감히 등사판을 갖고 숨어다니며 지하신문을 발간하던 사건, 넷째, 조선어학회 사건, 다섯째, 4·19 당시 교수데모에 앞장선 사건 등이 모두 그렇다.

이런 사건이 전개된 장소는 함경남도의 함흥형무소나 홍원경찰서 고문실('일제의 감옥과 나') 또는 학생들의 죽음으로 온 시내가 피로 물들어 버리고 군인들이 총검을 겨누고 있을 때 이승만의 하야를 외치며 죽음을 무릅쓰고 행진을 하던 길바닥, 또는 독립만세를 외치며 등사판을 들고 숨어 다니던 비밀 아지트 등이다.

이런 공간 이동과 그 참여는 흔히 이 나라의 다수 교수나 정치인들이 지난 수십 년간 군사독재 밑에서 살아오며 지녔던 논리에 의하면 학자로서의 탈선, 또는 학생으로서의 탈선이라고 규정되는 것이다.

강의실이나 연구실이나 교정의 벤치가 교수 또는 학생이 지켜야 할 유일한 공간이고 연구와 배움만이 유일한 행동 방법이고 그것만이 양심적인 선비의 길이라고 한다면 일석 선생의 길은 분명히 탈선이 많았다.

그렇지만 그것은 결코 탈선이 아니다. 그것을 탈선이라고 말하는 것은 가혹한 정치적 탄압으로 고문·투옥·해직 등을 겪고 사랑하는 가족들을 고생시키는 불행으로부터 자신과 가족을 보호하려는 다수 교수들이 부득이 또는 자발적으로 선택한 위장논리일 뿐이다.

일제하에서의 우리말 연구와 우리말 지키기는 일제의 식민정책과 정면으로 배치되므로 그 같은 학자의 길은 필연적으로 감옥행이며, 따라서 그 길이 바로 그 시대의 대표적인 국어학자가 걸어가고 있어야 할 정도(正道)다.

또 학자와 교수는 이 사회의 최고 지성으로서 국가가 일단 그들의 지도적 판단을 요구하는 위기상황에 있을 때는 깃발을 들고 길거리를 행진하며 바른 주장을 알리는 행위가 곧 그들이 선택해야 할 최선의 행위다.

국사에 통탄한 사태가 벌어졌을 적에 직언으로써 지존에게 직소한 것도 이 샌님의 족속인 유림에서가 아니고 무엇인가. 임란 당년에 국가의 운명이 단석에 박도되었을 때, 각지에서 봉기한 의병의 두목들도 다 이 '딸깍발이' 기백의 구현임이 의심없다.

일석 선생은 〈딸깍발이〉에서 이렇게 남산골 선비들의 사회참여의 참모습을 밝히고 있다. 그리고 구한국 말엽 단발령이 내렸을 때 '차두가단 차발불가단(此頭可斷 此髮不可斷)'이라 외치던 그 일 자체는 미혹하기 짝이 없었지만 죽음도 개의하지 않고 덤비는 그 의기야말로 본받음 직하다고 말하고 있다. 일석 선생의 사회참여는 남산골 샌님들에 대한 이 같은 표현에서도 나타나듯이 참된 선비라면 필연적으로 도달할 수밖에 없는 공간 이동이며 그 감옥소, 그 고문실, 그 비밀 아지트가 모두 선비가 마땅히 있어야 할 자리였다.

이런 점에서 본다면 일석 선생의 수필세계를 이루고 있는 공간은 다른 학자들의 수필보다 훨씬 다양하지 못하고 협소한 듯하면서도 사실은 그렇지 않다. 남들처럼 세계 여러 나라의 진풍경을 관광하면서 공간을 확대하거나 온갖 별난 술집 등 요지경을 경험해서 흥미를 끄는 것은 없는 대신 이 나라를 사랑한 선비가 꼭 갔어야 할 공간, 다른 이들이 대개 가보기 힘든 공간까지 수필세계의 영역을 확대하고 있는 것이다.

선비정신의 문학세계

이런 공간 속에서의 작자의 행동양식의 기본 원칙은 선비정신이다. 그리고 이 선비정신은 첫째로 진리탐구의 정신, 둘째로 가르치는 스승의 정신, 셋째로 양심적으로 판단하고 주장하며 결코 굴절을 허용하지 않는 행동과 지식인의 정신이다.

이것을 한데 몰아본다면 바로 선비정신이고, 그 인간형의 과거형은 '딸깍발이'가 될 것이다. 그러므로 일석 수필의 주제는 한마디로 요약하면 '딸깍발이 정신'이다. 이것은 작품의 예를 일일이 열거할 필요조차 없다.

〈눈〉이라는 작품은 아름다운 설경의 회화적 묘사와 함께 서정적 감각이 짙기 때문에 선비의 깐깐한 교훈적·비판적 정신이 없을 것으로 예측하기 쉽지만 거기서도 '설중군자' '설중고사' '지조가 높은 은사다운 절개를 잘 나타내었다' 등등과 함께 절개라면 으뜸갈 김종서(金宗瑞)의 '설야'를 인용하며 온통 주제가 선비정신으로 집약되고 있다.

> 부정은 틀림없이 부패를 초래하고, 부패는 필연적으로 멸망을 불러오게 된다. 그러므로 부정은 멸망의 절대적인 원인이 된다.
>
> 이 공리야말로 누구도 무너뜨릴 수 없고, 변경시킬 수도 없는 엄숙한 철칙이요, 천지자연의 공도(公道)다.
>
> 이러므로 우리는 오늘과 같이 지조의 아쉬움을 느낄 때가 없다고 생각한다.
>
> 우리는 갖은 방법을 다하고 총력을 기울여 사람의 마음속에 지조의 씨를 심자. 그리고 이것을 잘 가꾸어서 성장시키자. 활로는 오직 여기에 있다.
>
> — 〈지조〉에서

일석 선생의 수필은 때때로 이렇게 격앙된 어조를 띤다. 임금에게 직소를 하던 딸깍발이의 모습이 이 같은 어조에서 나타난다. 정의감에 불타오르고 분노가 치밀어오르는 상태에서 나오는 예리한 필치임을 알 수 있다.

일상적으로는 '먹추의 말참견' 또는 '소경의 잠꼬대'를 자처하고 할 말 못 하고 산다는 '벙어리 냉가슴'이라 말하지만 그 같은 겸손이나 그 같은 침묵은 때때로 이렇게 돌변한다.

이 같은 선비정신이 거의 일관된 주제로 나타나는 일석 선생의 수필은 예술적 기교만으로 공소한 내용을 대신하려는 수필과는 많이 다르다. 비록 기교적으로는 정상급이 아니었더라도 우리에게 참된 선비정신을 가르치고 참된 지식인의 정신을 가르치는 수필로서는 현대문학사상 매우 뛰어난 것이다.

수필은 허구의 세계가 아니기 때문에 자신의 인격과 무관한 문학은 있을 수 없다. 타락한 일부 문인이 기교적으로 우수한 시나 소설을 남겨서 이에 대한 석사 논문, 박사 논문이 쏟아져 나오고 있는 것은 연구생들이 연구 대상자의 민족적 과오 등에 대해서 지나치게 관대하거나 불감증인 탓도 있고 또 그만큼 시나 소설 등은 자신의 인격과 무관하게 작품 형성이 가능하기 때문일 것이다.

그렇지만 수필은 허구가 아니므로 자신의 주장이나 증언이 실제와 다르면 추악한 거짓이 된다. 자신의 실제적 인격과 작품과의 사이에 허구나 환상에 의한 어떤 거리도 있을 수 없다.

그러므로 훌륭한 수필은 인격에서만 나온다. 특히 선비정신, 지식인의 참된 정신을 주제로 삼는 문학이라면 그 화자로서의 주체가 그 같은 삶의 실천인이어야 한다.

일석 선생의 수필이 우리 문학사에서 특히 소중한 이유는 일석 선생만이 거의 가능했던 일생, 마치 옛날 남산골 선비들이 꾀죄죄한 도포에 불편한 나막신 신고 딸깍딸깍 걸어가면서도 항상 당당하게 선비로서의 사명을 다했던 그런 인생 길을 걸었고, 그것이 곧 그의 문학으로 나타났기 때문이다.

'딸깍발이'란 것은 '남산골 샌님'의 별명이다. 왜 그런 별호(別號)가 생겼느냐 하면, 남산골 샌님은 지나 마르나 나막신을 신고 다녔으며, 마른 날은 나막신 굽이 굳은 땅에 부딪쳐서 딸깍딸깍 소리가 유난하였기 때문이다.

요새 청년들은 아마 그런 광경을 못 구경하였을 것이니, 좀 상상하기에 곤란할는지 알 수 없다. 그러나 일제시대에 일인(日人)들이 '게다'를 끌고 콘크리트 길바닥을 걸어다니던 꼴을 기억하고 있다면, '딸깍발이'라는 명칭이 붙게 된 까닭도 이해할 수 있을 것이다.

그런데 이 남산골 샌님이 마른 날 나막신 소리를 내는 것은 그다지 얘깃거리가 될 것도 없다. 그 소리와 아울러 그 모양이 퍽 초라하고, 궁상(窮狀)이 다닥다닥 달려 있는 것이 문제인 것이다.

인생으로서 한 고비가 겨워서 머리가 희끗희끗할 지경에 이르기까지 변변하지 못한 벼슬이나마 한 자리 얻어 하지 못하고, (그 시대에는 소위 양반으로서 벼슬 하나 얻어 하는 것이 유일한 욕망이요, 영광이요, 사업이요, 목적이었던 것이다.) 다른 일, 특히 생업에는 아주 손방이어서, 아예 손을 댈 생각조차 아니 하였기 때문에 경제적으로는 극도로 궁핍한 구렁텅이에 빠져서 글자 그대로 삼순구식(三旬九食)[몹시 가난함을 일컫는 말]의 비참한 생활을 해가는 것이다. 그 꼬락서니라든지 차람차림이야 여간 가관이 아니다.

두 볼이 하윌 대로 하위어서 담배 모금이나 세차게 빨 때에는 양볼의 가죽이 입 안에서 서로 맞닿을 지경이요, 콧날은 날카롭게 오똑서서 꾀와 이지(理知)만이 내발릴 대로 발려 있고, 사철 없이 말간 콧물이 방울방울 맺혀 떨어진다. 그래도 두 눈은 개가 풀리지 않고, 영채가 돌아서 무력(無力)이라든지 낙심(落心)의 빛을 나타내지 않고 있다. 아래윗입술이 쪼그라질 정도로 굳게 담은 입은 그 의지력을 더욱 두드러지게 나타내고 있다. 많지 않은 아랫수염이 뾰족하니 앞으로 향하여 휘어 뻗쳤으며, 이마는 대개 툭 소스라져 나오는 편보다 메뚜기 이마로 좀 편편하게 버스러진 것이 흔히 볼 수 있는 타입이다.

이러한 화상이 꿰맬 대로 꿰맨 헌 망건(網巾)을 도토리같이 눌러 쓰고, 대우가 조글조글한 헌 갓을 좀 뒤로 잦혀 쓰는 것이 버릇이다. 서리가 올 무렵까지 배중이적삼이거나 복(伏)이 들도록 솜바지 저고리의 거죽을 벗겨서 여름살이를 삼는 것은 그리 드문 일이 아니다. 그리고 자락이 모지라지고, 때가 꾀죄죄하게 흐르는 도포나 중치막을 입은 후, 술이 다 떨어지고, 몇 동강을 이은 띠를 흉복통에 눌러 띠고, 나막신을 신었을망정 행전은 잊어 버리는 일이 없이 치고 나선다. 걸음을 걸어도 일인들 모양으로 경망스럽게 발을 옮기는 것이 아니라, 느럭느럭 갈짓자[之] 걸음으로 뼈대만 엉성한 호리호리한 체격일망정 그래도 두 어깨를 턱 젖혀서 가슴을 빼기고, 고개를 휘번덕거리기는커녕 곁눈질 하나 하는 법 없이 눈을 내리깔아 코끝만 보고 걸어가는 모습, 이 모든 특징이 '딸깍발이'란 속에 전부 내포되어 있다.

그러니 이런 샌님들은 그다지 출입하는 일이 없다. 사랑이 있든지 없든지 방 하나를 따로 차지하고 들어앉아서 폐포파립(弊袍破笠)[해진 옷과 부서진 갓. 곧 너절하고 구차한 차림새]이나마 의관(衣冠)을 정재(整齋)하고, 대개는 꿇어앉아서 사서오경(四書五經)을 비롯한 수많은 유교전적(儒敎典籍)을 얼음에 박 밀듯이 백 번이고 천 번이고 내리 외는 것이 날마다 그의 과업이다. 이런 친구들은 집안 살림살이와는 아랑곳 없다. 가다가 굴뚝에 연기를 내는 것도, 그 부인이 전당(典當)을 잡히든지 빚을 내든지 이웃에서 꾸어 오든지 하여 겨우 연명(連名)이나 하는 것이다. 그러노라니 쇠털같이 하구한 날 그 실내의 고심이야 형용할 말이 없을 것이다. 이런 샌님의 생각으로는 정렴개결(情廉介潔)을 생명으로 삼는 선비로서 재물을 알아서는 안 된다. 어찌 감히 이해(利害)를 따지고 가릴 것이냐. 오직 예의·염치가 있을 뿐이다. 인(仁)과 의(義) 속에 살다가 인과 의를 위하여 죽는 것이 떳떳하다. 백이(伯夷)와 숙재(叔齋)를 배울 것이요, 악비(岳飛)와 문천상(文天祥)을 본받을 것이다. 이리하여 마음에 음사(淫邪)를 생각하지 않고, 입으로 재물을 말하지 않는다. 어디 가서 취대(取貸)[돈을 꾸어 쓰기도 하고, 꾸어 주기도 하는 것]하여 올 주변도 못 되지마는 애초에 그럴 생각을 염두에 두는 일이 없다.

겨울이 오니 땔나무가 있을 리 만무하다. 동지설상(冬至雪上) 삼척냉돌에 변변하지도 못한 이부자리를 깔고 누웠으니 사뭇 뼈가 저려 올라오고, 다리 팔 마디에서 오도독 소리가 나도록 온몸이 곧아 오는 판에 사지(四肢)를 웅크릴 대로 웅크리고 안간힘을 꽁꽁 쓰면서 이를 악물다 못해 박박 갈면서 하는 말이, "요놈, 요 괘씸한 추위란 놈 같으니, 네가 지금은 이렇게 기승을 부리지마는 어디 내년 봄에 두고 보자" 하고 벼르더란 이야기가 전하지마는 이것이 옛날 남산골 '딸깍발이'의 성격을 단적으로 가장 잘 표현한 이야기다. 사실로 졌지마는 마음으로 안 졌다는 앙큼한 자존심, 꼬장꼬장한 고지식, 양반은 얼어죽어도 겻불을 안 쬔다는 지조, 이 몇 가지가 그들의 생활신조였다.

실상 그들은 가명인(假明人)이 아니었다. 우리나라를 소중화(小中華)로 만든 것은 어쭙지 않은 관료들의 죄요, 그들의 허물이 아니었다. 그들은 너무 강직하였다. 목이 부러져도 굴하지 않는 기개, 사육신(死六臣)도 이 샌님의 부류요, 삼학사(三學士)도 '딸깍발이'의 전형(典型)인 것이다. 올라가서는 포은(圃隱) 선생도 그요, 근세로는 민충정(閔忠正)도 그다. 국호(國號)와 왕위 계승에 있어서 명(明)·청(淸)의 승락을 얻어야 했고, 역서(曆書)의 연호(年號)를 그들의 것으로 하지 않으면 안 되었지마는 역대 임금의 익호(謚號)를 제대로 올리고, 행정면에 있어서 내정(內政)의 간섭을 받지 않은 것은 그래도 이 샌님 혼의 덕택일 것이다. 국사(國事)에 통탄한 사태가 벌어졌을 적에 직언으로써 지존에게 직소한 것도 이 샌님의 족속인 유림(儒林)에서가 아니고 무엇인가. 임란(壬亂) 당년에 국가의 운명이 단석(旦夕)에 박도(迫到)되었을 때, 각지에서 봉기한 의병의 두목들도 다 이 '딸깍발이' 기백의 구현인 것이 의심없다.

구한국 말엽에 단발령이 내렸을 적에 각지의 유림들이 맹렬하게 반대의 상서(上書)를 올리어서, "이 목은 잘릴지언정 이 머리는 깎을 수 없다(此頭可斷, 此不可斷)"고 부르짖고 일어선 일이 있었으니, 그 일 자체는 미혹하기 짝이 없었지마는 죽음도 개의하지 않고 덤비는 그 의기야말로 본받음 직하지 않은 바도 아니다.

이와 같이 '딸깍발이'는 온통 못 생긴 짓만 하고 있었던 것이 아니라, 훌륭한 점도 적지않이 가지고 있었던 것이다. 쾨쾨한 샌님이라고 넘보고 깔보기만 하기에는 너무도 좋은 일면을 지니고 있었던 것이다.

현대인은 너무 약다. 전체를 위하여 약은 것이 아니라, 자기중심·자기본위로만 약다. 백년대계를 위하여 영리한 것이 아니라, 당장 눈앞의 일, 코앞의 일에만 아름아름하는 고식지계(姑息之計)에 현명하다. 염결(廉潔)에 밝은 것이 아니라, 극단의 이기주의에 밝다. 이것은 실상 현명한 것이 아니요, 우매하기 짝이 없는 일이다. 제 꾀에 제가 빠져서 속아 넘어갈 현명이라고나 할까. 우리 현대인도 '딸깍발이'의 정신을 좀 배우자.

첫째 그 의기를 배울 것이요, 둘째 그 강직을 배우자. 그 지나치게 청렴한 미덕은 오히려 분간을 하여 가며 배워야 할 것이다.

제3부

연보와 참고문헌

♣ 편집자주

이 〈연보와 참고문헌〉은 단국대학교 전광현(田光鉉) 교수가 작성한 것이며,
이곳에서 사용된 기호와 부호는 전 교수의 표기를 그대로 따랐습니다.

연보

1896년 6월 9일   경기도 광주군 의곡면 포일리(현 의왕시 포일동)에서
(음 4월 28일)   종식(宗植)씨의 장남으로 출생
                   [본관(本貫) 전의(全義)]
1900년   5세 때에 상경
1902년   7세 때에 누대의 선영하(先塋下)인 경기도 풍덕군
                   남면 상조강리(현 개풍군 임한면 상조강리)로 하향
1903년 2월   사숙(私塾)에 입학하여 5개년간 한문을 수학
                   [사숙(私塾)에 입학하기 전 모친에게서 천자문
                   을, 부친에게서 동몽선습(童蒙先習)을 학습]
1908년 4월 10일   경주후인(慶州後人) 이승욱(李昇昱) 씨의 장녀
                   정옥(貞玉) 여사와 혼인
1908년 4월   결혼 후 즉시 상경하여 상투를 자르고, 관립
                   한성외국어학교 영어부에 입학
1910년 10월 16일   그 해 8월 29일에 한일합방의 국치(國恥)를
                   당하게 되어, 외국어학교가 폐지되므로, 동 영

어학부 제3학년 중도에서 졸업

1910년 10월   영어부 졸업 후 즉시 경성고등보통학교 [관립 한성고등학교의 후신(後身)이요, 현 경기 중· 고등학교의 전신(前身)임] 제2학년에 편입학

1911년 9월   경성고등보통학교를 제3학년에서 퇴학

1912년 4월   양정의숙[夜間專門學校]에 입학하여 법학을 전공

1913년 10월 1일   양정의숙이 양정고등보통학교로 개편되는 동시에 동교를 자퇴

1913년   그 해 가을에 전가족이 고향[풍덕군]으로 낙향

1914년 1월   단신으로 고향을 탈출하여 서울에서 월여(月餘)를 방랑하다가, 김포군 고촌면 천등리 소재 사립 신풍학교 교원으로 취임

1915년 3월   전기(前記) 교원을 사임하고 다시 상경하여, 조선총독부 토지조사국 정리과(整理課) 임시 고원(雇員)으로 취임. 한편 4월부터 사립 중동학교 야간부에 통학(1개년간)

1916년 4월   사립 중앙학교[현 중앙중·고등학교의 전신(前身)] 제3학년에 편입학

1918년 3월   중앙학교[4년제] 졸업

1918년 4월   경성직유주식회사 서기로 취임하여 1개년 반 근무

1919년 10월 5일   경성방직주식회사의 창립과 동시에 동사(同社) 서기로 취임하여 4개년 반 근무

1923년 10월   경성고등보통학교에서 시행한 전문학교 입학자 검정시험에 합격

1924년 4월   연희전문학교 수물과(數物科) 제1학년에 입학

1925년 3월   동교(同校)를 자퇴

1925년 4월		관립 경성제국대학 예과부 문과에 입학
1927년 1월 2일		장남 [교웅(의학박사)] 출생
1927년 3월		경성제국대학 예과 수료
1927년 4월		관립 경성제국대학 법문학부 조선어학급문학과에 진학
1930년 3월		동(同) 졸업
1930년 4월		경성사범학교 교유(教諭)로 취임
1930년 4월		조선어학회 입회
1930년 9월 4일		장녀 교순(教順) 출생
1931년		경성제국대학 법문학부 조선어학급문학과 출신자를 중심으로 조선어문학회를 창립하여 《조선어문학회보》를 간행(그 후 전 7호로 중단)
1932년 3월		경성사범학교 교유(教諭)를 사임
1932년 4월		이화여자전문학교 교수로 취임(이화 80년사에는 1932년 6월~1942년 5월)
1932년 4월		조선어학회 간사에 피선되어 36년간 계속 중임 (8·15 광복 후 간사의 명칭을 이사로 개칭함)
1935년 4월		조선어학회 간사장(대표간사)에 피선되어 2개년간 근무
1940년 4월 30일		일본 동경제국대학 대학원에 입학하여 2개년간 언어학을 연구[이화여자전문학교 재근중(在勤中) 1개년간 휴가를 얻어서]
1942년 4월		이화여자전문학교 문과과장에 보임(補任)
1942년 10월 1일		조선어학회사건으로 피검(被檢)되어, 함남 홍원경찰서와 함흥형무소에서 3개년간 복역
1945년 8월 17일		8·15 광복으로 인하여, 함흥형무소에서 출옥

1945년 12월	경성대학 법문학부 교수에 취임
1946년 10월 22일	국립 서울대학교 문리과대학 교수에 취임
	(학제개편으로 인하여)
1950년 8월 22일	부친 종식 씨 별세(향년 87세)
1951년 4월 13일	모친 박원양(朴元陽) 여사 별세(향년 90세)
1953년 2월 29일	서울대학교 대학원 부원장에 보임(補任)
1953년 9월 22일	미국 국무성 초청으로 도미(渡美)하여, 1개년간
	(캘리포니아대학과 예일대학에서 각 반년간씩)
	체류하며 언어학을 연구
1954년 3월 25일	대한민국 학술원(인문과학부 제2분과) 회원에
	피선[유미중(留美中)에]
1954년 8월 17일	귀국
1957년 7월 19일	서울대학교 문리과대학장에 취임
1958년 1월	동학장(同學長) 사임
1960년 5월 11일	동학장(同學長)에 재차 취임
1960년 6월 25일	학술원 임명회원(종신회원)에 피선
1961년 9월 30일	서울대학교 문리과대학 교수 겸 학장을 정년
	으로 퇴임
1961년 9월 30일	서울대학교에서 명예 문학박사 학위를 받음
1962년 6월	서울대학교 명예교수에 피임(被任)
1962년 7월 21일	일본 전국 각지에 거주하는 교포를 방문, 강연
~8월 24일	여행을 함
1962년 11월	서울특별시 교육위원(위원장)에 피선(1963년
	12월 31일까지)
1963년 8월 1일	동아일보 사장에 취임

1965년 7월 31일	동사장(同社長)을 사임
1965년 9월 1일	대구대학 교수 겸 동대학원장에 취임
1966년 ~ 1989년	국어학회 명예회장·고문
1966년 2월 22일 ~ 3월 3일	자유중국 대만을 방문, 각지 학사시찰 여행을 함
1966년 8월 31일	대구대학 교수 겸 대학원장을 사임
1966년 9월 1일	성균관대학교 교수 겸 대학원장에 취임
1967년 ~ 1989년	현정회(顯正會) 이사장
1968년 7월 16일	학술원 부회장에 피선
1969년 2월 28일	성균관대학교 교수 겸 대학원장을 정년으로 퇴임
1969년 7월 1일	한국어문교육연구회를 창립하고 회장에 취임
1970년 ~ 1987년	한국글짓기지도회 회장
1971년 1월 1일	단국대학교 교수 겸 동부설(同附設) 동양학연구소 소장에 취임
1978년 3월 1일	단국대학교 동양학연구소의 《한한대사전(漢韓大辭典)》 편찬계획 주관
1981년 1월 31일	동양학연구소장 사임, 고문 추대
1981년	3·1문화상 심사위원장
1981년	9월 18일 광복회 고문
1986년	12월 29일 미국 언어학회 명예회원 피선
1987년 12월 29일	부인 이정옥 여사 별세(향년 93세)
1988년 3월 19일	한국어문교육연구회 명예회장에 추대
1989년 11월 27일	하오 7시 숙환으로 별세(향년 94세)
1957년 7월 17일	학술원상(공로상) 수상
1960년 10월 10일	서울특별시 교육위원회 교육공로상 수상

1962년 3월 1일   건국공로훈장 단장(單章)을 받음
1986년 3월 29일   제6회 인촌문화상 수상
1989년 12월 15일   국민훈장 무궁화장을 추서받음
1993년 6월 1일   국가유공자증 추서받음

주요 논문·논설

1930년 1월　　[•]音攷, 京城帝大 卒業論文

1930년 11월　新綴字에 關하여 바라는 몇 가지,
　　　　　　　東亞日報 11월 19일～21일, 東亞日報社

1931년 1월　　朝鮮語 "때의 助動詞"에 對한 管見, 新興 4號

1931년 7월　　朝鮮語 "때의 助動詞"에 對한 管見, 新興 5號

1931년 7월　　人代名詞 小話, 朝鮮語文學會報 1號, 朝鮮語文學會

1931년 10월　"ㄲ"받침의 誣妄을 論함, 朝鮮語文學會報 2號,
　　　　　　　朝鮮語文學會

1932년 2월　　標準語에 對하여, 朝鮮語文學會報 3號, 朝鮮語文學會

1932년 4월　　母音 子音의 名稱, 朝鮮語文學會報 4號, 朝鮮語文學會

1932년 6월　　地名 研究의 必要, 한글 1卷 2號, 朝鮮語學會

1932년 7월　　日本 國字運動의 一瞥, 한글 1卷 3號, 朝鮮語學會

1932년 9월　　"ㅆ"받침의 不可를 論함, 朝鮮語文學會報 5號,
　　　　　　　朝鮮語文學會

1932년 11월　한글 토론 속기록 〈座談〉, 東亞日報 11월 11일～13일,

15일~20일, 22일, 29일, 東亞日報社

1933년 4월   新語 濫造 問題, 朝鮮語文學會報 6號, 朝鮮語文學會

1933년 5월   "ㅎ"받침 問題, 한글 1卷 8號, 朝鮮語學會

1933년 12월   時調 起源에 對한 一考, 學燈 2號, 漢城圖書株式會社

1934년 8월   "ㅎ" 받침 : 한글강습회를 열면서, 한글 2卷 5號,
              朝鮮語學會

1934년 11월   聲音에 관한 것, 한글 2卷 8號, 朝鮮語學會

1934년 11월   한글맞춤법통일안 해설, 한글 2卷 8號, 朝鮮語學會

1935년 1월   龍飛御天歌의 解說, 朝鮮日報 1月 3日, 朝鮮日報社

1935년 10월   한글 紀念日의 由來, 朝鮮日報 10月 28日,
              朝鮮日報社

1935년 12월   한글 紀念日의 由來, 한글 3卷 10號, 朝鮮語學會

1936년 1월   古代言語研究에서 새로 얻을 몇 가지,
              朝鮮日報 1月 1日, 朝鮮日報社

1936년 9월   宗教와 言語, 한글 4卷 8號, 朝鮮語學會

1936년 11월   各 方言과 標準語 : 다시 서울말과 方言,
              朝鮮日報 11月 1日, 朝鮮日報社

1936년 12월   各 方言과 標準語 : 다시 서울말과 方言,
              한글 4卷 11號, 朝鮮語學會

1937년 1월   諺文志 解題, 한글 5卷 1號, 朝鮮語學會

1937년 4월   文字 이야기, 한글 5卷 4號, 朝鮮語學會

1937년 6월   詩歌에 나타난 梨花, 梨花 7號, 梨花女子專門學校

1937년 7월   標準語 이야기, 한글 5卷 7號, 朝鮮語學會

1937년 10월   思想表現과 語感, 한글 5卷 9號, 朝鮮語學會

1938년 1월   한글맞춤법 통일안 강의(1)~(11), 한글 6卷
      ~12월   1號~11號, 朝鮮語學會

1938년	6월	古典文學에서 얻은 感想, 朝鮮日報 6月 5日, 朝鮮日報社
1938년	8월	朝鮮語學의 方法論 序說, 東亞日報 8月 9일~14일, 東亞日報社
1938년	8월	關東八景 禮讚, 新東亞 46號, 東亞日報社
1939년	1월	小說과 얘기책, 博文 5輯, 博文社
1939년	1월	한글맞춤법 통일안 강의(12)~(18), 한글 7卷
	~9월	1號~8號, 朝鮮語學會
1939년	2월	歌詞 "토끼화상"의 解說, 文章 1卷 1號, 文章社
1939년	3월	"새타령" 解說, 文章 1卷 2號, 文章社
1939년	4월	歌詞 "簫湘八景" 解說, 文章 1卷 3號, 文章社
1939년	6월	"江湖別曲" 解說, 文章 1卷 5號, 文章社
1939년	8월	"遊山歌" 解說, 文章 1卷 7號, 文章社
1939년	10월	"梅山歌" 解說, 文章 1卷 9號, 文章社
1939년	10월	朝鮮語學의 方法論 序說, 한글 7卷 9號, 朝鮮語學會
1940년	2월	한글맞춤법 통일안 강의(19)~(20), 한글 8卷
	~4월	2號~3號, 朝鮮語學會
1941년	2월	外來語 이야기, 春秋 2卷 3號
1941년	9월	言語學이란 무엇인가, 三千里 13卷 9號, 三千里社
1941년	9월	言語學의 新課題 〈文化講座〉, 三千里 148號, 三千里社
1946년	3월	科學述語와 朝鮮語, 大衆科學 1號, 朝鮮科學技術聯盟
1946년	2월	言語와 民族, 新天地 1卷 1號, 서울신문사
1946년	4월	國語란 무엇인가?, 新天地 1卷 3號, 서울신문사
1946년	4월	文字史上에 있어서의 訓民正音의 位置, 한글 11卷 1號, 한글학회
1946년	7월	言語의 發達, 한글 11卷 3號, 한글학회
1946년	7월	국어의 본질(1), 新天地 1卷 6號, 서울신문사

1946년 10월	한글날의 의의, 조선일보 10월 9일, 조선일보사
1947년 4월	國語敎育의 當面課題, 朝鮮敎育 1號
1947년 6월	日常用語에 있어서의 日本的 殘滓, 新天地 2卷 5號, 서울신문사
1947년 11월	國語醇化問題, "朝鮮文化叢說", 東省社
1947년 11월	國語란 무엇인가, "朝鮮文化叢說", 東省社
1948년 3월	建國과 國語學, 民主朝鮮 4號, 公報部
1948년 10월	創作과 文章論 : 文學者에게 進言, 白民 4卷 5號, 白民文化社
1948년 10월	朝鮮語의 받침 法則, 新天地 3卷 9號, 서울신문사
1949년 7월	國語의 本質(2), 新天地 4卷 6號, 서울신문사
1949년 10월	漢字 問題는 어디로, 新天地 4卷 9號, 서울신문사
1949년 12월	새로운 서울말(2회), 서울신문 12월 7일, 서울신문사
1950년 1월	綴字法의 是非(3회), 서울신문 1월 20일, 서울신문사
1953년 1월	一 靈前에 哭함, 국어국문학 3號, 국어국문학회
1953년 6월	한글 綴字法 改革令 硏究, 自由世界 6. 7號, 弘文社
1953년 7월	總理 訓令 第8號에 對한 提言, 首都評論 7月號, 首都文化社
1954년 1월	言語와 文學家, 民衆公論 2卷 1號, 民衆公論社
1954년 10월	한글 受難史, 現代公論 2卷 8號, 反共統一聯盟
1954년 11월	國語의 유포니(Euphony), 崔鉉培先生華甲紀念論文集, 思想界社
1955년 9월	우리 國語生活의 實態 : 茶房名稱에 나타난 그 一面, 文理大學報 3卷 2號, 서울大
1955년 10월	〈함흥감옥살이〉 칠불당, 한글 114號, 한글학회
1955년 11월	揷腰語(音)에 對하여 : 訓民正音과 龍飛御天歌를 中

心으로, 論文集 3輯, 서울大

1956년 4월   存在詞 '있다'에 對하여 : 그 形態要素의 發展에 對
한 考察, 論文集 3輯, 서울大

1958년 1월   現代詩에 미치는 古歌의 影響, 自由文學 1號, 自由文學社

1958년 8월   學生과 讀書, 自由文學 3卷 8號, 自由文學社

1958년 9월   나의 詩作, 思潮 1卷 4號, 思潮社

1959년 2월   다시 멋에 대하여 : 趙潤濟 博士에게(上), 自由文學
4卷 2號, 自由文學社

1959년 2월   體言의 活用에 對하여, 국어국문학 20號, 국어국문학회

1959년 3월   다시 멋에 대하여 : 趙潤濟 博士에게(下), 自由文學
4卷 3號, 自由文學社

1959년 7월   朝鮮語學會 事件 回想錄, 思想界 7卷 7號
~12월   ~7卷 12號, 思想界社

1959년 10월   내가 주장하는 國語文法의 基準, 한글 125號, 한글학회

1959년 11월   時調와 新詩의 限界 : 特히 그 形式을 中心으로, 自
由文學 4卷 11號, 自由文學社

1960년 1월   敎育精神은 타락하였는가?, 새교육 12號

1960년 1월   朝鮮語學會 事件 回想錄, 思想界 8卷 1號
~5월   ~8卷 5號, 思想界社

1960년 2월   國語의 藝術性, 自由文學 5卷 2號, 自由文學社

1960년 10월   한글에 대한 再認識, 東亞日報 10월 10일, 東亞日報社

1961년 5월   文化政策으로 본 漢字 問題, 국어국문학 23號,
국어국문학회

1961년 5월   朝鮮語學會 事件 回想錄, 思想界 9卷 5號
~6월   ~6號, 思想界社

1961년 10월   한글을 새로운 방향으로, 東亞日報 10월 9일,

東亞日報社

1962년	2월	國語의 유포니(續稿), 文理大學報 9卷 1號, 서울大
1963년	6월	學校文法의 나아갈 길, 새교육 15卷 6號, 大韓敎育聯合會
1963년	9월	學校文法 統一에 대한 私見, 新思潮 2卷 7號
1964년		Subjectivity of Korean Culture, Koreana Quarterly 6~2(Summer)
1969년	2월	朝鮮語學 硏究에의 一念 : 나의 30代, 新東亞 54號, 東亞日報社
1969년	3월	새해, 月刊文學 2卷 2號, 月刊文學社
1969년	6월	言語의 醇化, 횃불 1卷 6號, 한국일보사 소년한국일보
1969년	7월	國語의 復興 〈對談〉, 月刊中央 16號, 中央日報社
1969년	11월	國文學論集 讀後感, 國文學論集 3집, 檀國大 國語國文學科
1969년	12월	朝鮮語學會 事件, 新東亞 64號, 東亞日報社
1970년	5월	나라 사랑을 한글로 : 고 외솔 崔鉉培兄의 人間과 業績, 新東亞 69號, 東亞日報社
1970년	6월	국어의 나갈 길 〈對談〉, 新東亞 70號, 東亞日報社
1970년	9월	韓末의 紳士 李能和 선생, 新東亞 73號, 東亞日報社
1971년	7월	漢字敎育은 必要하다 ; 中等學校에서의 漢字敎育, 敎育評論 153號, 敎育評論社
1971년	9월	春朝, 月刊文學 4卷 8號, 月刊文學社
1971년	10월	井邑詞 解釋에 對한 問題點 二·三, 百濟硏究 2輯, 忠南大
1972년	5월	中·高等學校에서의 漢字敎育, 師苑 2號, 東國大 師大
1972년	5월	喜壽詩集을 내는 感懷 : 銀髮의 韓國人, 月刊中央 50號, 中央日報社
1972년	8월	韓國文化의 特徵, 學生硏究 5卷 1號, 서울大
1972년	8월	管窺記, 法輪 47號, 月刊法輪社

1972년 11월 偉大한 人格의 힘은 永遠한 것, 기러기 52號, 흥사단

1973년 4월 四·一九 희생자들의 祭壇에, 다리 4卷 4號

1974년 1월 올바른 國語를 위하여 : 國語의 特質—敬語의 發達, 女性東亞 75號, 동아일보사

1974년 2월 올바른 국어를 위하여 : 같은 뜻 다른 語感, 女性東亞 76號

1974년 3월 올바른 국어를 위하여 : 구겨지는 國語, 女性東亞 77號

1974년 3월 외솔 형과 나 : 외솔 선생의 인간과 국어학, 나라사랑 14號

1974년 4월 가시밭길을 더듬어, 月刊中央 73號, 中央日報社

1975년 3월 "單語의 定義와 助詞·語尾의 處理 問題", 南基心外 共編, 現代國語文法, 啓明大 出版部

1975년 5월 朝鮮語學會 事件, 語文研究 7·8合輯, 韓國語文敎育研究會

1975년 5월 人物論 : 月峰 韓基岳, 新聞評論 54號, 韓國新聞研究所

1975년 7월 又玄兄의 追憶 : 又玄 高裕燮 先生의 三十一周忌記念, 美學 3輯, 韓國美學會

1975년 9월 朝鮮語學會 事件, 語文研究 9輯, 韓國語文敎育研究會

1976년 9월 詐欺藥草, 讀書生活 10號

1976년 9월 말과 글 : 國語問題를 생각한다 〈對談〉, 新東亞 145號, 東亞日報社

1976년 12월 人間敎育이냐 物質敎育이냐 〈對談〉, 對話 72號

1976년 12월 國語學 半世紀 〈對談〉, 韓國學報 5輯, 一志社

1977년 6월 요즘 新聞은 어떻습니까 〈對談〉, 新聞과 放送 79號, 韓國言論研究院

1977년 6월 人間 李允宰, 기러기 146號, 흥사단

1977년 8월 言語와 文化, 語文研究 15·16合輯, 韓國語文敎育研究會

1978년 6월 열운의 片貌, 나라사랑 29號

1978년 11월 그림자, 現代文學 287號, 現代文學社

1979년 8월	師道와 德育, 老스승이 말하는 師道, 師道란 무엇인가 〈特輯〉, 首都教育 48號, 서울特別市 教育研究院
1981년 4월	民主主義의 岐路에 서서 〈特輯〉, 新東亞 200號, 東亞日報社
1982년 8월	大學研究所의 運營과 基本方針, 韓國學研究 1輯
1982년 11월	志操에 對하여, 新東亞 219號, 東亞日報社
1982년 11월	語文教育政策의 一大革新을 促求하는 建議書 〈特輯〉, 語文研究 35輯, 韓國語文教育研究會
1983년 3월	다시 3월을 생각한다. 新東亞 223號, 東亞日報社
1983년 8월	서울역 화물창고에서 다시 찾은 우리 말 : 우리 말은 어떻게 해방을 맞이했는가? 〈特輯〉, 文學思想 130號, 文學思想社
1983년 10월	東崇洞 캠퍼스의 마로니에, 月刊文學 176號, 月刊文學社
1983년 12월	우리 말에 대한 민족적 자부심을 〈對談〉, 放送研究 7號, 언론위원회
1984년 10월	國語에 대한 再認識을, 국어생활 1號, 국어연구소
1984년 10월	우리 시대의 마지막 딸깍발이 〈對談〉, 마당 38號, 계몽사
1985년 10월	민족의 얼과 슬기를 닦는 노력에는 끝이 없어 : 우리 말 우리 글 이상 있다 〈對談〉, 마당 50號, 계몽사
1985년 11월	國語研究의 어제와 오늘 〈座談〉, 국어생활 3號, 국어연구소
1986년 3월	國語教育 바로 잡아야 한다 〈對談〉, 財經春秋 19號
1987년 3월	외솔 형과 나, 나라사랑 61號

저서

1938년 4월 30일   "歷代朝鮮文學精華(上)", 人文社(1948년 4월
                    15일판, 博文出版社)

1946년 9월 10일   "朝鮮文學硏究 ", 乙酉文化社

1946년 11월 5일   "한글맞춤법 통일안 강의", 東省社

1947년 11월 15일   "朝鮮語學論攷", 乙酉文化社

1949년 12월 15일   "한글맞춤법 통일안 강의"(수정증보), 博文出版社

1953년 2월   "國文學槪觀(古典篇)", 國民思想硏究院

1955년 8월 10일   "國語學槪說", 民衆書館

1959년 1월 20일   "國文學硏究 "(1946년판의 재판), 乙酉文化社

1959년 5월 25일   "한글맞춤법 통일안 강의"(개정판), 신구문화사

1959년 6월 20일   "國語學論攷"(1947년판의 재판), 乙酉文化社

1961년 12월 28일   "국어대사전", 민중서관

1982년 11월 25일   "국어대사전"(수정증보판), 민중서림

1989년 8월 10일   "한글맞춤법강의"(安秉禧 共著), 신구문화사

1994년 3월 25일   "국어대사전"(수정증보판), 민중서림

1996년 6월	"딸깍발이 선비의 일생" 창작과비평사	

1947년 12월 15일	詩集 "박꽃", 白楊堂
1956년 6월 9일	隨筆集 "벙어리 냉가슴", 一潮閣
1961년 5월 25일	詩集 "心臟의 破片", 一潮閣
1962년 2월 15일	隨筆集 "소경의 잠꼬대", 一潮閣
1971년 3월 30일	나의 人生觀 "한 개의 돌이로다", 徽文出版社
1975년 6월 9일	隨筆集 "먹추의 말참견", 一潮閣
1976년 3월 20일	隨筆集 "딸깍발이", 汎文社
1977년 12월 10일	自敍傳 "다시 태어나도 이 길을", 능력개발
1988년 4월 5일	隨筆集 "메아리 없는 넋두리", 人物研究所

1949년 9월 19일	초급국어문법, 博文出版社
1950년 6월 5일	모범중등글짓기, 新興文化社
1953년 3월 15일	중등글본, 民衆書館
1956년 4월 5일	중등문법, 博文出版社
1956년 4월 5일	고등문법, 博文出版社
1957년 3월 10일	새중등문법, 一潮閣
1967년	중학작문(공저) 1. 2. 3, 東亞出版社
1968년 2월 20일	새문법, 一潮閣

일석 이희승 자서전

다시 태어나도 이 길을

1판 1쇄 인쇄 / 2001년 11월 25일
1판 1쇄 발행 / 2001년 11월 30일
재판 1쇄 발행 / 2020년 1월 10일

지은이 / 일석 이희승
발행인 / 김영길
편집인 / 장상태
기획 / 김범석
인쇄 / 청광인쇄사

펴낸 곳 / 도서출판 선영사
주소 / 서울시 마포구 서교동 485-14 선영사
전화 / (02)338—8231~2 FAX / (02)338—8233
E—mail / sunyoungsa@hanmail.net

출판등록 / 1983년 6월 29일 (제02—01—51호)

ISBN 978—89—7558—095—4 03810

선영사

Sun Young Publishing Co.

선영사

Sun Young Publishing Co.